龙马高新教育 ◎ 编著

Photoshop CS6 从入门到精通

北京大学出版社
PEKING UNIVERSITY PRESS

内 容 提 要

本书本书通过精选案例引导读者深入学习，系统地介绍Photoshop CS6的相关知识和应用方法。

全书分为5篇，共18章。第1篇为入门篇，主要介绍Photoshop CS6的基础操作，通过本篇的学习，读者可以了解Photoshop CS6的基础知识，学会如何安装与设置Photoshop CS6、文件的基本操作及图像的基本操作等；第2篇为功能篇，主要介绍Photoshop CS6中的各种操作，通过本篇的学习，读者可以掌握Photoshop CS6的基本操作，如选区操作、图像的调整、绘制与修饰图像、绘制矢量图像、创建文字及效果和效果快速呈现——滤镜等操作；第3篇为应用篇，主要介绍Photoshop CS6中的应用操作，通过本篇的学习，读者可以掌握Photoshop CS6的基本应用，如图层和图层混合技术的应用、通道与蒙版的应用等操作；第4篇为实战篇，主要介绍如何处理照片、艺术设计、网页设计、动画设计等；第5篇为高手秘籍篇，主要介绍自动处理图像及打造强大的Photoshop。

在本书附赠的DVD多媒体教学光盘中，包含了16小时与图书内容同步的教学录像及所有案例的配套素材和结果文件。此外，还赠送了大量相关学习内容的教学录像及扩展学习电子书等。为了满足读者在手机和平板电脑上学习的需要，光盘中还赠送了本书教学录像的手机版视频学习文件。

本书不仅适合Photoshop CS6初级、中级用户学习，也可以作为各类院校相关专业学生和计算机培训班学员的教材或辅导用书。

图书在版编目（CIP）数据

Photoshop CS6 从入门到精通 / 龙马高新教育编著 . —— 北京：北京大学出版社，2017.9
ISBN 978-7-301-28595-4

Ⅰ . ①P… Ⅱ . ①龙… Ⅲ . ①图象处理软件 Ⅳ . ① TP391.413

中国版本图书馆 CIP 数据核字 (2017) 第 197640 号

书　　　名	Photoshop CS6从入门到精通 Photoshop CS6 CONG RUMEN DAO JINGTONG
著作责任者	龙马高新教育　编著
责任编辑	尹毅
标准书号	ISBN 978-7-301-28595-4
出版发行	北京大学出版社
地　　　址	北京市海淀区成府路205号　100871
网　　　址	http://www.pup.cn　新浪微博：@北京大学出版社
电子信箱	pup7@pup.cn
电　　　话	邮购部 010-62752015　发行部 010-62750672　编辑部 010-62570390
印　刷　者	三河市博文印刷有限公司
经　销　者	新华书店
	787毫米×1092毫米　16开本　27.5印张　650千字 2017年9月第1版　2021年7月第6次印刷
印　　　数	9501—11500册
定　　　价	69.00元

未经许可，不得以任何方式复制或抄袭本书之部分或全部内容。
版权所有，侵权必究
举报电话：010-62752024　电子信箱：fd@pup.pku.edu.cn
图书如有印装质量问题，请与出版部联系，电话：010-62756370

Photoshop CS6 很神秘吗？

不神秘！

学习 Photoshop CS6 难吗？

不难！

阅读本书能掌握 Photoshop CS6 的使用方法吗？

能！

为什么要阅读本书

Photoshop 是由 Adobe Systems 公司开发的图像处理软件，用它可以有效地进行图片编辑工作。本书从实用的角度出发，结合实际应用案例，模拟了真实的图像处理方法，介绍 Photoshop CS6 的基础知识及使用方法与技巧，旨在帮助读者全面、系统地掌握 Photoshop CS6 在图像处理工作中的应用。

本书内容导读

本书分为 5 篇，共设计了 18 章内容，具体内容安排如下。

第 0 章　共 1 段教学录像，主要介绍 Photoshop CS6 的最佳学习方法，读者可以在学习前对 Photoshop 有初步了解。

第 1 篇（第 1~3 章）为入门篇，共 29 段教学录像，主要介绍 Photoshop CS6 的基础操作，通过本篇的学习，读者可以了解 Photoshop CS6 的基础知识，学会如何安装与设置 Photoshop CS6、文件的基本操作及图像的基本操作。

第 2 篇（第 4~9 章）为功能篇，共 46 段教学录像，主要介绍 Photoshop CS6 中的各种操作。通过本篇的学习，读者可以掌握 Photoshop CS6 的基本操作，如选区操作、图像的调整、绘制与修饰图像、绘制矢量图像、创建文字及效果和效果快速呈现——滤镜等操作。

第 3 篇（第 10~12 章）为应用篇，共 26 段教学录像，主要介绍 Photoshop CS6 中的应用操作，通过本篇的学习，读者可以掌握 Photoshop CS6 的基本应用，如图层和图层混合技术的应用、通道与蒙版的应用等操作。

第 4 篇（第 13~16 章）为实战篇，共 17 段教学录像，主要介绍如何处理照片、艺术设计、网页设计、动画设计等。

第 5 篇（第 17~18 章）为高手秘籍篇，共 9 段教学录像，主要介绍自动处理图像及打造强大的 Photoshop。

📖 选择本书的 N 个理由

❶ 简单易学，案例为主

以案例为主线，贯穿知识点，实操性强，与读者需求紧密吻合，模拟真实的工作学习环境，帮助读者解决在工作中遇到的问题。

❷ 高手支招，高效实用

每章最后提供有一定质量的实用技巧，满足读者的阅读需求，也能解决在工作学习中遇到的一些常见问题。

❸ 举一反三，巩固提高

每章案例讲述完后，提供一个与本章知识点或类型相似的综合案例，帮助读者巩固和提高所学内容。

❹ 海量资源，实用至上

光盘中，赠送大量实用的模板、实用技巧及学习辅助资料等，便于读者结合光盘资料进行学习。另外，赠送《高效能人士效率倍增手册》，在强化读者学习的同时，也可以为读者在工作中提供便利。

☢ 超值光盘

❶ 16 小时名师视频指导

教学录像涵盖本书所有知识点，详细讲解每个实例及实战案例的操作过程和关键点。读者可以更轻松地掌握 Photoshop CS6 软件的使用方法和技巧，而且扩展性讲解部分可以使读者获得更多的知识。

❷ 超多、超值资源大奉送

随书奉送 Photoshop CS6 常用快捷键查询手册、Photoshop CS6 常用技巧查询手册、颜色代码查询表、网页配色方案速查表、颜色英文名称查询表、500 个经典 Photoshop 设计案例效果图、Photoshop CS6 安装指导录像、通过互联网获取学习资源和解题方法、手机办公 10 招就够、微信高手技巧随身查、QQ 高手技巧随身查，以方便读者扩展学习。

光盘内容已上传到百度网盘，供读者下载。请读者关注封底"博雅读书社"微信公众号，找到"资源下载"栏目，根据提示获取。

光盘运行方法

（1）将光盘印有文字的一面朝上放入光驱中，几秒钟后光盘就会自动运行。

（2）若光盘没有自动运行，可在【计算机】窗口中双击光盘盘符，或者双击"MyBook.exe"光盘图标，光盘就会运行。播放片头动画后便可进入光盘的主界面，如下图所示。

（3）单击【视频同步】按钮，可进入多媒体教学录像界面，如下图所示。在左侧的章节按钮上单击，再在弹出的快捷菜单上单击要播放的小节，即可开始播放相应小节的教学录像。

（4）另外，主界面上还包括 APP 软件安装包、素材文件、结果文件、赠送资源、使用说明和支持网站 6 个功能按钮，单击可打开相应的文件或文件夹。

（5）单击【退出】按钮，即可退出光盘系统。

本书读者对象

（1）没有任何 Photoshop 基础的初学者。
（2）有一定 Photoshop 基础，想精通 Photoshop 的人员。
（3）有一定 Photoshop 基础，没有实战经验的人员。
（4）大专院校及培训学校的教师和学生。

创作者说

本书由龙马高新教育编著，为您精心呈现。读完本书后，您会惊奇地发现"我已经是 Photoshop 达人了"，这也是让编者最欣慰的结果。

编写过程中，编者竭尽所能地为读者呈现最好、最全的实用功能，但仍难免有疏漏和不妥之处，敬请广大读者不吝指正。若读者在学习过程中产生疑问或有任何建议，可以通过 E-mail 与我们联系。

投稿信箱：pup7@pup.cn
读者信箱：2751801073@qq.com

第 0 章　Photoshop CS6 最佳学习方法

🎬 本章 1 段教学录像

0.1　Photoshop CS6 的应用领域 2
0.2　Photoshop CS6 的技能要求 5
0.3　如何成为 Photoshop CS6 图像处理高手 7

第 1 篇　入门篇

第 1 章　快速上手——Photoshop CS6 的安装与设置

🎬 本章 7 段教学录像

　　Photoshop CS6 是专业的图形图像处理软件，是优秀设计师的必备工具之一。Photoshop 不仅为图形图像设计提供了一个更加广阔的发展空间，而且在图像处理中还有"化腐朽为神奇"的功能。

1.1　Photoshop CS6 的安装与卸载 11
　　1.1.1　系统需求 11
　　1.1.2　安装 Photoshop CS6 11
　　1.1.3　卸载 Photoshop CS6 13
1.2　Photoshop CS6 的启动与退出 13
　　1.2.1　启动 Photoshop CS6 14
　　1.2.2　退出 Photoshop CS6 14
1.3　基本操作 1——认识 Photoshop CS6 15
　　1.3.1　菜单栏 15
　　1.3.2　工具箱 15
　　1.3.3　选项栏 16
　　1.3.4　面板 16
　　1.3.5　状态栏 17
1.4　基本操作 2——性能设置 19
1.5　基本操作 3——帮助资源 20
　　◉ 举一反三——第一个 Photoshop 平面作品 21

🎓 高手支招
　　◇ 如何更改安装位置 23
　　◇ 如何优化工作界面 23

第 2 章　文件的基本操作

🎬 本章 10 段教学录像

　　要绘制或处理图像，首先要新建、导入或打开图像文件，处理完成之后，再进行保存，这是最基本的流程。本章主要介绍 Photoshop CS6 中文件的基本操作。

2.1　图像的类型 26
　　2.1.1　位图 26
　　2.1.2　矢量图 26
2.2　Photoshop CS6 支持的文件格式 27
2.3　文件操作 1——新建文件 27
2.4　文件操作 2——打开文件 28
2.5　文件操作 3——保存文件 30
　　2.5.1　保存文件的方式 30
　　2.5.2　选择正确的文件保存格式 31
2.6　文件操作 4——置入文件 33
　　2.6.1　置入 EPS 格式文件 33
　　2.6.2　置入 PDF 格式文件 34
2.7　文件操作 5——关闭文件 34
2.8　文件操作 6——图像文件打印 35
　　2.8.1　打印设置 35
　　2.8.2　打印文件 38
　　◉ 举一反三——制作 PDF 格式文件 38

🎓 高手支招
　　◇ Photoshop CS6 临时文件位置 39
　　◇ 常用图像输出要求 39
　　◇ Adobe Illustrator 和 Photoshop CS6
　　　文件互用 40

第 3 章 图像的基本操作

🎬 本章 12 段教学录像

本章介绍使用 Photoshop CS6 处理和编辑图像的常用方法，如查看图像、修改画布、图形的变换与变形、恢复与还原，以及复制与粘贴等操作。

3.1 图像操作 1——查看图像 42
 3.1.1 使用【导航器】面板查看 42
 3.1.2 使用【缩放工具】查看 42
 3.1.3 使用【抓手工具】查看 44
 3.1.4 画布旋转查看 44
 3.1.5 【缩放工具】和【抓手工具】
    相配合 45
 3.1.6 多样式排列多个文档 46
3.2 图像操作 2——使用辅助工具查看图像 47
 3.2.1 使用标尺定位图像 47
 3.2.2 使用网格 48
 3.2.3 使用参考线准确编辑图像 49
3.3 图像操作 3——裁剪图像 49
 3.3.1 使用裁剪工具 49
 3.3.2 使用【裁剪】命令 51
3.4 图像操作 4——修改图像的大小 52
 3.4.1 像素 52
 3.4.2 分辨率 52
 3.4.3 修改图片的大小 53
3.5 图像操作 5——修改画布的大小 54
 3.5.1 修改画布的大小 54
 3.5.2 旋转画布 56
3.6 图像操作 6——图像的变换与变形 56
3.7 图像操作 7——Photoshop CS6 的透视
   变形 57
3.8 图像操作 8——恢复操作 58
 3.8.1 还原与重做 58
 3.8.2 前进一步与后退一步 58
 3.8.3 恢复文件 59
3.9 图像操作 9——历史记录 59
 3.9.1 使用【历史记录】面板 59
 3.9.2 使用【历史记录】命令 59
3.10 图像操作 10——复制与粘贴 61
 ◆ 举一反三——图像的艺术化修饰 62

◆ **高手支招**
 ◇ 裁剪工具使用技巧 63
 ◇ 使用【渐隐】命令制作特效 64

第 2 篇 功能篇

第 4 章 选区操作

🎬 本章 6 段教学录像

在 Photoshop CS6 中，不论是绘图还是图像处理，图像的选取都是这些操作的基础。本章将针对 Photoshop CS6 中常用的选取工具进行详细的讲解。

4.1 照片抠图案例 67
 4.1.1 案例概述 67
 4.1.2 基本概念 67
 4.1.3 涉及的命令 67
4.2 使用选取工具创建选区 68
 4.2.1 在照片上创建矩形和圆形选区 68
 4.2.2 使用【套索工具】调整花卉颜色 73
 4.2.3 使用【多边形套索工具】替换
    照片图像 74
 4.2.4 使用【磁性套索工具】改变
    衣服色彩 75
 4.2.5 使用【魔棒工具】更换天空效果 77
 4.2.6 使用【快速选择工具】丰富
    图像色彩 79
4.3 其他创建方法 79
 4.3.1 使用【选择】命令选择选区 80
 4.3.2 使用【色彩范围】命令调整人像 81
4.4 调整选区 82
 4.4.1 使用【修改】命令调整选区 82
 4.4.2 修改选区 85
 4.4.3 管理选区 87
 ◆ 举一反三——CD 光盘设计 89

◆ **高手支招**
 ◇ 使用【橡皮擦工具】，配合【磁性套索工具】
   选取照片中的人物 93
 ◇ 最精确的抠图工具——钢笔工具 94

第 5 章　图像的调整

本章 8 段教学录像

　　Photoshop CS6 的颜色模式基于颜色模型,而颜色模型对于印刷中使用的图像非常有用。颜色模型用数字描述颜色,可以通过不同的方法用数字描述颜色,而颜色模式决定着在显示和打印图像时使用哪一种方法或哪一组数字。本章即讲述图像颜色的相关知识。

- 5.1 照片调色案例 96
  - 5.1.1 案例概述 96
  - 5.1.2 设计思路 96
  - 5.1.3 涉及知识点与命令 97
- 5.2 图像的颜色模式 97
  - 5.2.1 RGB 颜色模式 98
  - 5.2.2 CMYK 颜色模式 99
  - 5.2.3 灰度模式 100
  - 5.2.4 位图模式 101
  - 5.2.5 双色调模式 101
  - 5.2.6 索引颜色模式 102
  - 5.2.7 Lab 颜色模式 103
- 5.3 设置图像色彩 103
  - 5.3.1 设定前景色和背景色 104
  - 5.3.2 使用拾色器设置颜色 105
  - 5.3.3 使用【颜色】面板设置颜色 106
  - 5.3.4 使用【色板】面板设置颜色 106
  - 5.3.5 使用【吸管工具】设置颜色 107
  - 5.3.6 使用【渐变工具】填充 107
- 5.4 图像色彩的高级调整 108
  - 5.4.1 调整图像的色阶 109
  - 5.4.2 调整图像的亮度/对比度 111
  - 5.4.3 调整图像的色彩平衡 112
  - 5.4.4 调整图像的曲线 113
  - 5.4.5 调整图像的色相/饱和度 115
  - 5.4.6 将彩色照片变成黑白照片 115
  - 5.4.7 匹配图像颜色 116
  - 5.4.8 为图像替换颜色 117
  - 5.4.9 使用【可选颜色】命令调整图像 119
  - 5.4.10 调整图像的阴影 120
  - 5.4.11 调整图像的曝光度 121
  - 5.4.12 使用【通道混合器】命令调整图像的颜色 122
  - 5.4.13 为图像添加渐变映射效果 124
  - 5.4.14 调整图像的偏色 124
  - 5.4.15 实现图片的底片效果 126
  - 5.4.16 使用【色调均化】命令调整图像 126
  - 5.4.17 制作黑白分明的图像效果 127
  - 5.4.18 实现图片的特殊效果 127
  - 5.4.19 实现图像不同色调区的调整 128
  - 5.4.20 使用【自然饱和度】命令调整图像的色彩 128
  - 5.4.21 使用【黑白】命令调整图像的色彩 ... 129
  - 5.4.22 自动调整图像 130
- 5.5 图像查看案例 1——【信息】面板 130
- 5.6 图像查看案例 2——【直方图】面板 132
  - ● 举一反三——为照片制作泛白 lomo 风格 133

高手支招

- ◇ 为旧照片着色 135
- ◇ 唯美人像色彩调色技巧 136

第 6 章　绘制与修饰图像

本章 8 段教学录像

　　在 Ptotoshop CS6 中,不仅可以直接绘制各种图形,还可以通过处理各种位图或矢量图来制作出各种图像效果。本章的内容比较简单易懂,读者可以按照实例步骤进行操作,也可以导入自己喜欢的图片进行编辑处理。

- 6.1 照片润饰案例 138
  - 6.1.1 案例概述 138
  - 6.1.2 设计思路 138
  - 6.1.3 涉及知识点与命令 138
- 6.2 绘画工具 140
  - 6.2.1 使用【画笔工具】柔化皮肤 140
  - 6.2.2 使用【历史记录画笔工具】恢复色彩 143
  - 6.2.3 使用【历史记录艺术画笔工具】制作粉笔画 144
- 6.3 图像的修复 145
  - 6.3.1 变换图形 145
  - 6.3.2 使用【仿制图章工具】复制图像 146
  - 6.3.3 使用【图案图章工具】制作特效背景 147
  - 6.3.4 使用【修复画笔工具】去除皱纹 148
  - 6.3.5 使用【污点修复画笔工具】去除雀斑 149

6.3.6	使用【修补工具】去除照片瑕疵	150
6.3.7	使用【消失点】滤镜复制图像	151
6.3.8	消除照片上的红眼	151
6.3.9	使用【模糊工具】制作景深效果	152
6.3.10	实现图像的清晰化效果	153
6.3.11	使用【涂抹工具】制作火焰效果	153
6.3.12	加深、减淡图像区域	154
6.3.13	使用【海绵工具】制作艺术效果	155

6.4 擦除图像 156
  6.4.1 制作图案叠加的效果 156
  6.4.2 擦除背景颜色 157
  6.4.3 使用【魔术橡皮擦工具】擦除背景 ... 158

6.5 填充与描边 159
  6.5.1 油漆桶工具 159
  6.5.2 【描边】命令 160

6.6 用自动命令处理图像 161
  6.6.1 将多张照片拼接成全景图 161
  6.6.2 将多张照片合并为 HDR 图像 163

◉ 举一反三——羽化、透视功能和图章工具的使用 164

高手支招
◇ 如何巧妙抠图 167
◇ 无损缩放照片大小 167

第 7 章 绘制矢量图像

本章 7 段教学录像

在本章中主要介绍位图和矢量图的特征，形状图层、路径和填充像素的区别，使用钢笔工具和形状工具绘制矢量对象，并以简单实例进行详细演示。学习本章时应多多练习实例操作，这样可以加强学习效果。

7.1 矢量工具创建的内容 170
  7.1.1 形状图层 170
  7.1.2 工作路径 170
  7.1.3 填充区域 171

7.2 矢量工具 1——路径 171
  7.2.1 填充路径 172
  7.2.2 描边路径 173
  7.2.3 路径和选区的转换 174
  7.2.4 工作路径 174
  7.2.5 【创建新路径】和【删除当前路径】按钮的使用 175

  7.2.6 剪贴路径 175

7.3 矢量工具 2——锚点 176
7.4 矢量工具 3——形状工具 177
  7.4.1 绘制规则形状 177
  7.4.2 绘制不规则形状 180
  7.4.3 自定义形状 181

7.5 矢量工具 4——钢笔工具 182

◉ 举一反三——渐变工具、图层和钢笔工具的使用 184

高手支招
◇ 选择不规则图像 193
◇ 钢笔工具显示状态 194

第 8 章 创建文字及效果

本章 9 段教学录像

文字是平面设计的重要组成部分，它不仅可以传递信息，还能起到美化版面、强化主题的作用。Photoshop CS6 提供了多个用于创建文字的工具，文字的编辑和修改也非常灵活。

8.1 创建文字及效果案例 196
  8.1.1 案例概述 196
  8.1.2 设计思路 196
  8.1.3 涉及知识点与命令 196

8.2 创建文字和文字选区 197
  8.2.1 输入文字 198
  8.2.2 设置文字属性 198
  8.2.3 设置段落属性 200

8.3 转换文字形式 200
8.4 通过面板设置文字格式 201
8.5 栅格化文字 202
8.6 创建变形文字 202
8.7 创建路径文字 203

◉ 举一反三——使用文字工具和图层样式制作特殊文字 204

高手支招
◇ 如何为 Photoshop CS6 添加字体 209
◇ 如何使用【钢笔工具】和【文字工具】创建区域文字效果 210

第 9 章　效果快速呈现——滤镜

📽 本章 8 段教学录像

　　在 Photoshop CS6 中，有传统滤镜和一些新滤镜，每一种滤镜又提供了多种细分的滤镜效果，为用户处理位图提供了极大的方便。本章的内容丰富有趣，可以按照实例步骤进行制作，建议打开光盘提供的素材文件进行对照学习，提高学习效率。

9.1 图片滤镜特效案例 ... 212
9.1.1 案例概述 ... 212
9.1.2 设计思路 ... 212
9.1.3 涉及知识点与命令 ... 213
9.2 滤镜概述 ... 213
9.2.1 滤镜库 ... 214
9.2.2 滤镜的使用方法 ... 214
9.3 使用滤镜制作扭曲效果 ... 215
9.3.1 【液化】滤镜 ... 215
9.3.2 波浪效果 ... 216
9.3.3 玻璃效果 ... 217
9.3.4 挤压效果 ... 217
9.3.5 旋转扭曲效果 ... 217
9.4 使用滤镜制作风格化效果 ... 218
9.4.1 风效果 ... 218
9.4.2 拼贴效果 ... 218
9.4.3 凸出效果 ... 219
9.5 使用滤镜使图像清晰或模糊 ... 219
9.5.1 USM 锐化效果 ... 220
9.5.2 智能锐化效果 ... 220
9.5.3 动感模糊效果 ... 221
9.5.4 表面模糊效果 ... 221
9.5.5 高斯模糊效果 ... 222
9.5.6 径向模糊效果 ... 222
9.5.7 景深效果 ... 222
9.6 使用滤镜制作艺术效果 ... 223
9.6.1 制作壁画效果 ... 223
9.6.2 制作彩色铅笔效果 ... 224
9.6.3 制作底纹效果 ... 224
9.6.4 制作调色刀效果 ... 225
9.6.5 制作干画笔效果 ... 225
9.6.6 制作海报边缘效果 ... 225
9.6.7 制作胶片颗粒效果 ... 226
9.6.8 制作木刻效果 ... 226
9.6.9 制作霓虹灯光效果 ... 227
9.6.10 制作水彩效果 ... 227
9.6.11 制作塑料包装效果 ... 228
9.6.12 制作涂抹棒效果 ... 228
* 举一反三——用滤镜制作炫光空间 ... 229

🛠 高手支招
◇ 使用滤镜给照片去噪 ... 231
◇ Photoshop CS6 滤镜与颜色模式 ... 232

第 3 篇　应用篇

第 10 章　图层

📽 本章 8 段教学录像

　　图层功能是 Photoshop CS6 处理图像的基本功能，也是 Photoshop CS6 中很重要的一部分。图层就像玻璃纸，每张玻璃纸上各有一部分图像，将这些玻璃纸重叠起来，就是一幅完整的图像，而修改一张玻璃纸上的图像不会影响到其他图像。

10.1 平面广告设计案例 ... 235
10.1.1 案例概述 ... 235
10.1.2 设计思路 ... 235
10.1.3 涉及知识点与命令 ... 236
10.2 图层的基本知识 ... 237
10.2.1 图层特性 ... 237
10.2.2 【图层】面板 ... 238
10.2.3 图层类型 ... 239
10.3 图层的基本操作 ... 245
10.3.1 选择图层 ... 245
10.3.2 调整图层叠加顺序 ... 246
10.3.3 合并与拼合图层 ... 247
10.3.4 图层编组 ... 248
10.3.5 【图层】面板弹出菜单 ... 249
10.4 图层的对齐与分布 ... 249
10.5 使用图层组管理图层 ... 251
10.5.1 管理图层 ... 251
10.5.2 图层组的嵌套 ... 251
10.5.3 图层组内图层位置的调整 ... 252
10.6 图层样式 ... 252
10.6.1 使用图层样式 ... 252
10.6.2 制作投影效果 ... 253
10.6.3 制作内阴影效果 ... 255
10.6.4 制作文字外发光效果 ... 255

10.6.5 制作内发光效果 256
10.6.6 创建立体图标 257
10.6.7 为文字添加光泽度 259
10.6.8 为图层内容套印颜色 260
10.6.9 实现图层内容套印渐变效果 261
10.6.10 为图层内容套印图案混合效果 261
10.6.11 为图标添加描边效果 262
● 举一反三——制作金属质感图标 263

高手支招
◇ 如何为图像添加纹理效果 265
◇ 用颜色标记图层 266

第11章 图层混合技术

本章 6 段教学录像

图层混合模式是 Photoshop CS6 最核心的功能之一，也是图像处理最为常用的一种技术手段。使用图层混合模式可以创建各种图层特效，实现充满创意的平面设计作品。本章详细介绍了图层混合技术的相关知识，如盖印图层、图层混合模式、高级混合选项、自动对齐图层和自动混合图层等。

11.1 盖印图层 268
11.2 图层混合模式 268
　11.2.1 叠加模式 269
　11.2.2 差值与排除模式 271
　11.2.3 颜色模式 271
11.3 高级混合选项 273
11.4 自动对齐图层和自动混合图层 274
　11.4.1 自动对齐图层 274
　11.4.2 自动混合图层 275
● 举一反三——制作景中景创意图片 276

高手支招
◇ 复制智能滤镜 282
◇ 删除智能滤镜 282

第12章 通道与蒙版

本章 12 段教学录像

本章首先讲解【通道】面板、通道的类型、编辑通道和通道的计算，然后讲解一个特殊的图层——蒙版。在 Photoshop CS6 中有一些具有特殊功能的图层，使用这些图层可以在不改变图层中原有图像的基础上制作出多种特殊的效果。

12.1 通道概述 284
12.2 【通道】面板 285
12.3 通道的类型 286
　12.3.1 颜色通道 286
　12.3.2 Alpha 通道 286
　12.3.3 专色通道 288
12.4 编辑通道 288
　12.4.1 分离通道 288
　12.4.2 合并通道 289
12.5 通道计算 290
　12.5.1 应用图像 291
　12.5.2 计算 292
12.6 矢量蒙版 293
12.7 蒙版的应用 294
　12.7.1 创建蒙版 294
　12.7.2 删除蒙版与停用蒙版 295
12.8 快速蒙版 295
12.9 剪切蒙版 297
12.10 图层蒙版 298
● 举一反三——彩色文字招贴 299

高手支招
◇ 如何在通道中改变图像的色彩 302
◇ 快速查看蒙版 303

第4篇 实战篇

第13章 照片处理

本章 7 段教学录像

本章主要介绍使用 Photoshop CS6 的各种工具处理各类照片的方法，如翻新旧照片、修复模糊照片等；更换发色、美白牙齿、手臂瘦身等人物肌肤美白瘦身的方法；光晕梦幻、浪漫雪景、电影胶片等特效制作方法；生活照片处理和照片合成的操作等。

13.1 照片处理 307
　13.1.1 案例概述 307
　13.1.2 设计思路 307

目录 CONTENTS

13.1.3 涉及知识点与命令 307
13.2 照片的修复 310
    13.2.1 将旧照片翻新 310
    13.2.2 修复模糊的照片 312
    13.2.3 修复曝光问题 313
    13.2.4 调整偏色图像 315
    13.2.5 调整照片暗部 317
    13.2.6 畸变矫正 318
    13.2.7 去除照片上的多余物 319
13.3 人物肌肤美白瘦身 320
    13.3.1 更换发色 320
    13.3.2 美化双瞳 322
    13.3.3 美白牙齿 323
    13.3.4 打造V字脸 324
    13.3.5 手臂瘦身 325
13.4 特效制作 326
    13.4.1 制作光晕梦幻效果 327
    13.4.2 制作浪漫雪景效果 329
    13.4.3 制作电影胶片效果 330
    13.4.4 制作秋色调效果 332
13.5 生活照片的处理 334
    13.5.1 风景照片的处理 334
    13.5.2 婚纱照片的处理 336
    13.5.3 写真照片的处理 337
    13.5.4 儿童照片的处理 338
    13.5.5 工作照片的处理 340
13.6 照片合成 342
    13.6.1 制作大头贴效果 342
    13.6.2 全景图像合成 345

高手支招

◇ 照相空间的设置 346

◇ 如何在户外拍摄人物 346

◇ 如何在室内拍摄 346

第14章 艺术设计

本章4段教学录像

本章学习使用Photoshop CS6解决我们身边所遇到的问题，如房地产广告设计、海报设计和包装设计等。

14.1 广告设计 348

14.1.1 案例概述 348
14.1.2 设计思路 348
14.1.3 涉及知识点与命令 348
14.1.4 广告设计步骤 349
14.2 海报设计 353
    14.2.1 案例概述 353
    14.2.2 设计思路 354
    14.2.3 涉及知识点与命令 354
    14.2.4 海报设计步骤 354
14.3 包装设计 357
    14.3.1 案例概述 357
    14.3.2 设计思路 358
    14.3.3 涉及知识点与命令 358
    14.3.4 包装设计步骤 358

高手支招

◇ 了解海报设计所遵循的原则 365

◇ 广告设计术语 365

第15章 网页设计

本章3段教学录像

Photoshop CS6不仅可以处理图片，还可以设计网页，本章主要介绍汽车网页设计和房地产网页设计的具体操作步骤。

15.1 汽车网页设计 368
    15.1.1 案例概述 368
    15.1.2 设计思路 368
    15.1.3 涉及知识点与命令 368
    15.1.4 汽车网页设计步骤 369
15.2 房地产网页设计 380
    15.2.1 案例概述 380
    15.2.2 设计思路 381
    15.2.3 涉及知识点与命令 381
    15.2.4 房地产网页设计步骤 382

高手支招

◇ 如何对网页进行切片 387

◇ 网页设计要素 388

第 16 章　动画设计

> 本章 3 段教学录像

使用 Photoshop CS6 不仅可以处理图像，而且还可以设计简单的动画。通过本章的学习，读者可以掌握简单的动画制作。

16.1 制作飞舞动画效果 390
- 16.1.1 案例概述 390
- 16.1.2 设计思路 390
- 16.1.3 涉及知识点与命令 390
- 16.1.4 飞舞动画效果步骤 391

16.2 制作闪烁动画效果的招牌 392
- 16.2.1 案例概述 393
- 16.2.2 设计思路 393
- 16.2.3 涉及知识点与命令 393
- 16.2.4 招牌闪烁动画效果操作步骤 393

高手支招
- ◇ 在视频图层中替换素材 399
- ◇ 动画总体设计阶段 400

第 5 篇　高手秘籍篇

第 17 章　自动处理图像

> 本章 4 段教学录像

程序是将实现的功能编成代码，Photoshop CS6 同样可以将各种功能录制为动作，这样就可以重复使用。另外，Photoshop CS6 还提供了各种自动处理的命令，令你的工作更加高效快捷。

17.1 使用动作快速应用效果 403
- 17.1.1 认识【动作】面板 403
- 17.1.2 应用预设动作 404
- 17.1.3 创建动作 405
- 17.1.4 编辑与自定义动作 407
- 17.1.5 运行动作 409
- 17.1.6 存储与载入动作 409

17.2 使用自动化命令处理图像 410
- 17.2.1 批处理 410
- 17.2.2 创建快捷批处理 413
- 17.2.3 裁剪并修齐照片 414
- 17.2.4 条件模式更改 415
- 17.2.5 限制图像 416

● 举一反三——批处理文件 416

高手支招
- ◇ 拍摄用于 Photomerge 图片的规则 417
- ◇ 动作不能保存怎么办 418

第 18 章　打造强大的 Photoshop

> 本章 5 段教学录像

除了使用 Photoshop CS6 自带的滤镜、笔刷、纹理外，还可以使用其他的外挂滤镜来实现更多、更精彩的效果。本章主要讲述外挂滤镜、笔刷和纹理的使用方法。

18.1 外挂滤镜 420
- 18.1.1 Eye Candy 滤镜 420
- 18.1.2 KPT 滤镜 422

18.2 使用笔刷 422
- 18.2.1 安装笔刷 422
- 18.2.2 使用笔刷绘制复杂的图案 423

18.3 使用纹理 424
- 18.3.1 安装纹理 424
- 18.3.2 使用纹理实现拼贴效果 424

● 举一反三——为材质添加特效 425

高手支招
- ◇ 安装笔刷后不能使用怎么办 426
- ◇ 外挂滤镜安装技巧 426

第 0 章

Photoshop CS6 最佳学习方法

本章导读

Photoshop CS6 是专业的图形图像处理软件,本章将介绍 Photoshop CS6 最佳的学习方法,并为广大的设计学习者提供了一个更加广阔的发展空间。

思维导图

0.1 Photoshop CS6 的应用领域

　　Photoshop 作为专业的图形图像处理软件,是许多从事平面设计工作人员的必备工具。它被广泛地应用于广告公司、制版公司、输出中心、印刷厂、图形图像处理公司、婚纱影楼及设计公司等。

1. 平面设计

　　Photoshop 应用最为广泛的领域是平面设计。在日常生活中,走在大街上随意看到的招牌、海报、招贴、宣传单等,这些具有丰富图像的平面印刷品,大多需要使用 Photoshop 软件对图像进行处理。例如,下图的百事可乐广告设计,通过 Photoshop CS6,将百事可乐的产品主体、广告语及让人产生的味蕾感觉设计在同一个画面里,使其更好地体现该产品的突出口感和效果。

2. 界面设计

　　界面设计作为一个新兴的设计领域,在还未成为一种全新的职业的情况下,受到许多软件企业及开发者的重视;对于界面设计来说,并没有一个专门用于界面设计制作的专业软件,因为绝大多数设计者都使用 Photoshop 来进行设计。

3. 插图设计

　　插图(画)是运用图案表现的形象,本着审美与实用相统一的原则,尽量使线条、形态清晰明了,制作方便。插图是世界上通用的语言,在商业应用上很多都是使用 Photoshop 来进行设计的。

第 0 章
Photoshop CS6 最佳学习方法

4. 网页设计

网络的普及是促使更多人需要掌握Photoshop的一个重要原因。因为在制作网页时Photoshop是必不可少的网页图像处理软件。

5. 绘画与数码艺术

基于Photoshop的良好绘画与调色功能，可以通过手绘草图，然后利用Photoshop进行填色的方法来绘制插画；也可以通过在Photoshop中运用Layer（图层）功能，直接在Photoshop中进行绘画与填色；还可以从中绘制各种效果，如插画、国画等，其表现手法也各式各样，如水彩风格、马克笔风格、素描等。

6. 数码摄影后期处理

Photoshop具有强大的图像修饰功能。利用这些功能，可以调整影调、调整色调、校正偏色、替换颜色、溶图、快速修复破损的照片、合成全景照片、后期模拟特技拍摄、上色等，也可以修复人脸上的斑点等缺陷。

7. 动画设计

动画设计师可以采用手绘，然后用扫描仪进行数码化，再采用Photoshop软件进行处理，也可以直接在Photoshop软件中进行动画设计制作。

8. 文字特效

通过 Photoshop 对文字的处理，文字已不再是普通的文字；在 Photoshop 的强大功能面前，可以使文字发生各种各样的变化，并利用这些特效处理后的文字为图像增加效果。

9. 服装设计

在各大影楼里使用 Photoshop 对婚纱进行设计和处理；然而在服装行业上，Photoshop 也充当着一个不可或缺的角色，如服装的设计、服装设计效果等，都体现了 Photoshop 在服装行业中的重要性。

10. 建筑效果图后期修饰

在制作建筑效果图包括许多三维场景时，人物与配景（包括场景的颜色）常常需要在 Photoshop 中增加并调整。

11. 绘制或处理三维贴图

在三维软件制作模型中，如果模型的贴图色调、规格或其他因素不合适，可以通过 Photoshop 对贴图进行调整。还可以利用 Photoshop 制作在三维软件中无法得到的合适的材质效果。

12. 图标制作

Photoshop 除了能应用于各大行业设计之外，还适用于制作小的图标；而且制作出来的图标非常精美。

0.2 Photoshop CS6 的技能要求

1. 设计师的知识结构

学习设计可以走很多不同的路，这是由设计的多元化知识结构所决定的。在学习设计之后，你以前的阅历和知识都将影响你，所以学习设计的过程中也是多元化知识不断积累的过程。

所以学习设计就要求设计人员具有多元化的知识结构，设计师也需要获取这些多元化知识，我们可以通过下面的方式来获取信息。

（1）学习设计也需要从点、线、面的认识开始，学习掌握平面构成、色彩构成、立体构成、材料构成和透视学等基础知识；平面设计师需要具备客观的视觉经验、发散的形象思维，掌握视觉的生理学规律。

（2）作为平面设计师应具备良好的视觉图形表达能力，设计师的创意都是通过设计草图的形式表达出来的，所以草图的表达也是平面设计师的设计基础。

（3）平面设计师可以根据自身的情况学习传统课程，如陶艺、版画、水彩、油画、摄影、书法、国画、黑白画等，这些课程都将在不同层次和程度上加强设计师的动手能力、表现能力和审美能力。更重要的是，通过不断的学习可以发现自己的个性，但这也是一个长期的过程。

（4）我可以开始设计作品了吗？当然不行，除了以上的学习以外，我们在做设计之前还需要具备各种各样的背景知识，比如图形设计原则、图片处理的方法、专题设计、静态页制作、HTML、网站优化、制版原则、标志设计的原则、广告设计的方法和色彩搭配师配合等。我们需要理解为什么，为什么品牌设计产品会得到大多数人的青睐，为什么优秀的平面设计作品会使产品的销量大增，为什么我们喜欢进入优秀漂亮的产品店铺。

（5）你能分辨设计的好坏吗，并且知道为什么吗？通过对设计基础知识的学习，你可能进入了设计的模仿阶段，为了向前，我们必须向前辈及优秀的平面设计师学习。这个阶段是一个比较长期的过程，由于你的设计水平很不稳定，你会有潮起潮落的感觉，但是伴随着大量的设计实践及对设计流程的掌握，你已经开始向成熟平面设计师迈进。

2. 平面视觉的科学

通过视觉，人们会在生理上、情感上、心理上、行动上带来一连串的反应。设计本身就是视觉经验的一种科学，包括两个方面：一方面是人的基本反应即生理感受，这种感受是不以人为而改变的；另一方面是随即的，或者是由不确定因素构成的，如个人的职业、喜好、性格和成长因素等。

（1）相对稳定方面：这里主要指人生理上的视知觉，如人们通常的一些视觉习惯、视觉逻辑和视觉流程。例如，看东西会从上到下、从左到右，并且喜欢连贯的、重复的图形元素，而且喜欢有一定对比的效果。另外，在颜色方面人们最喜欢有对比的互补色效果等。这些都跟人们的心理和生理上的习惯有关，也是人们生理机能的一些本能反应。作为一名设计师就应该对这些相对稳定方面的知识充分了解和研究，并且能够灵活运用到自己的设计作品中。设计活动本身就是对"人本"的关注，进而需要我们在设计实践中去总结。

（2）不稳定方面： 主要是指人们在情感、品位、职业、素质和阅历上不同，因此设计师的判断和把握能力在设计的过程中就显得尤为重要。你需要通过客观的观察和分析，才能完成优秀的设计。

（3）设计思维科学： 设计本身就需要我们具有科学的思维方法。例如，设计师需要在相同中找到一些差别，还需要在不同当中找到共同的地方，并且能掌握和运用各种思维方法。这里的思维方法包含纵向关联思维、横向关联思维和发散式的思维，设计师灵活多变的运用好这些科学的思维方式，就能够找到一些奇特的、新的视觉形象，最终才能不断发现新的创意，创造卓越的作品。

通过上面的认知我们可以发现，平面视觉的科学是非常深广的，包含的知识也是非常丰富的，设计师必须深入地推广，才能保证自己的设计水平不断提高，并且还需要设计师在设计的过程中结合其他学科的研究成果进行整合和创新。

3. 平面设计的一般流程

平面设计的一般流程是一个有计划、有步骤、不断完善的设计创意表达过程，设计作品的成功与否在很大程度上取决于设计理念的准确性和设计思维的完善性。下面来了解一下平面设计的一般流程。

（1）调查：通过调查设计师可以了解事物的整个过程。当然设计调查需要有目的的完整调查过程，如设计背景，市场调研，关于品牌、受众和产品等的行业调查，关于定位、素材和表现手法的调查，这些都是设计的开始和基础。

（2）内容：内容是设计师在进行设计前需要准备的基本材料，主要分为主题和具体内容两部分。

（3）理念：在设计创作之前进行构思立意，这是设计创作的第一步。在整个设计过程中，思路是最重要的，通常理念是独立于设计之上的，一般在视觉平面作品中能够准确地传达出理念是最难的一件事。

（4）视觉元素：设计作品其实就是一些基本视觉元素的构成。其中每一个元素都需要具备达到传递和加强传递信息的目的。一个优秀的设计师都会从作品整体需要出发去考虑，然后再使用每一种元素。例如，在一个版面设计中，其构成元素我们可以通过类别来进行划分——标题、正文、背景、主体图形、色调、留白和视觉中心等。在这些视觉元素的使用上，能体现出一个设计师对平面设计的理解和自身的修养，因此善于使用各类视觉元素是设计师必备的能力之一。

第 0 章
Photoshop CS6 最佳学习方法

（5）表现手法：表现手法即是技巧。在当代想创作出打动受众的视觉产品并非易事，人们会自动忽略掉很多的视觉作品。设计师要把自己的信息传递出去可以通过三种方式：一种是通过传统美学去完美表现的设计方式，这种方式会被受众欣赏、阅读并记住；第二种是用新奇的或者出奇不意的表达方式达到；第三种是利用疯狂的广告投放量，进行地毯式的强行轰炸。虽然这三种方法都能达到目的，然而我们更需要哪一种呢？设计师选择哪一种表现手法，取决于设计师自己的目的和目标群体，以及设计师的设计水平。

（6）平衡：设计师可以利用平衡给人们带来视觉和心理的满足。平衡感也是设计师构图所需要的能力之一。在一份作品中，设计师需要解决画面当中前后衔接的平衡和力场的平衡，当然这种平衡与不平衡都是相对的，其标准是是否达到主题要求。

（7）出彩：设计师需要创造出视觉兴奋点来升华自己的设计作品，达到出彩的效果。

（8）风格：设计师固定风格的形成意味着自我的僵死，所以设计师需要根据作品需要来选择合适的风格，风格同时也可以表达设计师的性格、阅历、喜好和修养等，也是设计师成熟的一个标志。

（9）制作：在最后的制作过程中，设计师需要检查的项目包括：字体、正文、图形、色彩、比例、编排、出血等。

0.3 如何成为 Photoshop CS6 图像处理高手

如果想要成为一名 Photoshop CS6 图像处理高手，一般需要具备以下能力和知识。

（1）成功的设计师应该具备以下几点：

① 非常灵敏的感受能力；

② 非凡的创造能力；

③ 设计作品的鉴定能力；

④ 对设计思维的表达能力；

⑤ 比较全面的专业技能。

现代设计师必须具有宽广的设计视角、丰富的专业知识；必须是具有创新精神并能解决问题的人，应考虑市场反应、市场效果，力求设计作品对社会和市场有益，能提高人们的审美能力、心理上的愉悦感和满足感。起码应当明白，优秀的设计师有他们"自己"的手法、清晰的形象和合乎逻辑的创意点。

（2）设计师一定要自信，坚信自己的经验、眼光和品味。对于设计作品，不为个性而个性，不为设计而设计。作为一名设计师，遇到各类问题都可以认真总结经验，用心思考，反复推敲，并分析、汲取同类型的优秀设计精华，在自己的作品中不断创新。

（3）设计师将设计作为一种职业，需要设计师具有较高的职业道德和完整的人格，所以设计师必须注重个人素养的提高。

（4）很多有个性和有味道的设计的灵感都源于本民族悠久的文化传统。作为设计师有必要认真看待民族传统和文化，在民族和传统文化中提取各种设计元素，并将其应用到自己的设计中，将其发扬光大。

第 1 篇

入门篇

第 1 章　快速上手——Photoshop CS6 的安装与设置

第 2 章　文件的基本操作

第 3 章　图像的基本操作

　　本篇主要介绍 Photoshop CS6 的基础操作，通过本篇的学习，读者可以掌握 Photoshop CS6 的基础知识，学会如何安装设置 Photoshop CS6、文件的基本操作及图像的基本操作。

第 1 章
快速上手——Photoshop CS6 的安装与设置

本章导读

　　Photoshop CS6 是专业的图形图像处理软件，是优秀设计师的必备工具之一。Photoshop 不仅为图形图像设计提供了一个更加广阔的发展空间，而且在图像处理中还有"化腐朽为神奇"的功能。

思维导图

第 1 章 快速上手——Photoshop CS6 的安装与设置

1.1 Photoshop CS6 的安装与卸载

在学习 Photoshop CS6 之前首先要安装 Photoshop CS6 软件。下面介绍在 Windows 10 系统中安装、启动与退出 Photoshop CS6 的方法。

> **提示**
> 最新版的 Photoshop CS6 只支持 Windows 10 及以上系统，不支持 Windows XP 系统。

1.1.1 系统需求

在 Windows 系统中运行 Photoshop CS6 的配置要求如下表所示。

CPU	Intel Pentium 4 或 AMD Athlon 64 处理器（2GHz 或更快）
内存	2GB 内存（推荐 8GB 或更大的内存）
硬盘	安装所需的 2.5GB 可用硬盘空间，安装过程中需要更多的可用空间（无法在基于闪存的存储设备上安装）
操作系统	Microsoft Windows 7 Service Pack 1 或 Windows 8
显示器	1024×768 的显示器分辨率（推荐 1280×800），具备 OpenGL 2.0、16 位色彩和 512MB 的 VRAM（建议使用 1GB）
驱动器	DVD-ROM 驱动器

在 MAC OS 系统中运行 Photoshop CS6 的配置要求如下表所示。

CPU	多核心 Intel 处理器，支持 64 位
内存	2GB 内存（推荐 8GB 或更大的内存）
硬盘	安装所需的 3.2GB 可用硬盘空间，安装过程中需要更多的可用空间（无法在基于闪存的存储设备上安装）
操作系统	Mac OS X v10.7、v10.8、v10.9 或 v10.10
显示器	1024×768 的显示器分辨率（推荐 1280×800），具备 OpenGL 2.0、16 位色彩和 512MB 的 VRAM（建议使用 1GB）
驱动器	DVD-ROM 驱动器

1.1.2 安装 Photoshop CS6

Adobe Photoshop CS6 为 Adobe Photoshop Creative Suite 6.0 的简写。对用户来说，CS6 版带来一种新的"云端"工作方式。首先，CS6 版本取消了传统的购买单个序列号的授权方式，改为在线订阅。用户可以按月或按年付费订阅，也可以订阅单个软件，还可以订阅全套产品。

用户到 Adobe 官网的下载页面就可以购买 Adobe Photoshop CS6 软件或者使用 Adobe Photoshop CS6 软件，如下图所示。

Photoshop CS6 是专业的设计软件，其安装方法比较简单，具体的安装步骤如下。

第1步 在光驱中放入安装盘，双击安装文件图标，弹出【Adobe 安装程序】对话框，如下图所示。

第2步 初始化结束后，进入 Adobe Photoshop CS6【欢迎】界面，在界面中单击【使用序列号安装】按钮，如下图所示。

第3步 进入【需要登录】界面，需要登录用户的 Adobe ID，如果用户没有 Adobe ID，需要注册一个，如下图所示。

第4步 单击【登录】按钮，进入【Adobe 软件许可协议】界面，单击【接受】按钮，如下图所示。

第5步 进入【序列号】界面。在下面的文本框中输入用户的序列号，如下图所示。

第6步 单击【下一步】按钮，进入【选项】界面，在其中选择需要安装的 Adobe Photoshop CS6，用户还可以根据需要选择 Adobe Photoshop CS6 的安装位置，如下图所示。

第7步 单击【安装】按钮，进入【安装】进

第 1 章
快速上手——Photoshop CS6 的安装与设置

度界面,如下图所示。

单击【关闭】按钮,Photoshop CS6 软件即安装成功,如下图所示。

第 8 步 安装完成后,进入【安装完成】界面,

1.1.3 卸载 Photoshop CS6

卸载 Photoshop CS6 的操作步骤如下。

第 1 步 在【开始】按钮上右击,在弹出的快捷菜单中选择【控制面板】命令,如下图所示。

第 3 步 选择 Photoshop CS6 软件后右击,在弹出的快捷菜单中选择【卸载】选项,如下图所示。

第 2 步 在弹出的窗口中单击【程序和功能】超链接,如下图所示。

第 4 步 然后根据提示卸载 Photoshop CS6 软件即可。

1.2 Photoshop CS6 的启动与退出

安装好软件后,需要掌握正确启动与退出的方法。Photoshop CS6 软件的启动方法与其他的软件类似,用户可以选择【开始】→【所有程序】命令,在弹出的菜单中选择相应的软件即可。如果需要关闭软件,用户只需单击 Photoshop CS6 窗口标题栏右侧的【关闭】按钮即可。

· 13 ·

1.2.1 启动 Photoshop CS6

下面介绍启动 Photoshop CS6 的 3 种方法。

1. 【开始】菜单按钮方式

用户选择【开始】→【Adobe Photoshop CS6】命令，即可启动 Photoshop CS6 软件，如下图所示。

2. 桌面快捷图标方式

用户在安装 Photoshop CS6 时，安装向导会自动地在桌面上生成一个 Photoshop CS6 的快捷方式图标；用户双击桌面上的 Photoshop CS6 快捷方式图标，即可启动 Photoshop CS6 软件。

3. Windows 资源管理器方式

用户也可在 Windows 资源管理器中双击 Photoshop CS6 的文档文件来启动 Photoshop CS6 软件。

1.2.2 退出 Photoshop CS6

用户如果要退出 Photoshop CS6 软件，可以采用以下 4 种方法。

1. 通过【文件】菜单

用户可以通过选择 Photoshop CS6 菜单栏中的【文件】→【退出】命令来退出 Photoshop CS6 程序。

2. 通过标题栏

第1步 单击 Photoshop CS6 标题栏左侧的图标。

第2步 在弹出的下拉菜单中选择【关闭】命令，即可退出 Photoshop CS6 程序，如下图所示。

3. 通过【关闭】按钮

第1步 用户只需要单击 Photoshop CS6 界面右上角的【关闭】按钮即可退出 Photoshop CS6。

第2步 此时若用户的文件没有保存，程序会弹出一个对话框，提示用户是否需要保存文件，如下图所示；若用户的文件已经保存过，程序则会直接关闭。

4. 通过快捷键

用户只需要按【Alt+F4】组合键，即可退出 Photoshop CS6。

1.3 基本操作 1——认识 Photoshop CS6

随着版本的不断升级，Photoshop 工作界面的布局设计也更加合理和人性化，便于操作和理解。Photoshop CS6 工作界面主要由标题栏、菜单栏、工具箱、选项栏、面板、状态栏和工作区等几个部分组成，如下图所示。

1.3.1 菜单栏

Photoshop CS6 的菜单栏中包含 11 组主菜单，分别是文件、编辑、图像、图层、文字、选择、滤镜、3D、视图、窗口和帮助。每个菜单内都包含一系列的命令，这些命令按照不同的功能采用分割线进行分离，如下图所示。

文件(F) 编辑(E) 图像(I) 图层(L) 文字(Y) 选择(S) 滤镜(T) 3D(D) 视图(V) 窗口(W) 帮助(H)

菜单栏中包含可以执行任务的各种命令，单击菜单名称，即可打开相应的菜单。

1.3.2 工具箱

工具箱中集合了图像处理过程中使用最频繁的工具，是 Photoshop CS6 中文版中比较重要的功能。执行【窗口】→【工具】命令可以隐藏和打开工具箱；默认情况下，工具箱在屏幕的左侧，用户可通过拖移工具箱的标题栏来移动它，如下图所示。

工具箱中的某些工具会在上下文相关选项栏中提供一些选项。通过这些工具，可以进行文字输入、选择、绘制、取样、编辑、移动、注释和查看图像等操作。通过工具箱中的工具，还可以更改前景色和背景色，以及在不同的模式下工作。

单击工具箱上方的双箭头按钮 ，可以双排显示工具箱；再单击按钮 ，恢复工具箱单行显示。

将鼠标指针放在任何工具上，用户可以查看该工具的名称及其对应的快捷键，如下图所示。

1.3.3 选项栏

在选择某项工具后，在工具选项栏中会出现相应的工具选项，可对工具参数进行相应设置。选中【移动工具】 时的选项栏如下图所示。

选项栏中的一些设置（如绘画模式和不透明度）对于许多工具都是通用的，但是有些设置则专用于某个工具（如用于铅笔工具的【自动抹掉】设置）。

1.3.4 面板

控制面板是 Photoshop CS6 中进行颜色选择、编辑图层、编辑路径、编辑通道和撤销编辑等操作的主要功能面板，是工作界面的一个重要组成部分。

1. Photoshop CS6 面板的基本认识

第1步 执行 Photoshop CS6【窗口】→【工作区】→【基本功能（默认）】命令，Photoshop CS6 的面板状态，如下图所示。

第2步 单击 Photoshop CS6 右方的【折叠为图标】按钮 ，可以折叠面板；再次单击【折叠为图标】按钮可恢复控制面板的展示，如下图所示。

第3步 执行 Photoshop CS6【窗口】→【工作区】→【绘画】命令，选择【画笔工具】 即可激活【画笔】，如下图所示。

第 1 章
快速上手——Photoshop CS6 的安装与设置

出所在面板，也可以将其拖曳至其他面板中，如下图所示。

2. Photoshop CS6 控制面板操作

第1步 执行 Photoshop CS6 【窗口】→【图层】命令，可以打开或隐藏面板，如下图所示。

第2步 将鼠标指针放在面板位置，拖动鼠标可以移动面板；将鼠标指针放在【图层】面板名称上，拖动鼠标可以将【图层】面板移

第3步 拖动面板下方的按钮可以调整面板的大小。当鼠标指针变成双箭头时，拖动鼠标可调整面板大小，如下图所示。

第4步 单击面板右上角的【关闭】按钮，可以关闭面板，如下图所示。

> **提示**
> 按【F5】键可以打开【画笔】面板，按【F6】键可以打开【颜色】面板，按【F7】键可以打开【图层】面板，按【F8】键可以打开【信息】面板，按【Alt+F9】组合键可以打开【动作】面板。

1.3.5 状态栏

Photoshop CS6 中文版状态栏位于文档窗口底部，状态栏可以显示文档窗口的缩放比例、文档大小、当前使用工具等信息，如下图所示。

单击状态栏上的黑色右三角可以弹出如下图所示的菜单。

第1步 在 Photoshop CS6 状态栏单击【缩放比例】文本框，在文本框中输入缩放比例，按【Enter】键确认，可按输入比例缩放文档中的图像，如下图所示。

第2步 如果在状态栏上按住鼠标左键不放，则可显示图像的宽度、高度、通道、分辨率等信息，如下图所示。

第3步 按住【Ctrl】键的同时单击状态栏，可以显示图像的拼贴宽度、拼贴高度、图像宽度、图像高度等信息，如下图所示。

第4步 单击 Photoshop CS6 状态栏中的按钮，可在打开的菜单中选择状态栏显示内容，如下图所示。

【Adobe Drive】：显示文档的 Version Cue 工作组状态。Version Cue 帮助用户连接到服务器，连接后，可以在 Windows 资源管理器或 Mac OS Finder 中查看服务器的项目文件。

【文档大小】：显示有关图像中的数据量信息。选择该选项后，状态栏中会出现两组数字，如下图所示，左边的数字显示了拼合图层并储存文件后的大小，右边的数字显示了包含图层和通道的近似大小。

【文档配置文件】：显示了图像所使用的颜色配置文件的名称，如下图所示。

【文档尺寸】：显示图像的尺寸，如下图所示。

【测量比例】：显示文档像素的比例，如下图所示。

【暂存盘大小】：显示有关处理图像的内存和 Photoshop CS6 暂存盘信息，选择该选项后，状态栏会出现两组数字，如下图所示。左边的数字表示程序用来显示所有打开的图像的内存量，右边的数字表示可用于处理图像的总内存量，如果左边的数字大于右边的数字，Photoshop CS6 将启用暂存盘作为虚拟内存来使用。

【效率】：显示执行操作实际花费时间的百分比，当效率为 100% 时，表示当前处理的图像在内存中生成；如果低于该值，则表示 Photoshop CS6 正在使用暂存盘，操作速度会变慢，如下图所示。

第 1 章
快速上手——Photoshop CS6 的安装与设置

【计时】：显示完成上一次操作所用的时间，如下图所示。

【当前工具】：显示当前使用的工具名称，如下图所示。

【32 位曝光】：用于调整预览图像，以便在计算机显示器上查看 32 位 / 通道高动态范围（HDR）图像的选项，只有文档窗口中显示 HDR 图像时，该选项才可用。

【存储进度】：保存文件时，显示存储进度。

1.4 基本操作 2——性能设置

在使用 Photoshop CS6 之前需要进行一些性能设置，这个操作十分重要，不仅影响到 Photoshop CS6 运行的各个方面，更影响着图像处理的准确性和质量的高低。

第1步 用户可以选择【编辑】→【首选项】→【性能】命令，如下图所示。

第2步 系统弹出【首选项】对话框，如下图所示。

1. 内存使用情况

显示【可用内存】和【理想范围】信息，可以在【让 Photoshop 使用】右侧的文本框中输入数值，或者拖动滑块来调整分配给 Photoshop 的内存量。修改后，重新启动 Photoshop 才能生效。

2. 历史记录与高速缓存

【历史记录状态】：【历史记录】面板中所能保留的历史记录状态的最大数量。

【高速缓存级别】：图像数据的高速缓存级别数。用于提高屏幕重绘和直方图显示的速度。为具有少量图层的大型文档选择较多的高速缓存级别，则速度越快；为具有较多图层的小型文档选择较少的高速缓存级别，则品质越高。所做的更改将在下一次启动 Photoshop 时生效。

【高速缓存拼贴大小】：Photoshop 一次存储或处理的数据量。对于要快速处理的、具有较大像素的文档，需要选择较大的拼贴；对于像素较小的、具有许多图层的文档，需要选择较小的拼贴。所做的更改将在下一次启动 Photoshop 时生效。

3. 图形处理器设置

选中【使用图形处理器】复选框，然后单击【高级设置】按钮，可以启用某些功能和界面增强，即可以启用 OpenGL 绘图功能。不会对已打开的文档启用 OpenGL 绘图功能。

启用的功能有【旋转视图工具】【鸟瞰缩放】【像素网格】【轻击平移】【细微缩放】【HUD 拾色器】【丰富光标】信息、【取样环】（【吸管工具】）、【画布画笔大小调整】【硬毛刷笔尖预览】【油画】【自适应广角】【光效库】等。

界面增强有【模糊画廊】（仅用于 OpenGL）、【液化】【操控变形】【平滑的平移和缩放】【画布边界投影】【绘画性能【变换】/【变形】等。

> **提示**
>
> 选中【使用图形处理器】复选框以后，重新启动 Photoshop CS6，如果能够使用上面的功能，则说明计算机显卡支持 OpenGL 加速。
>
> 如果计算机检测到了图形处理器，而没有选中【使用图形处理器】复选框，Photoshop CS6 则会经常出现未响应，进而没有反应，以至于影响用户的使用。

如果系统没有足够的内存来执行某个操作，则 Photoshop 将使用一种专有的虚拟内存技术（也称为暂存盘）。暂存盘是任何具有空闲空间的驱动器或驱动器分区。默认情况下，Photoshop 将安装了操作系统的硬盘驱动器用作主暂存盘，可在该选项区域中将暂存盘修改到其他驱动器上。另外，包含暂存盘的驱动器应定期进行碎片整理。

选择【暂存盘】选项区域，可设置软件系统的暂存盘，如下图所示。

1.5 基本操作 3——帮助资源

通过【帮助】菜单，用户可以得到一些帮助的信息和资源。

第1步 用户选择【帮助】→【系统信息】命令，打开【系统信息】对话框，可以查看系统的相关信息，如下图所示。

第2步 用户可以通过选择【帮助】→【Photoshop 联机帮助】命令，打开联机网页，查看联机帮助信息，如下图所示。

第 1 章
快速上手——Photoshop CS6 的安装与设置

第3步 用户可以通过选择【帮助】→【Photoshop 联机资源】命令,打开联机网页,查看并下载联机资源,如下图所示。

第一个 Photoshop 平面作品

在本书中将学习如何使用 Photoshop 的合成技术制作出青蛙唱 K 的样子,具体来说,就是将一只青蛙制作成生动的流行歌手模样。具体操作步骤如下。

第1步 选择【文件】→【打开】命令,打开本书配套光盘中的"素材\ch01\3.jpg""素材\ch01\4.jpg"和"素材\ch01\5.jpg"文件,如下图所示。

第2步 再用【磁性套索】工具 在 Photoshop 中进行操作,选择出墨镜的区域,如下图所示。

第3步 复制选择出来的墨镜,并粘贴到另一只青蛙的图像里,按【Ctrl+T】组合键使用【自由变换调整】工具调整墨镜的大小和形状,并摆放好大致位置;然后调整墨镜图层的【不透明度】值为"90%",如下图所示。

第4步 使用同样的方法在青蛙的手上放一个麦克风,如下图所示。

第 5 步 由于麦克风是握在手中的，因此应该可以看见前面的手指。将麦克风图层的【不透明度】值设置为"50%"，如下图所示，使用【多边形套索】工具，选择前面的手指部分图形，然后删除选区内图形，最后调整麦克风图层的【不透明度】值为"100%"。

第 6 步 现在制作太阳镜的阴影和高光，使青蛙和太阳镜能融合在一起。通过复制太阳镜图层，并在太阳镜图层的底部应用投影效果，如下图所示。

第 7 步 在太阳镜阴影层上，将多出的投影删除掉即可，如下图所示。

第 1 章
快速上手——Photoshop CS6 的安装与设置

第 8 步　使用相同的方法创建麦克风的投影效果，最终的效果如下图所示。

◇ **如何更改安装位置**

安装 Adobe Photoshop CS6 软件时，软件的默认安装路径都是 C 盘，而 C 盘是系统盘，随着软件安装的增多，系统盘文件也会增多，就会造成系统运行缓慢、卡顿。修改系统默认的安装路径可以很好地保留 C 盘空间。当安装界面进入 Adobe Photoshop CS6 安装【选项】界面时，单击【更改】按钮，可以更改安装的位置，如下图所示。

选择安装的位置后，单击【确定】按钮，即可更改 Adobe Photoshop CS6 的安装位置。

◇ **如何优化工作界面**

第 1 步　Photoshop CS6 提供了【屏幕模式】按钮，单击按钮右侧的三角箭头可以选择【标准屏幕模式】、【带有菜单栏的全屏模式】和【全屏模式】3 个选项来改变屏幕的显示模式，也可以使用【F】键来实现 3 种模式之间的切换。建议初学者使用【标准屏幕模式】。

> **提示**
>
> 当工作界面较为混乱的时候,可以选择【窗口】→【工作区】→【默认工作区】命令,恢复到默认的工作界面。

第2步 要想拥有更大的画面观察空间,则可使用全屏模式。带有菜单栏的全屏模式如下图所示。

第3步 单击【屏幕模式】按钮,选择【全屏模式】时,系统会自动弹出【信息】对话框,如下图所示。单击【全屏】按钮,即可转换为全屏模式。

第4步 全屏模式如下图所示。

第5步 当在全屏模式下时,可以按【Esc】键返回到主界面。

第 2 章
文件的基本操作

本章导读

要绘制或处理图像，首先要新建、导入或打开图像文件，处理完成之后，再进行保存，这是最基本的流程。本章主要介绍 Photoshop CS6 中文件的基本操作。

思维导图

- 保存文件
  - 【存储】命令
  - 【存储为】命令
  - 快捷方式
  - 【签入】命令
  - 选择正确的文件保存格式
- 置入文件
  - EPS 格式文件
  - PDF 格式文件
- 关闭文件
  - 【文件】→【关闭】命令
  - 窗口上的【关闭】按钮
  - 在标题栏上右击
- 图像文件打印
  - 打印设置
  - 打印文件

文件的基本操作

- 图像的类型
  - 位图
  - 矢量图
- 支持的文件格式
  - 图像格式
  - 视频格式
- 新建文件
  - 【文件】→【新建】命令
  - 快捷键
- 打开文件
  - 【打开】命令
  - 【打开为】命令
  - 【在 Bridge 中浏览】命令
  - 快捷方式
  - 【最近打开文件】命令
  - 作为智能对象打开

2.1 图像的类型

计算机图像的基本类型是数字图像，它是以数字方式记录、处理和保存的图像文件。根据图像生成方式的不同，可以将图像划分为位图和矢量图两种类型。Photoshop CS6 是典型的位图图像处理软件，但它也包含一部分矢量功能，可以创建矢量图形和路径。了解两类图像的差异，对创建、编辑和导入图片是非常有帮助的。

2.1.1 位图

位图也被称为像素图或点阵图，它由网格上的点组成，这些点称为像素。当位图放大到一定程度时，可以看到位图是由一个个小方格组成的，这些小方格就是像素。像素是位图图像中最小的组成元素，位图的大小和质量由像素的多少决定，像素越多，图像越清晰，颜色之间的过渡也越平滑。位图图像的主要优点是表现力强、层次多、细节丰富，可以十分逼真地模拟出像照片一样的真实效果，如下图所示。位图图像可以通过扫描仪和数码相机获得，也可以通过 Photoshop 和 Corel PHOTO-PAINT 等软件生成。

在屏幕上缩放位图图像时，它们可能会丢失细节，因为位图图像与分辨率有关，它们包含固定数量的像素，并且为每个像素分配了特定的位置和颜色值。如果在打印位图图像时采用的分辨率过低，位图图像可能会呈锯齿状，因为此时增加了每个像素的大小。

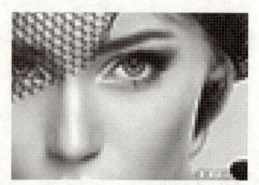

2.1.2 矢量图

矢量图是用一系列计算机指令来描述和记录图像的，它由点、线、面等元素组成，记录的是对象的几何形状、线条粗细和色彩属性等，只能通过 CorelDRAW 或 Illustrator 等软件生成。矢量图的主要优点是不受分辨率影响，任何尺寸的缩放都不会改变其清晰度和光滑度。因此，矢量图最适合表现醒目的图形，如下图所示。

第 2 章
文件的基本操作

2.2 Photoshop CS6 支持的文件格式

　　Photoshop 是编辑各种图像时的必用软件，它功能强大，支持几十种文件格式，因此能很好地支持多种应用程序。Photoshop CS6 中支持的文件类型主要分为图像和视频两类，如下表所示。

文件类型	格式
图像	JPEG、PNG、PSD、BMP、DICOM、Targa、TIFF、OpenEXR
视频	MOV、MPEG-1（.mpg 或 .mpeg）、MPEG-4（.mp4 或 .m4v）、AVI 如果计算机上已安装 MPEG-2 编码器，则支持 MPEG-2 格式

2.3 文件操作 1——新建文件

　　新建文件的方法有以下两种。

1. 使用【文件】→【新建】命令

第1步　启动 Photoshop CS6 软件，选择【文件】→【新建】命令，如下图所示。

第2步　系统弹出【新建】对话框，如下图所示。

> **提示**
> 　　在制作网页图像时，一般是用【像素】为单位；在制作印刷品时，则是用【厘米】为单位。

【新建】对话框中的各个选项功能如下。

（1）【名称】文本框：用于填写新建文件的名称。【未标题-1】是 Photoshop 默认的名称，可以将其改为其他名称。

（2）【预设】下拉列表：用于提供预设文件尺寸及自定义尺寸。

（3）【宽度】设置框：用于设置新建文件的宽度，默认以"像素"为宽度单位，也可以选择"英寸""厘米""毫米""点""派卡"和"列"等为单位。

（4）【高度】设置框：用于设置新建文件的高度。

（5）【分辨率】设置框：用于设置新建文件的分辨率。"像素/英寸"默认为分辨率的单位，也可以选择"像素/厘米"为单位。

（6）【颜色模式】下拉列表：用于设置新建文件的模式，包括位图、灰度、RGB 颜色、CMYK 颜色和 Lab 颜色等几种模式。

（7）【背景内容】下拉列表：用于选择新建文件的背景内容，包括白色、背景色和透明 3 种。

①白色：白色背景。

②背景色：以所设定的背景色（相对于前景色）为新建文件的背景。

③透明：透明的背景（以灰色与白色交错的格子表示）。

第3步 单击【确定】按钮即可新建一个空白文件，如下图所示。

2. 使用快捷键

使用【Ctrl+N】组合键新建文件。

2.4 文件操作 2——打开文件

打开文件的方法有以下 6 种。

1. 使用【打开】命令打开文件

第1步 选择【文件】→【打开】命令，如下图所示。

第2步 系统会弹出【打开】对话框。一般情况下【文件类型】默认为【所有格式】，也可以选择某种特定的文件格式，然后在大量的文件中进行筛选。

第3步 单击【打开】对话框中的【显示预览窗格】图标，可以选择以预览图的形式来显示图像，如下图所示。

第4步　选中要打开的文件，然后单击【打开】按钮或者直接双击文件即可打开文件，如下图所示。

2. 使用【打开为】命令打开文件

当需要打开一些没有后缀名的图形文件时（通常这些文件的格式是未知的），就要用到【打开为】命令。

第1步　选择【文件】→【打开为】命令，如下图所示。

第2步　打开【打开为】对话框，如下图所示。具体操作同【打开】命令。

3. 使用【在 Bridge 中浏览】命令打开文件

第1步　选择【文件】→【在 Bridge 中浏览】命令，如下图所示。

第2步　系统会弹出【Bridge】对话框，双击某个文件，即可打开该文件，如下图所示。

4. 通过快捷方式打开文件

（1）使用【Ctrl+O】组合键打开文件。
（2）在工作区域内双击也可以打开【打开】对话框。

5. 使用【最近打开文件】命令打开文件

第1步　选择【文件】→【最近打开文件】命令，如下图所示。

第2步　弹出最近处理过的文件，选择某个文件，即可打开该文件，如下图所示。

6. 作为智能对象打开文件

第1步 选择【文件】→【打开为智能对象】命令，如下图所示。

第2步 出现【打开为智能对象】对话框，如下图所示，双击某个文件，即可将该文件作为智能对象打开。

2.5 文件操作 3——保存文件

2.5.1 保存文件的方式

保存文件的方法有以下 5 种。

1. 使用【存储】命令保存文件

第1步 选择【文件】→【存储】命令，可以以原有的格式存储正在编辑的文件，如下图所示。

第2步 打开【存储为】对话框，设置保存位置和文件名后，单击【保存】按钮就可以保存为 PSD 格式的文件，如下图所示。

2. 使用【存储为】命令保存文件

第1步 选择【文件】→【存储为】命令，或者按【Shift+Ctrl+S】组合键，即可打开【存储为】对话框，如下图所示。

第2步 不论是新建的文件还是已经存储过的文件，用户都可以在【存储为】对话框中将文件另外存储为某种特定的格式，如下图所示。

【存储为】对话框中的重要选项介绍如下。

（1）【保存在】：选择文件的保存路径。

（2）【文件名】：设置保存的文件名。

（3）【格式】：选择文件的保存格式。

（4）【作为副本】：选中该复选框后，可以另外保存一个复制文件。

（5）【注释】/【Alpha通道】/【专色】/【图层】：可以选择是否保存注释、Alpha通道、专色和图层。

（6）【使用校样设置】：将文件的保存格式设置为EPS或PDF时，该复选框才可用。选中该复选框可以保存打印用的校样设置。

（7）【ICC配置文件】：可以保存嵌入在文档中的ICC配置文件。

（8）【缩览图】：为图像创建并显示缩览图。

3. 通过快捷方式保存文件

使用【Ctrl+S】组合键保存文件。

4. 使用【签入】命令保存文件

选择【文件】→【签入】命令保存文件时，允许存储文件的不同版本以及各版本的注释。

2.5.2 选择正确的文件保存格式

文件格式决定了图像数据的存储方式、压缩方法和支持的Photoshop功能，以及文件是否与一些应用程序兼容。Photoshop CS6支持PSD、JPEG、TIFF、GIF、EPS等多种格式，每一种格式都有各自的特点。用户在使用【存储】【存储为】命令保存图像时，可以在打开的对话框中选择文件的保存格式。例如，TIFF格式是用于印刷的格式，GIF是用于网络的格式等，用户可根据文件的使用目的，选择合适的保存格式。

（1）PSD格式：PSD格式是Photoshop默认的文件格式，PSD格式可以保留文档中的所有图层、蒙版、通道、路径、未栅格化的文字、图层样式等。通常情况下，都是将文件保存为PSD格式，以便可以对其进行修改。PSD是除大型文档格式（PSB）之外支持所有Photoshop功能的格式。其他Adode应用程序，如Illustrator、InDesign、Premiere等可以直接置入PSD文件。

（2）PSB 格式：PSB 格式是 Photoshop 的大型文档格式，可支持最高达 30 万像素的超大图像文件。PSB 格式支持 Photoshop 所有功能，可以保持图像中的通道、图层样式和滤镜效果不变，但只能在 Photoshop 中打开。如果要创建一个 2GB 以上的 PSB 文件，可以使用此格式。

（3）BMP 格式：BMP 格式是一种用于 Windows 操作系统的图层格式，主要用于保存位图文件。该格式可以处理 24 位颜色的图像，支持 RGB、位图、灰度和索引模式，但不支持 Alpha 通道。

（4）GIF 格式：GIF 格式是基于在网络上传输图像而创建的文件格式，GIF 格式支持透明背景和动画，因此广泛地应用于传输和存储医学图像，如超声波和扫描图像。DICOM 文件包含图像数据和表头，其中存储了有关病人和医学的图像信息。

（5）EPS 格式：EPS 格式是为 PostScript 打印机上输出图像而开发的文件格式，几乎所有的图形、图表和页面排版程序都支持该格式。EPS 格式可以同时包含矢量图形和位图图像、支持 RGB、CMYK、位图、双色调、灰度、索引和 Lab，但不支持 Alpha 通道。

（6）JPEG 格式：JPEG 格式是由联合图像专家组开发的文件格式。它采用有损压缩的方式，具有较好的压缩效果，但是将压缩品质数值设置得较大时，会损失掉图像的某些细节。JPEG 格式支持 RGB、CMYK 和灰度模式，但不支持 Alpha 通道。

（7）PCX 格式：PCX 格式采用 RLE 无损压缩方式，支持 24 位、256 色图像，适合保存索引和线画稿模式的图像。该格式支持 RGB、索引、灰度和位图模式，以及一个颜色通道。

（8）PDF 格式：便携文档格式（PDF）是一种通用的文件格式，支持矢量数据和位图数据。具有电子文档搜索和导航功能，是 Adobe Illustrator 和 Adobe Acrobat 的主要格式。PDF 格式支持 RGB、CMYK、索引灰度、位图和 Lab 模式，但不支持 Alpha 通道。

（9）RAW 格式：Photoshop Raw（.RAW）格式是一种灵活的文件格式，用于在应用程序与计算机平台之间传递图像。该格式支持具有 Alpha 通道的 CMYK、RFB 和灰度模式，以及无 Alpha 通道的多通道、Lab、索引和双色调整模式。

（10）PIXAR 格式：PIXAR 格式是专为高端图形应用程序（如用于渲染三维图像和动画应用程序）设计的文件格式。它支持具有单个 Alpha 通道的 CMYK、RGB 和灰度模式图像。

（11）PNG 格式：PNG 格式是作为 GIF 格式的无专利代替产品而开发的。与 GIF 格式不同，PNG 格式支持 244 位图像并产生无锯齿状的透明背景度，但某些早期的浏览器不支持该格式。

（12）SCT 格式：SCT（Seitex）格式用于 Seitx 计算机上的高端图像处理。该格式支持 CMYK、RGB 和灰度模式，但不支持 Alpha 通道。

（13）TGA 格式：TGA 格式专门用于使用 Truevision 视屏版的系统，它支持一个单独 Alpha 通道的 32 位 RGB 文件，以及无 Alpha 通道的索引、灰度模式，16 位和 24 位 RGB 文件。

（14）TIFF 格式：TIFF 格式是一种通用文件格式，所有的绘画、图像编辑和排版都支持该格式。而且，几乎所有的桌面扫描仪都可以产生 TIFF 图像。该格式支持具有 Alpha 通道的 CMYK、RGB、Lab、索引颜色和灰度图像，以及没有 Alpha 通道的位图模式图像。Photoshop 可以在 TIFF 格式文件中存储图层，但是，如果在另一个应用程序中不能打开该文件，则只有拼合图像是可见的。

（15）便携位图：便携位图（PBM）文件格式支持单色位图（1 位/像素），可用于无损数据传输。因为许多应用程序都支持此格式，甚至可以在简单的文本编辑器中编辑或创建此类文件。

2.6 文件操作 4——置入文件

使用【打开】命令，打开的各个图像是独立的，如果想将图像导入另外一个图像上，需要使用【置入】命令。

2.6.1 置入 EPS 格式文件

第 1 步 打开随书光盘中的"素材 \ch02\01.jpg"文件，如下图所示。

第 2 步 选择【文件】→【置入】命令，在打开的对话框中选择随书光盘中的"素材 \ch02\01.eps"文件，然后单击【置入】按钮，如下图所示。

第 3 步 则图像被置入图"01.eps"上，并在四周显示控制线，如下图所示。

第 4 步 将鼠标指针放在置入图像的控制线上，当鼠标指针变成旋转箭头时，按住鼠标左键不放，即可旋转图像，如下图所示。

第5步 将鼠标指针放在置入图像的控制线上，当鼠标指针变成双向箭头时，按住鼠标左键不放，即可等比例缩放图像。设置完成后，按【Enter】键即可完成设置，如下图所示。

2.6.2 置入 PDF 格式文件

用户置入 PDF 格式文件和置入 EPS 格式文件操作方法类似，只是在单击【置入】按钮后会弹出【置入 PDF】对话框，在该对话框中的【选择】选项区域中，根据要导入的 PDF 文档的元素，选中【页面】或【图像】单选按钮。如果 PDF 格式文件包含多个页面或图像，就可以单击要置入的页面或图像的缩览图，如下图所示。

> **提示**
>
> 可以使用【缩览图大小】下拉列表框中的选项，在预览窗口中调整缩览图视图。【适合页面】选项用于在整个预览窗口中显示一个缩览图。如果有多个项目，则会出现一个滚动条。

2.7 文件操作 5——关闭文件

用户用来关闭文件的方法有以下 3 种。

（1）选择【文件】→【关闭】命令，即可关闭正在编辑的文件。

第 2 章
文件的基本操作

（2）单击编辑窗口上方的【关闭】按钮，即可关闭正在编辑的文件，如下图所示。

（3）在标题栏上右击，然后在弹出的快捷菜单中选择【关闭】命令，如果要关闭所有打开的文件，就可以选择【关闭全部】命令，如下图所示。

2.8 文件操作6——图像文件打印

对于已经完成的设计工作，如果需要将设计的作品打印出来，在打印之前还需要对所输出的版面和相关的参数进行设置，以确保更好地打印作品，更准确地表达设计的意图。

无论是要将图像打印到桌面打印机还是要将图像发送到印前设备，了解一些有关打印的基础知识都会使打印作业更顺利，并有助于确保完成的图像达到预期的效果。

2.8.1 打印设置

用户如果要进行打印预览，可以选择【文件】→【打印】命令，系统会弹出【Photoshop打印设置】对话框，如下图所示。

【Photoshop 打印设置】对话框中各个选项的功能如下。

（1）【打印机】下拉列表：选择一款打印机。

（2）【份数】文本框：用来设置打印的份数。

（3）【打印设置】按钮：单击可以在打开的【文档属性】对话框中设置字体嵌入和颜色等参数。

| 提示 |

选择不同的打印机，此对话框的名称不一致，但都是进行字体嵌入和颜色等参数的设置。

（4）【位置】选项区域：用来设置所打印的图像在画面中的位置。

（5）【缩放后的打印尺寸】选项区域：用来设置缩放的比例、高度、宽度和分辨率等参数，如下图所示。

第 2 章
文件的基本操作

（6）【纵向打印纸张】按钮：用来设置纵向打印。

（7）【横向打印纸张】按钮：用来设置横向打印。

（8）【角裁剪标志】：在要裁剪页面的位置打印裁剪标志，也可以在角上打印裁剪标志。在 PostScript 打印机上，选中此复选框也打印星形靶，如下图所示。

（9）【中心裁剪标志】：在要裁剪页面的位置打印裁剪标志，可在每个边的中心打印裁剪标志。

（10）【套准标记】：在图像上打印套准标记（包括靶心和星形靶），这些标记主要用于对齐分色。

（11）【说明】：打印在【文件简介】对话框中输入的任何说明文本。将始终采用 9 号 Helvetica 无格式字体打印说明文本。

（12）【标签】：在图像上方打印文件名。如果打印分色，则将分色名称作为标签的一部分打印。

（13）【药膜朝下】：使文字在药膜朝下（即将胶片或像纸上的感光层背对用户）时可读。正常情况下，打印在纸上的图像是以药膜朝上的方式打印的，打印在胶片上的图像通常采用药膜朝下的方式打印。

（14）【负片】：打印整个输出（包括所有蒙版和任何背景色）的反相版本。与【图像】菜单中的【反相】命令不同，选中【负片】复选框，将输出（而非屏幕上的图像）转换为负片。尽管正片胶片在许多国家 / 地区应用很普遍，但是如果将分色直接打印到胶片上，则可能需要负片。与印刷商核实，确定需要哪一种方式。若要确定药膜的朝向，应在冲洗胶片后于亮光下检查胶片。暗面是药膜，亮面是基面。确定胶片以正片药膜朝上、负片药膜朝上、正片药膜朝下或负片药膜朝下这 4 种方式中的哪一种打印。

（15）【背景】：选择要在页面上的图像区域外打印的背景色。例如，对于打印到胶片记录仪的幻灯片，黑色或彩色背景可能很理想。单击【背景】按钮，然后从拾色器中选择一种颜色。这仅是一个打印选项，它不影响图像本身。

（16）【边界】：在图像周围打印一个黑色边框。输入一个数字并选取单位值，指定边框的宽度。

（17）【出血】：在图像内而不是在图像外打印裁剪标志。使用此按钮可在图形内裁剪图像。输入一个数字并选取单位值，指定出血的宽度。

2.8.2 打印文件

打印中最为直观简单的操作就是【打印一份】命令,可选择【文件】→【打印一份】命令,或按【Alt+Shift+Ctrl+P】组合键打印。

也可以同时打印多份。选择【文件】→【打印】命令,在弹出的【打印】对话框中的【份数】文本框中输入要打印的数值,即可一次打印多份。

制作 PDF 格式文件

有些打印机首选接受 PDF 文件格式的作品,在工作中可以将图像转换为 PDF 文档。创建 PDF 文档的具体操作步骤如下。

第1步 打开随书光盘中的"素材\ch02\03.jpg"文件,如下图所示。

第2步 选择【文件】→【存储为】命令,弹出【存储为】对话框。在【格式】下拉列表中选择【Photoshop PDF】选项,然后单击【保存】按钮,如下图所示。

第3步 在弹出的【存储 Adobe PDF】对话框中的【Adobe PDF 预设】下拉列表中选择【PDF/X-4:2008(Japan)】选项,【标准】下拉列表中选择【PDF/X-4:2010】选项,如下图所示。

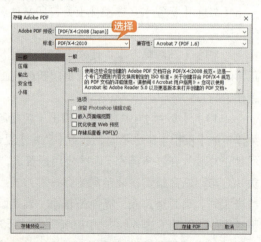

第4步 单击【存储 PDF】按钮,文档即可被保存为 PDF 格式,如下图所示。

◇ Photoshop CS6 临时文件位置

Photoshop 在处理图像时会产生临时的缓存文件，这个临时文件一般默认保存在 C 盘名称为"Photoshop Temp***"的文件中（*代表数字）。

（1）暂存盘的"启动"意思是启动盘，即 C 盘。建议将所有分区都设为暂存盘，这样就不会因暂存盘小而不能正常使用。选择【编辑】→【首选项】→【性能】命令，即可打开【首选项】对话框，在【暂存盘】选项中可以设置暂存盘位置，如下图所示。

（2）暂存盘只是暂时存放工作中的一些数据，一旦退出（或非法关闭），里面的内容就自动删除了。

（3）没有保存的文件就不会存在，是无法找回的。

◇ 常用图像输出要求

喷绘一般是指户外广告画面输出，它输出的画面很大，如高速公路旁的广告牌画面就是喷绘机输出的结果。输出机型有 NRU SALSA 3200、彩神 3200 等，一般是 3.2 m 的最大幅宽。喷绘机使用的介质一般都是广告布（俗称灯箱布），使用油性墨水。喷绘公司为保证画面的持久性，一般画面色彩比显示器上的颜色要深一些。它实际输出的图像分辨率一般只需要 30~45 点 / 英寸（按照印刷要求对比），画面实际尺寸比较大，有上百平方米的面积。

写真一般是指户内使用的，它输出的画面一般只有几平方米大小，如在展览会上厂家使用的广告小画面。输出机型如 HP5000，一般是 1.5 m 的最大幅宽。写真机使用的介质一般是 PP 纸、灯片，使用水性墨水。在输出图像完毕后还要覆膜、裱板，输出分辨率可以达到 300~1200 点 / 尺寸（机型不同会有不同的分辨率），它的色彩比较饱和、清晰。

◇ **Adobe Illustrator 和 Photoshop CS6 文件互用**

Adobe Illustrator 作为全球最著名的矢量图形软件，能够高效、精确处理大型复杂文件。

（1）Photoshop CS6 是位图设计软件，主要用于图像处理，有许多滤镜和功能可以随心所欲地做出非常绚丽的画面。Adobe Illustrator 是矢量图设计软件，主要用于图片设计，如果要做一个 Logo，需要"无限大"放大尺寸，Adobe Illustrator 就可以做到，但用 Photoshop CS6 制作出的效果就比较模糊。

（2）将下载的 Adobe Illustrator 源文件拖入 Adobe Illustrator 中完成简单修改。

（3）Adobe Illustrator 与 Photoshop CS6 的存储区别在于，Photoshop CS6 直接执行【文件】→【存储为】命令即可，而 Adobe Illustrator 软件则需要执行【文件】→【导出】→【选择文件格式】等操作过程。

第 3 章

图像的基本操作

本章导读

本章介绍使用 Photoshop CS6 处理和编辑图像的常用方法,如查看图像、修改画布、复制与粘贴、图像的变换与变形,以及恢复与还原等操作。

思维导图

3.1 图像操作 1——查看图像

在编辑图像时,常常需要放大或者缩小窗口的显示比例、移动图像的显示区域等操作,通过对整体的把握和对局部的修改来达到最终的设计效果。Photoshop CS6 提供了一系列的图像查看命令,可以方便地完成这些操作,如【缩放工具】【抓手工具】【导航器】面板和各种缩放窗口的命令。

3.1.1 使用【导航器】面板查看

【导航器】面板中包含图像的缩略图和各种窗口缩放工具。如果文件尺寸较大,画面中不能显示完整的图像,用户使用该面板定位图像的查看区域会更加方便。

第1步 打开随书光盘中的"素材\ch03\3-1.jpg"文件。

第2步 选择【窗口】→【导航器】命令,如下图所示。

第3步 打开【导航器】面板,如下图所示。

第4步 单击导航器中的缩小图标可以缩小图像,单击放大图标可以放大图像,如下图所示。

第5步 也可以在左下角的位置直接输入缩放的数值,如下图所示。

66.67%

第6步 在导航器缩略窗口中使用【抓手工具】可以改变图像的局部区域,如下图所示。

3.1.2 使用【缩放工具】查看

Photoshop CS6 缩放工具又称为放大镜工具,可以对图像进行放大或缩小。选择缩放工具并单击图像时,对图像进行放大处理,按住【Alt】键将缩小图像,如下图所示。

第 3 章
图像的基本操作

使用 Photoshop CS6 缩放工具时，每单击一次都会将图像放大或缩小到下一个预设百分比，并以单击的点为中心将显示区域居中。当图像到达最大放大级别 3200% 或最小尺寸 1 像素时，放大镜看起来是空的。放大镜工具选项栏中各项的功能如下。

调整窗口大小以满屏显示：在 Photoshop CS6 缩放工具处于现用状态时，选中此复选框，当放大或缩小图像视图时，窗口的大小即会跟着调整。

如果没有选中此复选框（默认设置），则无论怎样放大图像，窗口大小都保持不变。如果用户使用的显示器比较小或者是在平铺视图中工作，这种方式会有所帮助。

缩放所有窗口：选中此复选框，可以同时缩放 Photoshop CS6 已打开的所有窗口图像。

细微缩放：选中此复选框，在 Photoshop CS6 图像窗口中按住鼠标左键拖动，可以随时缩放图像大小，向左拖动鼠标为缩小，向右拖动鼠标为放大。取消选中此复选框，在 Photoshop CS6 图像窗口中按住鼠标左键拖动，可创建出一个矩形选区，将以矩形选区内的图像为中心进行放大。

适合屏幕：单击此按钮，Photoshop CS6 图像将自动缩放到窗口大小，方便用户对图像进行整体预览。

填充屏幕：单击此按钮，图像将自动填充整个图像窗口大小，而实际长宽比例不变。

第1步 选择 Photoshop CS6 工具箱中的【缩放工具】，鼠标指针将变为中心带有一个加号的放大镜，单击要放大的区域。每单击一次，图像便放大至下一个预设百分比，并以单击的点为中心进行显示，如下图所示。

> **提示**
> 使用缩放工具拖曳出想要放大的区域即可对局部区域进行放大。

第2步 按住【Alt】键以启动缩小工具（或单击其属性栏上的缩小按钮），鼠标指针将变为中心带有一个减号的放大镜，单击要缩小的图像区域的中心。每单击一次，视图便缩小到上一个预设百分比，如下图所示。

> **提示**
> 按【Ctrl++】组合键以画布为中心放大图像；按【Ctrl+-】组合键以画布为中心缩小图像。

第3步 用户选中【细微缩放】复选框，在图像窗口中按住鼠标左键，向左拖动鼠标为缩小图像，向右拖动鼠标为放大图像。

> **提示**
> 按【Ctrl+0】组合键以满画布显示图像，即图像窗口充满整个工作区域。

第4步 在 Photoshop CS6 左下角缩放比例框中直接输入要缩放的百分比值，按【Enter】键确认缩放即可。

3.1.3 使用【抓手工具】查看

在 Photoshop CS6 中,使用抓手工具可以在图像窗口中移动整个画布,移动时不会影响图层间的位置,抓手工具常常配合【导航器】面板一起使用,如下图所示。

抓手工具选项栏中各选项的功能如下。

滚动所有窗口:如果取消选中该复选框,使用抓手工具移动图像时,只会移动当前所选择的窗口内的图像;如果选中该复选框,使用抓手工具时,将移动所有已打开窗口内的图像。

实际像素:单击此按钮,图像将自动还原到图像实际尺寸大小。

适合屏幕:单击此按钮,图像将自动缩放到窗口大小,方便用户对图像整体预览。

填充屏幕:单击此按钮,图像将自动填充整个图像窗口大小,而实际长宽比例不变。

第1步 选择 Photoshop CS6 工具箱中的【抓手工具】 ,此时鼠标指针变成手的形状,按住鼠标左键,在图像窗口中拖动即可移动图像。

第2步 在使用 Photoshop CS6 工具箱中的任何工具时,按住【Space】键,此时自动切换到【抓手工具】,按住鼠标左键,在图像窗口中拖动即可移动图像。

第3步 也可以拖曳水平滚动条和垂直滚动条来查看图像。下图所示为使用【抓手工具】查看部分图像。

3.1.4 画布旋转查看

用户使用【旋转视图工具】可自由地旋转画布,以便以所需的任意角度进行查看,如下图所示。

旋转视图工具选项栏中的各选项功能如下。

旋转角度:可直接输入角度值,以达到精确旋转视图的目的。

:在此按钮上按住鼠标左键移动鼠标,也可以旋转视图图像。

旋转所有窗口:默认是取消选中该复选框;如果选中该复选框后对一个窗口图像进行旋转操作时,其他窗口图像也一起旋转。

第1步 选择【编辑】→【首选项】→【性能】命令,在弹出的【首选项】对话框中的【图形处理器设置】选项区域中选中【使用图形处理器】复选框,然后单击【确定】按钮,如下图所示。

第2步　打开光盘中的"素材 \ch03\3-2.jpg"文件，如下图所示。

第3步　在工具栏上单击【旋转视图工具】，在图像窗口中按住鼠标左键拖动，当图像中出现罗盘指针时，拖动鼠标即可任意旋转视图图像，如下图所示。

第4步　单击旋转视图工具选项栏上的【复位视图】按钮，可以复位还原视图。按【Esc】键，同样可以复位视图，如下图所示。

| 提示 |

启用【启用 OpenGL 绘图】选项对显卡有以下要求。
（1）显卡硬件支持 DirectX 9。
（2）Pixel Shader 最低为 1.3 版。
（3）Vertex Shader 最低为 1.1 版。

3.1.5　【缩放工具】和【抓手工具】相配合

用户利用【缩放工具】和【抓手工具】，配合快捷键可以更加顺畅地浏览图像的任意区域。在缩放到单个像素时仍能保持清晰，并且可以使用新的像素网格，轻松地在最高放大级别下进行编辑，具体操作步骤如下。

第1步　打开光盘中的"素材 \ch03\3-3.jpg"文件，如下图所示。

第2步 单击【缩放工具】按钮可对图像进行放大,当图像放大到一定程度时会出现网格,如下图所示。

第4步 松开鼠标即可跳转到需要查看的区域,如下图所示。

第3步 切换到【抓手工具】,可以随意拖动图像查看。由于图像过大不容易查看他处的图像,可以按住【H】键,然后在图像中单击。此时图像会变为全局图像,且图像中会出现一个方框,可以将方框移动到需要查看的位置,如下图所示。

3.1.6 多样式排列多个文档

Photoshop CS6 可以多样式排列多个文档。很多时候,作图时会同时打开多个图像文件,为了操作方便,可以将文档排列展开,包括双联、三联、四联、全部网格拼贴等,下面介绍排列多个文档的具体步骤。

第1步 打开随书光盘中的"素材\ch03\3-01.jpg""素材\ch03\3-02.jpg""素材\ch03\3-03.jpg""素材\ch03\3-04.jpg""素材\ch03\3-05.jpg""素材\ch03\3-06.jpg"文件,如下图所示。

第2步 选择【窗口】→【排列】→【全部垂直拼贴】命令,如下图所示。

第 3 章　图像的基本操作

第3步　图像的排列发生明显的变化。切换为【抓手工具】，选择"3-06.jpg"文件，可拖曳进行查看，如下图所示。

第5步　选择【窗口】→【排列】→【六联】命令，如下图所示。

第4步　按住【Shift】键的同时，拖曳"3-06.jpg"文件，可以发现其他图像也随之移动，如下图所示。

第6步　图像的排列发生变化，如下图所示。用户可以根据需要选择适合的排列样式。

3.2　图像操作 2——使用辅助工具查看图像

辅助工具的主要作用是辅助操作，可以利用辅助工具提高操作的精确程度和工作效率。在 Photoshop 中可以利用参考线、网格和标尺等工具来完成辅助操作。

3.2.1　使用标尺定位图像

利用标尺可以精确地定位图像中的某一点及创建参考线。

第1步　打开随书光盘中的"素材\ch03\04.jpg"文件。选择【视图】→【标尺】命令或使用【Ctrl+R】组合键，标尺会出现在当前窗口的顶部和左侧，如下图所示。

第2步 标尺内的虚线可显示出当前鼠标移动的位置。更改标尺原点（左上角标尺上的(0,0)标志），可以从图像上的特定点开始度量。在左上角按鼠标左键，然后拖曳到特定的位置释放，即可改变原点的位置，如下图所示。

> **提示**
>
> 要恢复原点的位置，只需在左上角标尺原点处双击鼠标即可。

第3步 标尺原点还决定网格的原点，网格的原点位置会随着标尺的原点位置而改变。

第4步 默认情况下标尺的单位是厘米，如果要改变标尺的单位，可以在标尺位置右击，会弹出一列单位，然后选择相应的单位即可，如下图所示。

3.2.2 使用网格

网格对于对称布置图像很有用。

第1步 选择【视图】→【显示】→【网格】命令或按【Ctrl+"】组合键，即可显示网格。

> **提示**
>
> 网格在默认情况下显示为不打印出来的线条，但也可以显示为点。使用网格可以查看和跟踪图像扭曲的情况。

第2步 下图所示是以直线方式显示的网格。

第3步 选择【编辑】→【首选项】→【参考线、网格和切片】命令，打开【首选项】对话框，在【参考线】【智能参考线】【网格】【切片】等选项组中设定网格的大小和颜色，如下图所示。也可以存储一幅图像中的网格，然后将其应用到其他的图像中。

第4步 选择【视图】→【对齐到】→【网格】命令，然后拖曳选区、选区边框和工具，如果拖曳的距离小于8个屏幕（不是图像）像素，那么它们将与网格对齐。

3.2.3 使用参考线准确编辑图像

参考线是浮在整个图像上但不打印出来的线条。可以移动或删除参考线,也可以锁定参考线,以免不小心移动了它。

选择【视图】→【显示】→【参考线】命令或按【Ctrl+;】组合键,即可显示参考线,如下图所示。

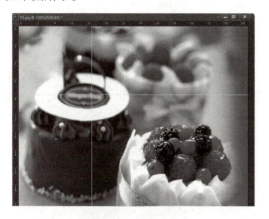

（1）创建参考线的方法如下。

① 从标尺处直接拖曳出参考线,按【Shift】键并拖曳参考线,可以使参考线与标尺对齐。

② 如果要精确地创建参考线,可以选择【视图】→【新建参考线】命令,打开【新建参考线】对话框,然后输入相应的【水平】和【垂直】参考线数值即可,如下图所示。

③ 将图像放大到最大限度,然后直接从标尺位置拖曳出参考线。

（2）删除参考线的方法如下。

① 使用移动工具将参考线拖曳到标尺位置,可以一次删除一条参考线。

② 选择【视图】→【清除参考线】命令,可以一次将图像窗口中的所有参考线全部删除。

（3）锁定参考线的方法如下。

为了避免在操作中移动参考线,可以选择【视图】→【锁定参考线】命令来锁定参考线。

（4）隐藏参考线的方法如下。

按【Ctrl+H】组合键可以隐藏参考线。

3.3 图像操作3——裁剪图像

在处理图像的时候,如果图像的边缘有多余的部分,可以通过裁剪对其进行修整。常见裁剪图像的方法有3种:使用剪裁工具、使用【裁剪】命令和使用【裁切】命令。

3.3.1 使用裁剪工具

Photoshop CS6 裁剪工具是将图像中被裁剪工具选取的图像区域保留,将其他区域删除的一种工具。裁剪的目的是移去部分图像以突出或加强构图效果。

默认情况下,裁剪后照片的分辨率与未裁剪的原照片的分辨率相同。通过裁切工具可以保留图像中需要的部分,剪去不需要的内容。

1. 属性栏参数设置

选择【裁剪工具】，工具选项栏状态如下图所示。

（1）下拉按钮：单击工具选项栏左侧的下拉按钮，可以打开工具预设选取器，如下图所示，在预设选取器中可以选择预设的参数，对图像进行裁剪。

（2）裁剪比例：该按钮可以显示当前的裁剪比例或设置新的裁剪比例，其下拉选项如下图所示。如果图像中有选区，则按钮显示为选区。

（3）裁剪输入框：可以自由设置裁剪的长宽比。

（4）拉直：可以矫正倾斜的照片。

（5）设置裁切工具的叠加选项：可以设置 Photoshop CS6 裁剪框的视图形式，如黄金比例和金色螺线等，如下图所示，可以参考视图辅助线，裁剪出完美的构图。

（6）设置其他裁剪选项：可以设置裁剪的显示区域、裁剪屏蔽的颜色和不透明度等，其下拉列表如下图所示。

（7）删除裁剪的像素：选中该复选框后，裁剪完毕后的图像将不可更改；取消选中该复选框时，即使裁剪完毕，选择 Photoshop CS6 裁剪工具单击图像区域，仍可显示裁剪前的状态，并且可以重新调整裁剪框。

2. 使用【裁剪工具】裁剪图像

第1步 打开随书光盘中的"素材\ch03\3-4.jpg"文件，如下图所示。

第 3 章
图像的基本操作

第2步 单击工具箱中的【裁剪工具】 ，在图像中拖曳，放开鼠标后即可创建一个矩形的裁剪区域，如下图所示。

第4步 按【Enter】键确认裁剪，最终效果如下图所示。

第3步 将鼠标指针移至定界框的控制点上，单击并拖动鼠标调整定界框的大小，也可以进行旋转，如下图所示。

3.3.2 使用【裁剪】命令

使用【裁剪】命令裁剪图像的具体操作步骤如下。

第1步 打开随书光盘中的"素材\ch03\3-5.jpg"文件，使用选区工具来选择要保留的图像部分，如下图所示。

第3步 完成图像的剪裁，按【Ctrl+D】组合键取消选区，效果如下图所示。

第2步 选择【图像】→【裁剪】命令，如下图所示。

· 51 ·

3.4 图像操作 4——修改图像的大小

通常情况下,通过扫描或导入图像一般不能满足设计的需要,还需要调整图像大小,以便图像能够满足实际操作的需要。

3.4.1 像素

Photoshop CS6 的图像是基于位图格式的,而位图的基本单位是像素,因此在创建位图图像时需要指定分辨率的大小。图像的像素与分辨率能体现出图像的清晰度,决定图像的质量。

位图图像的像素大小(图像大小或高度和宽度)是由沿图像的宽度和高度测量出的像素数目多少决定的。像素(Pixel)是 Picture(图像)和 Element(元素)这两个单词组合的缩写,是计算图像常见的单位。如同摄影的相片一样,数码影像也具有连续性的浓淡阶调,若把影像放大数倍,会发现这些连续色调其实是由许多色彩相近的小方点所组成的,这些小方点就是构成影像的最小单位——像素。这种最小的图形单元在屏幕上通常显示为单个的染色点。越高位的像素,其拥有的色板也就越丰富,越能表达颜色的真实感。

一幅位图图像像素越多,图像越清晰,效果越细腻;选择工具箱中的缩放工具放大图像,可以看到构成图像的方格状像素,如下图所示。

3.4.2 分辨率

分辨率是指单位长度上像素的多少。单位长度像素越多,分辨率越高,图像就越清晰。分辨率有多种类型,可以分为图像分辨率、显示器分辨率和打印机分辨率等。

1. 图像分辨率

图像分辨率是指图像中每个单位长度所包含的像素的数目,常以"像素/英寸(ppi)"为单位表示,如"96ppi"表示图像中每英寸包含 96 个像素或点。分辨率越高,图像文件所占用的磁盘空间就越大,编辑和处理图像文件所需花费的时间也就越长。

在分辨率不变的情况下改变图像尺寸,则文件大小将发生变化,尺寸大则保存的文件大。若改变分辨率,则文件大小也会相应改变。

2. 显示器分辨率

显示器分辨率是指显示器上每个单位长度显示的点的数目，常用"点/英寸（dpi）"为单位表示，如"72dpi"表示显示器上每英寸显示 72 个像素或点。PC 显示器的典型分辨率约为 96dpi，MAC 显示器的典型分辨率约为 72dpi。当图像分辨率高于显示器分辨率时，图像在显示器屏幕上显示的尺寸会比指定的打印尺寸大。需要注意的是，图像分辨率可以更改，而显示器分辨率则是不可更改的。图像分辨率和图像尺寸（高宽）的值一起决定文件的大小及输出的质量，该值越大，图像文件所占用的磁盘空间也就越多。图像分辨率以比例关系影响着文件的大小，即文件大小与其图像分辨率的平方成正比。如果保持图像尺寸不变，将图像分辨率提高 1 倍，则其文件大小增大为原来的 4 倍。

下图所示的两幅相同的图像，分辨率分别为 72ppi 和 300ppi。

3.4.3 修改图片的大小

Photoshop CS6 提供了修改图像大小这一功能，可以使用【图像大小】对话框来调整图像的像素大小、打印尺寸和分辨率等参数，能更加方便、快捷地编辑处理图像。具体操作步骤如下。

第1步 选择【文件】→【打开】命令，打开"光盘\素材\ch03\3-7.jpg"图像，如下图所示。

第3步 在【图像大小】对话框中可以方便地看到图像的像素大小，以及图像的宽度和高度。【文档大小】选项区域中包括图像的宽度、高度和分辨率等信息，可以更改图像的尺寸。在【图像大小】对话框中设置【分辨率】为"10"，单击【确定】按钮，如下图所示。

第2步 选择【图像】→【图像大小】命令（或按【Alt+Ctrl+I】组合键），打开【图像大小】对话框，如下图所示。

第4步 改变图像大小后的效果如下图所示。

【图像大小】对话框中各选项功能如下。

（1）【像素大小】选项区域：在此输入【宽度】值和【高度】值。如果要输入当前尺寸的百分比值，应选取【百分比】作为度量单位。图像的新文件大小会出现在【图像大小】对话框的顶部，而旧文件大小则在括号内显示。

（2）【约束比例】复选框：如果要保持当前的像素宽度和像素高度的比例，则应选中【约束比例】复选框。更改高度时，该复选框将自动更新宽度，反之亦然。

（3）【重定图像像素】复选框：在其后面的下拉列表框中包括【邻近（保留硬边缘）】【两次线性】【两次立方（适用于平滑渐变）】【两次立方较平滑（适用于扩大）】【两次立方较锐利（适用于缩小）】【两次立方（自动）】等选项，各选项功能如下。

①【邻近（保留硬边缘）】：选择此选项，速度快但精度低。建议对包含未消除锯齿边缘的插图使用该选项，以保留硬边缘并产生较小的文件。但是该选项可能导致锯齿状效果，在对图像进行扭曲或缩放时，或在某个选区上执行多次操作时，这种效果会变得非常明显。

②【两次线性】：对于中等品质图像可使用两次线性插值。

③【两次立方（适用于平滑渐变）】：选择此选项，速度慢但精度高，可得到最平滑的色调层次。

④【两次立方较平滑（适用于扩大）】：在两次立方的基础上，适用于放大图像。

⑤【两次立方较锐利（适用于缩小）】：在两次立方的基础上，适用于图像的缩小，用于保留更多在重新取样后的图像细节。

⑥【两次立方（自动）】：选择此选项，将自动进行选择。

| 提示 |

在调整图像大小时，位图数据和矢量数据会产生不同的结果。位图数据与分辨率有关，因此，更改位图图像的像素大小可能导致图像品质和锐化程度损失。相反，矢量数据与分辨率无关，调整其大小不会降低图像边缘的清晰度。

3.5 图像操作5——修改画布的大小

使用【图像】→【画布大小】命令可添加或移去现有图像周围的工作区。该命令还可用于通过减小画布区域来裁剪图像。在 Photoshop CS6 中，所添加的画布有多个背景选项。如果图像的背景是透明的，那么添加的画布也将是透明的。

3.5.1 修改画布的大小

在使用 Photoshop CS6 编辑制作图像文件时，当图像的大小超过原有画布的大小时，就需要扩大画布的大小，以便图像能够全部显示出来。选择【图像】→【画布大小】命令，打开【画布大小】对话框，如下图所示。

第 3 章
图像的基本操作

1. 【画布大小】对话框参数设置

（1）【宽度】和【高度】参数框：设置画布的宽度和高度值。

（2）【相对】复选框：在【宽度】和【高度】参数框内根据所要的画布大小输入增加或减少的数量（输入负数将减小画布大小）。

（3）【定位】：单击某个方块，可以指示现有图像在新画布上的位置。

（4）【画布扩展颜色】下拉列表框中包含 4 个选项。

① 【前景】：选择此选项则用当前的前景颜色填充新画布。

② 【背景】：选择此选项则用当前的背景颜色填充新画布。

③ 【白色】【黑色】或【灰色】：选择这三项之一则用所选颜色填充新画布。

④ 【其他】：选择此选项则使用拾色器选择新画布颜色。

2. 增加画布尺寸

第1步 打开随书光盘中的"素材\ch03\3-8.jpg"文件，如下图所示。

第2步 选择【图像】→【画布大小】命令，弹出【画布大小】对话框。在【宽度】和【高度】参数框中设置尺寸，然后单击【画布扩展颜色】后面的复选框，如下图所示。

第3步 在弹出的【拾色器（画布扩展颜色）】对话框中选择一种颜色作为扩展画布的颜色，然后单击【确定】按钮，如下图所示。

第4步 返回【画布大小】对话框，单击【确定】按钮，最终效果如下图所示。

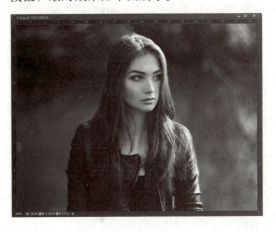

3.5.2 旋转画布

在 Photoshop CS6 中，可以通过【图像旋转】命令来进行旋转画布操作，这样可以将图像调整至需要的角度，具体操作步骤如下。

第1步 打开任意一张素材文件，然后选择【图像】→【图像旋转】命令，在弹出的子菜单中选择旋转的角度。包括【180度】【90度（顺时针）】【90度（逆时针）】【任意角度】和【水平翻转画布】等操作，如下图所示。

第2步 下图所示的图像便是使用【水平翻转画布】命令后的前后效果对比图。

3.6 图像操作6——图像的变换与变形

在 Photoshop CS6 中，对图像的旋转、缩放、扭曲等是图像处理的基本操作。在【编辑】→【变换】下拉菜单中包含对图像进行变换的各种命令。通过这些命令可以对选区内的图像、图层、路径和矢量形状进行变换操作，如旋转、缩放等。执行这些命令时，当前对象上会显示出定界框，拖动定界框中的控制点便可以进行变换操作。

使用【变换】和【变形】命令调整图像的具体操作步骤如下。

第1步 打开随书光盘中的"素材\ch03\3-9.jpg"和"素材\ch03\3-10.jpg"文件，如下图所示。

第2步 选择【移动工具】，将"3-9.jpg"拖曳到"3-10.jpg"文档中，同时生成"图层1"图层，如下图所示。

第 3 章
图像的基本操作

第3步 选择"图层1"图层,选择【编辑】→【变换】→【缩放】命令来调整"3-9.jpg"的大小和位置,如下图所示。

第4步 在定界框内右击,在弹出的快捷菜单中选择【变形】选项来调整透视,如下图所示。

第5步 调整合适后按【Enter】键确认即可,如下图所示。

第6步 在【图层】面板中设置"图层1"图层的混合模式为【深色】,如下图所示。

第7步 最终效果如下图所示。

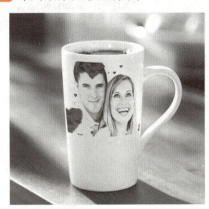

3.7 图像操作 7——Photoshop CS6 的透视变形

在生活中,由于照相机镜头的原因,有时拍出的建筑照片透视严重变形,使用 Photoshop CS6 的透视变形命令可以轻松调整图像透视。此功能对于包含直线和平面的图像(如建筑图像和房屋图像)尤其有用。用户也可以使用此功能来复合在单个图像中具有不同透视的对象。

· 57 ·

有时，图像中显示的某个对象可能与在现实生活中所看到的样子有所不同。这种不匹配是由于透视扭曲造成的。使用不同相机距离和视角拍摄的同一对象的图像会呈现不同的透视扭曲，如下图所示。

第2步 选择【图层0】图层，再选择【编辑】→【变换】→【透视】命令来调整图像。调整后的效果如下图所示。

第1步 打开随书光盘中的"素材\ch03\3-11.psd"文件，如下图所示。

第3步 然后按【Enter】键确认调整，最终效果如下图所示。

3.8 图像操作8——恢复操作

使用Photoshop CS6编辑图像，如果操作出现了失误或对创建的效果不满意，可以撤销操作，或者将图像恢复到最近保存的状态。Photoshop CS6提供了很多恢复操作的功能，下面就介绍如何进行图像的恢复与还原操作。

3.8.1 还原与重做

在Photoshop CS6菜单栏选择【编辑】→【还原】命令或按【Ctrl+Z】组合键，可以撤销对图像所做的最后一次修改，并将其还原到上一步编辑状态中。如果想要取消还原操作，可以在菜单栏中选择【编辑】→【重做】命令，或按【Shift+Ctrl+Z】组合键。

3.8.2 前进一步与后退一步

在Photoshop CS6中，【还原】命令只能还原一步操作，而选择【编辑】→【后退一步】

命令则可以连续还原。连续执行该命令，或者连续按【Alt+Ctrl+Z】组合键，便可以逐步撤销操作。

选择【后退一步】命令还原操作后，可以选择【编辑】→【前进一步】命令恢复被撤销的操作，连续执行该命令，或者连续按【Shift+Ctrl+Z】组合键，可以逐步恢复被撤销的操作。

3.8.3 恢复文件

在 Photoshop CS6 中选择【文件】→【恢复】命令，可以直接将文件恢复到最后一次保存的状态。

3.9 图像操作 9——历史记录

在使用 Photoshop CS6 中文版编辑图像时，用户每进行一步操作，Photoshop CS6 中文版都会将其记录在【历史记录】面板中，通过该面板可以将图像恢复到某一步状态，也可以回到当前的操作状态，或者将当前处理结果创建为快照或创建一个新的文件。

3.9.1 使用【历史记录】面板

在 Photoshop CS6 中文版菜单栏中选择【窗口】→【历史记录】命令，打开【历史记录】面板。【历史记录】面板可以撤销历史操作，返回到图像编辑前的状态。下面介绍【历史记录】面板，如下图所示。

【历史记录】面板各选项功能如下。

（1）设置历史记录画笔的源：在使用历史记录画笔时，该图标所在的位置将作为历史画笔的源图像。

（2）历史记录状态：被记录的操作命令。

（3）当前状态：将图像恢复到当前命令的编辑状态。

（4）从当前状态创建新文档：单击该按钮，可以基于当前操作步骤中图像的状态创建一个新的文件。

（5）创建新快照：单击该按钮，可以基于当前的图像状态创建快照。

（6）删除当前状态：在面板中选择某个操作步骤后，单击该按钮可将该步骤及后面的步骤删除。

（7）快照缩览图：被记录为快照的图像状态。

3.9.2 使用【历史记录】命令

使用【历史记录】面板可在当前工作会话期间跳转到所创建图像的任一最近状态。每次对图像应用更改时，图像的新状态都会添加到【历史记录】面板中，使用【历史记录】面板也可以删除图像状态。在 Photoshop CS6 中，可以使用【历史记录】面板依据某个状态或快照创建文件。可以选择【窗口】→【历史记录】命令，打开【历史记录】面板。

第1步 打开随书光盘中的"素材\ch03\3-12.jpg"文件，如下图所示。

第2步 选择【图层】→【新建填充图层】→【渐变】命令，如下图所示。

第3步 弹出【新建图层】对话框，单击【确定】按钮，如下图所示。

第4步 在弹出的【渐变填充】对话框中，单击【渐变】右侧的按钮，在【渐变】下拉列表中选择【透明彩虹】渐变，然后单击【确定】按钮，如下图所示。

第5步 在【图层】面板中将【渐变】图层的混合模式设置为【颜色】，如下图所示。

第6步 选择【窗口】→【历史记录】命令，在弹出的【历史记录】面板中单击【新建渐变填充图层】，如下图所示。可将图像恢复为最初打开的状态。

第7步 单击【快照】区，可撤销对图形进行的所有操作，即使中途保存过该文件，也可将其恢复到最初打开的状态，如下图所示。

第8步 要恢复所有被撤销的操作，可在【历史记录】面板中单击【混合更改】命令，如下图所示。

3.10 图像操作10——复制与粘贴

复制和粘贴都是应用程序中最普通的命令，主要用来完成复制和粘贴任务，与其他程序不同的是，Photoshop CS6 还可以对选区内的图像进行特殊的复制与粘贴操作。例如，在选区内粘贴图像，或者清除选区内的图像。

下面通过使用【复制】和【粘贴】命令复制图像，具体操作步骤如下。

第1步 打开随书光盘中的"素材\ch03\3-14.jpg"和"素材\ch03\3-15.jpg"文件，如下图所示。

第2步 选择【椭圆选框工具】 ，按【Shift+Alt】组合键，以青花图案中心为起点绘制一个圆形选区，如下图所示。

第3步 选择"3-15.jpg"文件，再选择【编辑】→【复制】命令，选择"3-14.jpg"文件，再选择【编辑】→【粘贴】命令，然后使用变形命令调整大小和位置即可，如下图所示。

第 4 步　设置青花图层的【混合模式】为【线性加深】，如下图所示。

图像的艺术化修饰

本实例主要讲解使用移动工具和变换命令制作一幅具有奇幻效果的图片。制作图像的艺术化修饰的具体操作步骤如下。

1. 新建文件

第 1 步　选择【文件】→【打开】命令。
第 2 步　打开随书光盘中的"素材\ch03\18.psd""素材\ch03\20.psd"和"素材\ch03\19.jpg"3幅图像，如下图所示。

2. 移动图像

第 1 步　选择工具箱中的【移动工具】，将素材"18.psd"拖曳到"19.jpg"中，如下图所示。
第 2 步　Photoshop 自动新建"图层 1"图层，关闭"18.psd"文件。

3. 调整图像的大小

第 1 步　选择"18.psd"中"手"所在的"图层 1"图层。
第 2 步　按【Ctrl+T】组合键，执行【自由变换】命令，调整"手"的位置和大小，调整完毕后按【Enter】键确定，如下图所示。

第 3 章
图像的基本操作

第2步 按【Ctrl+T】组合键，执行【自由变换】命令，调整"20.psd"中"手"的位置和大小，调整完毕按【Enter】键确定，最终效果如下图所示。

4. 继续修整图像

第1步 选择工具箱中的【移动工具】，将素材"20.psd"拖曳到"19.jpg"中。

◇ 裁剪工具使用技巧

（1）如果要将选框移动到其他位置，则可将鼠标指针放在定界框内并拖曳，如果要缩放选框，则可拖动控制手柄，如下图所示。

（2）如果要约束比例，则可在拖曳控制手柄时按【Shift】键。如果要旋转选框，则可将鼠标指针放在定界框外（鼠标指针变为弯曲的箭头形状）并拖曳。

（3）如果要移动选框旋转时所围绕的中心点，则可拖曳位于定界框中心的圆，如下图所示。

（4）如果要使裁剪的内容发生透视，可以选择属性栏中的【透视】选项，如下图所示。并在4个角的定界点上拖曳鼠标指针，这样内容就会发生透视。如果要提交裁剪，可以单击属性栏中的按钮；如果要取消当前裁剪，则可单击按钮。

◇ 使用【渐隐】命令制作特效

【渐隐】命令主要用于降低颜色调整命令或滤镜效果的强度。使用画笔、滤镜进行填充或颜色调整、添加图层效果等操作后,【编辑】菜单中的【渐隐】命令为可用状态,执行该命令,可以修改操作的透明度和混合模式。

下面使用【渐隐】命令修改图像,具体操作步骤如下。

第1步 打开随书光盘中的"素材\ch03\15.jpg"文件,如下图所示。

第2步 选择【滤镜】→【滤镜库】命令,在弹出的对话框中选择【艺术效果】→【木刻】选项,设置【色阶数】为"4",【边缘简化度】为"4",【边缘逼真度】为"2",如下图所示。

第3步 单击【确定】按钮,即可将木刻效果应用到图层中,效果如下图所示。

第4步 选择【编辑】→【渐隐滤镜库】命令,在弹出的【渐隐】对话框中设置【不透明度】为"50%",减弱滤镜效果的强度,如下图所示。

第5步 单击【确定】按钮,效果如下图所示。

第 2 篇

功能篇

第 4 章　选区操作

第 5 章　图像的调整

第 6 章　绘制与修饰图像

第 7 章　绘制矢量图像

第 8 章　创建文字及效果

第 9 章　效果快速呈现——滤镜

本篇主要介绍 Photoshop CS6 中的各种功能操作。通过本篇的学习，读者可以掌握 Photoshop CS6 的基本操作，如选区操作、图像的调整、绘制与修饰、创建文字及效果，以及效果快速呈现——滤镜等。

第 4 章
选区操作

本章导读

在 Photoshop CS6 中，不论是绘图还是图像处理，图像的选取都是这些操作的基础。本章将针对 Photoshop CS6 中常用的选取工具进行详细的讲解。

思维导图

第 4 章 选区操作

4.1 照片抠图案例

"抠图"是图像处理中最常用的操作之一。将图像中需要的部分从画面中精确地提取出来,就称为抠图,抠图是后续图像处理的重要基础。

实例名称:选区操作	
实例目的:将图像中需要的部分从画面中精确地提取出来	
素材	素材 \ch04\4-1.jpg、4-2.jpg 等
结果	结果 \ch04\CD 光盘设计 .psd
录像	视频教学录像 \04 第 4 章

4.1.1 案例概述

初学者往往认为抠图不好掌握,其实抠图并不难,只要用户有足够的耐心和细心,掌握最基础的 Photoshop 选区等相关知识就能完美地抠出图片。在这个案例中,主要整理了 Photoshop CS6 中与抠图相关的选区技巧和实例,相信通过学习这个案例,用户可以掌握简便、快速、高效的抠图方法。

4.1.2 基本概念

什么是抠图,抠图就是把图片或影像的某一部分从原始图片或影像中分离出来,使其成为单独的图层,又称去背或退底。其主要功能是为后期的合成做准备。方法为:套索工具、选框工具直接选择;快速蒙版;钢笔勾画路径后转化为选区;抽出滤镜;外挂滤镜抽出;通道等。

影像中也有抠图,或称键控。拍摄电影时,人物在某种单色背景(如蓝或绿)前活动,后期制作中用工具把背景色去掉,换上人为制作的场景,就可合成各种特殊场景或特技。

4.1.3 涉及的命令

抠图主要涉及矩形选框工具、椭圆选框工具、单行选框工具、单列选框工具、套索工具、多边形套索工具、磁性套索工具和魔棒工具等命令。

下面各图所示分别为通过不同的选取工具而得到的不同的图像选取效果。

4.2 使用选取工具创建选区

Photoshop CS6 中的选区创建大部分是靠选取工具来实现的。选取工具共 8 个，集中在工具箱上部。分别是矩形选框工具、椭圆选框工具、单行选框工具、单列选框工具、套索工具、多边形套索工具、磁性套索工具、魔棒工具。其中，前 4 个属于规则选取工具，后 4 个属于不规则选向工具。

4.2.1 在照片上创建矩形和圆形选区

选框工具的作用就是获得选区，选框工具在工具箱的位置如下图所示。

1. 使用【矩形选框工具】创建选区

【矩形选框工具】 主要用于创建矩形的选区，从而选择矩形的图像，是 Photoshop CS6 中比较常用的工具。该工具仅限于选择规则的矩形，不能选取其他形状。

第1步 打开随书光盘中的"素材\ch04\4-1.jpg"文件，如下图所示。

第2步 在工具箱中选择【矩形选框工具】 ，如下图所示。

第 3 步 从选区的左上角到右下角拖曳鼠标，从而创建矩形选区（按【Ctrl+D】组合键可以取消选区），如下图所示。

第 4 步 按住【Ctrl】键的同时拖动鼠标，可移动选区及选区内的图像，如下图所示。

第 5 步 按住【Ctrl+Alt】组合键的同时拖动鼠标，则可复制选区及选区内的图像，如下图所示。

> **提示**
>
> 在创建选区的过程中，按住【Space】键的同时拖动选区，可使其位置改变，松开【Space】键则继续创建选区。

2.【矩形选框工具】参数设置

在使用矩形选框工具时，可对【选区的加减】【羽化】【样式】选项和【调整边缘】等参数进行设置，【矩形选框工具】的属性栏如下图所示。

所谓选区的运算，就是指添加、减去、交集等操作。它们以按钮形式分布在属性栏上，分别是新选区 ■、添加到选区 ■、从选区减去 ■、与选区交叉 ■。

（1）选区的加减

第 1 步 打开随书光盘中的"素材\ch04\4-2.jpg"文件。选择【矩形选框工具】■，单击属性栏上的【新选区】按钮 ■（或按【M】键）。

第 2 步 在需要选择的图像上拖曳鼠标，从而创建矩形选区，如下图所示。

第 3 步 单击属性栏上的【添加到选区】按钮 ■（在已有选区的基础上按住【Shift】键），在需要选择的图像上拖曳鼠标，可添加矩形选区，如下图所示。

第5步　单击属性栏上的【从选区减去】按钮，（在已有选区的基础上按住【Alt】键），在需要选择的图像上拖曳鼠标，可减去选区，如下图所示。

第4步　如果彼此相交，则只有一个虚线框出现，如下图所示。

第6步　如果新选区在旧选区里面，则会形成一个中空的选区，如下图所示。

第7步　单击属性栏上的【与选区交叉】按钮，（在已有选区的基础上同时按住【Shift】键和【Alt】键），在需要选择的图像上拖曳鼠标，可创建与选区交叉的选区，如下图所示。

第 4 章 选区操作

（2）羽化参数设置

第1步 打开随书光盘中的"素材\ch04\4-3.jpg"文件，如下图所示。

第2步 选择工具箱中的【矩形选框工具】 ，在工具选项栏中设置【羽化】为"0px"，然后在图像中绘制如下图所示的选区。

第3步 按【Ctrl+Shift+I】组合键反选选区，按【Delete】键删除选区内的图像，最终效果如下图所示。

第4步 重复第1步~第3步，其中，设置【羽化】为"10px"时，效果如下图所示。

· 71 ·

第5步 重复第1步～第3步，其中设置【羽化】为"30px"时，效果如下图所示。

3. 使用【椭圆选框工具】创建选区

【椭圆选框工具】用于选取圆形或椭圆形的图像。

第1步 打开随书光盘中的"素材\ch04\4-4.jpg"文件，如下图所示。

第2步 选择工具箱中的【椭圆选框工具】，如下图所示。

第3步 在画面中的彩蛋处拖动鼠标，创建一个椭圆选区，如下图所示。

第4步 按住【Shift】键并拖动鼠标，可以绘制一个圆形选区，如下图所示。

第5步 按住【Alt】键并拖动鼠标，可以从中心点绘制椭圆选区（同时按住【Shift+Alt】组合键拖动鼠标，可以从中心点绘制圆形选区），如下图所示。

4.【椭圆选框工具】参数设置

【椭圆选框工具】与【矩形选框工具】的参数设置基本一致。这里主要介绍它们之间的不同之处。

【椭圆选框工具】的属性栏如下图所示。

第 4 章
选区操作

其中,【消除锯齿】选中前后的对比效果如下图所示。

> **提示**
> 在系统默认的状态下,【消除锯齿】复选框自动处于开启状态。

4.2.2 使用【套索工具】调整花卉颜色

【套索工具】的作用是可以在画布上任意地绘制选区,选区没有固定的形状。应用【套索工具】可以以手绘形式随意地创建选区。如果需要改变一朵花的颜色,可以使用【套索工具】选择花的不规则边缘。

1. 使用【套索工具】创建选区

第1步 打开随书光盘中的"素材\ch04\4-5.jpg"文件,如下图所示。

第2步 选择工具箱中的【套索工具】,如下图所示。

第3步 单击图像上的任意一点作为起始点,按住鼠标左键拖曳出需要选择的区域,到达合适的位置后松开鼠标,选区将自动闭合,如下图所示。

第4步 选择【图像】→【调整】→【色相/饱和度】命令来调整花的颜色。本例中只调整红色郁金香,所以在【色相/饱和度】对话框中选择【红色】选项,这样可以只调整图像中的红色部分,如下图所示。

· 73 ·

第5步 调整后的效果如下图所示。

2. 【套索工具】的使用技巧

（1）在使用【套索工具】创建选区时，如果释放鼠标时起始点和终点没有重合，系统会在它们之间创建一条直线来连接选区，如下图所示。

（2）在使用【套索工具】创建选区时，按住【Alt】键，然后释放鼠标左键，可切换为【多边形套索工具】，移动鼠标指针至其他区域单击可绘制直线，放开【Alt】键可恢复为【套索工具】。

4.2.3 使用【多边形套索工具】替换照片图像

使用【多边形套索工具】可以绘制一个边缘规则的多边形选区，适合选择多边形选区。在下面的例子中，需要使用【多边形套索工具】在一个蓝色大门对象周围创建选区，并用其替换另一扇白色的门，具体操作步骤如下。

第1步 打开随书光盘中的"素材\ch04\4-6.jpg""素材\ch04\4-7.jpg"文件，如下图所示。

第2步 选择工具箱中的【多边形套索工具】，如下图所示。

第3步 单击木门上的一点作为起始点，然后依次在木门的边缘选择不同的点，最后汇合到起始点，或者双击就可以自动闭合选区，选择木门，如下图所示。

第 4 章
选区操作

第 5 步　复制木门图层，然后按【Ctrl+T】组合键将其垂直翻转，最后调整位置，设该图层【不透明度】为"50%"，制作出倒影效果，如下图所示。

第 4 步　按住【Ctrl】键，使用鼠标拖曳木门到白色大门的图像中即可，然后选择【编辑】→【自由变换】命令调整木门的大小，使其正好覆盖白色大门，如下图所示。

| 提示 |

虽然可以为【多边形套索工具】在选项栏中指定【羽化】值，但这不是最佳实践，因为该工具在更改【羽化】值之前仍保留默认值。如果发现需要羽化，就可以选择【选择】→【羽化】命令并为选区指定合适的羽化值。

4.2.4 使用【磁性套索工具】改变衣服色彩

　　【磁性套索工具】可以智能地自动选取，特别适用于快速选择与背景对比强烈而且边缘复杂的对象。使用【磁性套索工具】选择一块布料，然后更改其颜色的具体操作步骤如下。
　　第 1 步　打开随书光盘中的"素材\ch04\4-8.jpg"文件，如下图所示。

第2步　选择工具箱中的【磁性套索工具】 ，如下图所示。

第3步　在图像上单击以确定第一个紧固点。如果要取消使用【磁性套索工具】，可按【Esc】键。将鼠标指针沿着要选择图像的边缘慢慢地移动，选取的点会自动吸附到色彩差异的边缘，如下图所示。

| 提示 |

　　需要选择的图像如果与边缘的其他色彩接近，自动吸附会出现偏差，这时可单击鼠标以手动添加一个紧固点。如果要抹除刚绘制的线段和紧固点，可按【Delete】键，连续按【Delete】键可以倒序依次删除紧固点。

第4步　拖曳鼠标使线条移动至起点，鼠标指针会变为 形状，单击即可闭合选区，如下图所示。

第5步　使用【磁性套索工具】创建选区后，选择【图层】→【新建】→【通过拷贝的图层】命令将选区复制到一个新图层，如下图所示。

第6步　选择【图像】→【调整】→【替换颜色】命令，在打开的【替换颜色】对话框中修改裙子的颜色，如下图所示。

第7步　最终效果如下图所示。

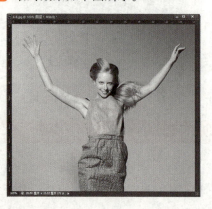

| 提示 |

　　在没有使用抓手工具 时，按住【Space】键后可转换成抓手工具，即可移动窗口内图像的可见范围。在抓手工具上双击可以使图像以最适合的窗口大小显示，在缩放工具上双击可使图像以1∶1的比例显示。

第4章
选区操作

4.2.5 使用【魔棒工具】更换天空效果

使用【魔棒工具】同样可以快速地建立选区，并且对选区进行一系列的编辑。使用【魔棒工具】 可以自动地选择颜色一致的区域，不必跟踪其轮廓，特别适用于选择颜色相近的区域。

> **提示**
> 不能在位图模式的图像中使用【魔棒工具】。

1. 使用【魔棒工具】创建选区

第1步 打开随书光盘中的"素材\ch04\4-9.jpg"文件，如下图所示。

第2步 选择工具箱中的【魔棒工具】 ，如下图所示。

第3步 设置【容差】值为"25"，在图像中单击要选取的天空颜色，即可选取相近颜色的区域。单击建筑物上方的蓝色区域。所选区域的边界以选框形式显示，如下图所示。

第4步 这时可以看见建筑物下边有未选择的区域，按住【Shift】键单击该蓝色区域可以进行加选，如下图所示。

第5步 新建一个图层，为选区填充一个渐变颜色也可以达到更好的天空效果，选择工具箱中的【渐变工具】 ，然后单击选项栏上的图标 ，弹出【渐变编辑器】对话框，设置渐变颜色，如下图所示。

第7步 最终效果如下图所示。

资源下载码：55693

> **提示**
>
> 这里选择默认的线性渐变，将前景色设置为"R：38，G：123，B：203"（深蓝色），背景色设置为"R：212，G：191，B：172"（浅粉色），然后使用鼠标从上向下拖曳进行填充，即可得到更好的天空背景。

2. 【魔棒工具】基本参数

【魔棒工具】的属性栏如下图所示。

使用【魔棒工具】时可对以下参数进行设置。

（1）【容差】文本框：容差是颜色取样的范围。数值越大，允许取样的颜色偏差就越大；数值越小，取样的颜色就越接近纯色。在【容差】文本框中可以设置色彩范围，输入值的范围为0~255，单位为"像素"，下图所示为不同容差值时的选取效果。

（2）【消除锯齿】复选框：用于消除选区边缘的锯齿。若要使所选图像的边缘平滑，可选中此复选框。

（3）【连续】复选框：选中此复选框，单击图像，则可选中与单击处连接的地方。此复选框用于选择相邻的区域。选中此复选框，只能选择具有相同颜色的相邻区域。不选中此复选框，则可使具有相同颜色的所有区域图像都被选中，如下图所示。

（4）【对所有图层取样】复选框：当图像中含有多个图层时，选中该复选框，将对所有可见图层的图像起作用；没有选中时，魔棒工具只对当前图层起作用。

4.2.6 使用【快速选择工具】丰富图像色彩

使用【快速选择工具】可以通过拖动鼠标，快速地选择相近的颜色，并且建立选区。【快速选择工具】可以更加方便快捷地进行选取操作。

使用【快速选择工具】创建选区的具体操作步骤如下。

第1步 打开随书光盘中的"素材\ch04\4-10.jpg"文件，如下图所示。

第2步 选择工具箱中的【快速选择工具】 ，如下图所示。

第3步 设置合适的画笔大小，在图像中单击要选取的颜色，即可选取相近颜色的区域。如果需要继续加选，选择【快速选择工具】 后继续单击或者双击进行选取，如下图所示。

其效果如下图所示。

第4步 选择【图像】→【调整】→【色彩平衡】命令，在弹出的【色彩平衡】对话框中调整颜色，然后按【Ctrl+D】组合键取消选取。调整颜色后画面就更加丰富，如下图所示。

4.3 其他创建方法

本节介绍图像选取的其他方法，用户还可以使用【选择】命令、【色彩范围】命令等来创建选区。

4.3.1 使用【选择】命令选择选区

在【选择】菜单中也包含选择对象的命令，如选择【选择】→【全部】命令或者按下【Ctrl+A】组合键，可以选择当前文档边界内的全部图像。

1. 选择全部与取消选择

第1步 打开随书光盘中的"素材\ch04\4-11.jpg"文件，如下图所示。

第2步 选择【选择】→【全部】命令，选择当前图层中图像的全部，如下图所示。

第3步 选择【选择】→【取消选择】命令，取消对当前图层中图像的选择。

2. 重新选择

用户也可以选择【选择】→【重新选择】命令来重新选择已取消的选项。

3. 反向选择

用户选择【选择】→【反向】命令，可以选择图像中选中区域以外的所有区域。

第1步 打开随书光盘中的"素材\ch04\4-12.jpg"文件，如下图所示。

第2步 选择【魔棒工具】，设置【容差】值为"15"，选择白色背景区域，如下图所示。

第3步 选择【选择】→【反向】命令，从而选中图像中的橙子和橙汁杯子，如下图所示。

第 4 章
选区操作

> **提示**
>
> 使用【魔棒工具】时在属性栏中要选中【连续】复选框。

4.3.2 使用【色彩范围】命令调整人像

用户使用【色彩范围】命令可以对图像中的现有选区或整个图像内需要的颜色或颜色子集进行选择。

使用【色彩范围】命令选取图像的具体操作步骤如下。

第1步 打开随书光盘中的"素材\ch04\4-13.jpg"文件，选择如下图所示的纯色背景。

第2步 选择【选择】→【色彩范围】命令，弹出【色彩范围】对话框，如下图所示。

第3步 在弹出的【色彩范围】对话框中选中【图像】或【选择范围】单选按钮，单击图像或在预览区选取想要的颜色，然后单击【确定】按钮即可，如下图所示。使用【吸管】工具创建选区，对图像中想要的区域进行取样。如果选区不是想要的，可使用【添加到取样】吸管向选区添加色相，或使用【从取样中减去】吸管从选区中删除某种颜色。

> **提示**
>
> 用户还可以在想要添加到选区的颜色上按【Shift】键并单击【吸管】工具以添加选区。如果想要从选区删除某种颜色，则按【Alt/Option】键并单击【吸管】工具。

第4步 这样在图像中就建立了与选择的色彩相近的图像选区。建立选区后反选，然后使用【曲线】调整图像，如下图所示。

4.4 调整选区

很多时候建立的选区并不是设计师所需要的范围，这时还需要对选区进行修改。可以通过添加或删除像素（使用【Delete】键）或者改变选区范围的方法来修改选区。

4.4.1 使用【修改】命令调整选区

选择【选择】→【修改】命令可以对当前选区进行修改，如修改选区的边界、平滑度、扩展与收缩选区以及羽化边缘等，如下图所示。

1. 修改选区边界

使用【边界】命令可以使当前选区的边缘产生一个边框，其具体操作步骤如下。

第1步　打开随书光盘中的"素材\ch04\4-14.jpg"文件，选择【矩形选框工具】，在图像中建立一个矩形边框选区，如下图所示。

第2步　选择【选择】→【修改】→【边界】命令，如下图所示。

第3步　弹出【边界选区】对话框。在【边界选区】对话框的【宽度】文本框中输入"50"像素，单击【确定】按钮，如下图所示。

第4步　其效果如下图所示。

第5步　选择【编辑】→【清除】命令（或按【Delete】键），再按【Ctrl+D】组合键取消选择，制作出一个选区边框，如下图所示。

第 4 章
选区操作

2. 平滑选区边缘

使用【平滑】命令可以使尖锐的边缘变得平滑，其具体操作步骤如下。

第1步 打开随书光盘中的"素材\ch04\4-15.jpg"文件，然后使用【多边形套索工具】在图像中建立一个多边形选区，如下图所示。

第2步 选择【选择】→【修改】→【平滑】命令，如下图所示。

第3步 弹出【平滑选区】对话框。在【平滑选区】对话框的【取样半径】文本框中输入"30"像素，

然后单击【确定】按钮，即可看到图像的边缘变得平滑了，如下图所示。

第4步 按【Ctrl+Shift+I】组合键反选选区，如下图所示。

第5步 按【Delete】键删除选区内的图像，然后按【Ctrl+D】组合键取消选区，如下图所示。此时，一个多边形的相框就制作好了。

3. 扩展选区

用户使用【扩展】命令可以对已有的选区进行扩展，具体操作步骤如下。

第1步 打开随书光盘中的"素材\ch04\4-16.jpg"文件，然后建立一个椭圆形选区，如下图所示。

第2步 选择【选择】→【修改】→【扩展】命令，如下图所示。

第3步 弹出【扩展选区】对话框。在【扩展量】文本框中输入"45"像素，然后单击【确定】按钮，即可看到图像的边缘得到了扩展，如下图所示。

4. 收缩选区

用户使用【收缩】命令可以使选区收缩，具体操作步骤如下。

第1步 继续上面的例子操作，选择【选择】→【修改】→【收缩】命令，如下图所示。

第2步 弹出【收缩选区】对话框。在【收缩量】文本框中输入"80"像素，然后单击【确定】按钮，即可看到图像边缘得到了收缩，如下图所示。

| 提示 |

物理距离和像素距离之间的关系取决于图像的分辨率。例如，72像素/英寸图像中的5像素距离就比在300像素/英寸图像中的长。

5. 羽化选区边缘

用户选择【羽化】命令，可以通过羽化使硬边缘变得平滑，其具体操作步骤如下。

第 4 章
选区操作

第1步 打开随书光盘中的"素材\ch04\4-17.jpg"文件,选择【椭圆工具】，在图像中建立一个椭圆形选区,如下图所示。

这里输入"75"像素,单击【确定】按钮,如下图所示。

第2步 选择【选择】→【修改】→【羽化】命令,如下图所示。

第4步 选择【选择】→【反向】命令,反选选区,如下图所示。

第3步 弹出【羽化选区】对话框。在【羽化半径】文本框中输入数值,其范围为 0.2 ~ 255,

第5步 选择【编辑】→【清除】命令,按【Crl+D】组合键取消选区。清除反选选区后效果如下图所示。

| 提示 |

　　如果选区小,而羽化半径过大,小选区则可能变得非常模糊,以至于看不到其显示,因此系统会出现【任何像素都不大于 50% 选择】的提示信息,此时应减小羽化半径或增大选区大小,或者单击【确定】按钮,接受蒙版当前的设置并创建看不到边缘的选区。

4.4.2 修改选区

　　用户创建了选区后,有时需要对选区进行深入编辑,才能使选区符合要求。【选择】下拉菜单中的【扩大选取】【选取相似】和【变换选区】命令可以对当前的选区进行扩展、收缩等编辑操作。

1. 扩大选取

使用【扩大选取】命令可以选择所有和现有选区颜色相同或相近的相邻像素。

第1步 打开随书光盘中的"素材\ch04\4-18.jpg"文件，选择【矩形选框工具】，在草莓中创建一个矩形选框，如下图所示。

第2步 选择【选择】→【扩大选取】命令，如下图所示。

第3步 可看到与矩形选框内颜色相近的相邻像素都被选中了。可以多次执行此命令，直至选择了合适的范围为止，如下图所示。

2. 选取相似

用户使用【选取相似】命令可以选择整个图像中与现有选区颜色相邻或相近的所有像素，而不只是相邻的像素。

第1步 继续上面的操作步骤。选择【矩形选框工具】，在草莓上创建一个矩形选区，如下图所示。

第2步 选择【选择】→【选取相似】命令，如下图所示。

第3步 这样包含于整个图像中的与当前选区颜色相邻或相近的所有像素就都会被选中，如下图所示。

第 4 章 选区操作

3. 变换选区

使用【变换选区】命令可以对选区的范围进行变换。

第1步 打开随书光盘中的"素材\ch04\4-19.jpg"文件,选择【矩形选框工具】 ,在其中一张便签纸上用鼠标拖曳出一个矩形选框,如下图所示。

第2步 选择【选择】→【变换选区】命令,或者在选区内右击,在弹出的快捷菜单中选择【变换选区】命令,如下图所示。

第3步 按住【Ctrl】键来调整节点以完整而准确地选取蓝色便签纸区域,然后按【Enter】键确认,如下图所示。

4.4.3 管理选区

选区创建之后,用户可以对需要的选区进行管理,具体方法如下。

1. 存储选区

使用【存储选区】命令可以将制作好的选区进行存储,以便下一次操作。

第1步 打开随书光盘中的"素材\ch04\4-20.jpg"文件,然后选择香蕉的选区,如下图所示。

> **提示**
> 这里使用【魔棒工具】先选择白色的背景区域，然后使用【反选】命令即可。

第2步 选择【选择】→【存储选区】命令，如下图所示。

第3步 弹出【存储选区】对话框。在【名称】文本框中输入"香蕉选区"，然后单击【确定】按钮，如下图所示。

第4步 此时在【通道】面板中就可以看到新建立的一个名为【香蕉选区】的通道，如下图所示。

第5步 如果在【存储选区】对话框中的【文档】下拉列表框中选择【新建】选项，那么就会出现一个新建的【存储文档】通道文件。

2. 载入选区

将选区存储好以后，就可以根据需要随时载入保存好的选区。

第1步 继续上面的操作步骤，当需要载入存储好的选区时，可以选择【选择】→【载入选区】命令，如下图所示。

第2步 打开【载入选区】对话框，如下图所示。

第 4 章
选区操作

第3步 此时在【通道】下拉列表框中会出现已经存储好的通道的名称——香蕉选区,然后单击【确定】按钮即可,如下图所示。如果选择相反的选区,可选中【反相】复选框。

举一反三

CD 光盘设计

本实例学习使用【反选】【椭圆选框工具】【调整选区】命令和【填充工具】制作一张 CD 光盘设计效果。

第1步 选择【文件】→【新建】命令来新建一个名称为"CD 光盘设计"、大小为 120 像素 ×120 像素、分辨率为 200 像素/英寸、颜色模式为"CMYK 颜色"的文件,如下图所示。

第2步 在【图层】面板中,单击【创建新图层】按钮,新建"图层 1"图层,如下图所示。

第3步 选择【椭圆选框工具】,在文档中按住【Shift+Alt】组合键来绘制一个如下图所示的正圆。

第4步 在工具箱中单击【设置背景色】按钮,在打开的【拾色器(背景色)】对话框中设置背景色为灰色（C：0；M：0；Y：0；K：20），如下图所示。

第5步 按【Ctrl+Delete】组合键进行填充。

第6步 选择【选择】→【修改】→【收缩】命令，在【收缩选区】对话框中设置【收缩量】为"10"像素，单击【确定】按钮，如下图所示。

其效果如下图所示。

第7步 新建"图层2"图层，设置背景色为橘黄色（C：8；M：56；Y：100；K：1），如下图所示。

第8步 按【Ctrl+Delete】组合键填充，效果如下图所示。

第9步 选择【椭圆选框工具】，在选区内右击，在弹出的快捷菜单中选择【变换选区】命令，调整选区的大小，如下图所示。

第10步 调整到适当大小后，按【Enter】键确定，效果如下图所示。

提示

调整选区时，可按住【Shift+Alt】组合键来等比例放大或缩小选区。

第 4 章
选区操作

第 11 步　新建"图层 3"图层，设置背景色为白色，按【Ctrl+Delete】组合键填充，效果如下图所示。

第 12 步　选择【选择】→【修改】→【收缩】命令，在【收缩选区】对话框中设置【收缩量】为"10"像素，单击【确定】按钮，如下图所示。

第 13 步　按【Delete】键删除选区内的内容，效果如下图所示。

第 14 步　执行【变换选区】命令来缩小选区，新建"图层 4"图层，如下图所示。

第 15 步　将选区填充为白色，效果如下图所示。

第 16 步　再次缩小选区，选择【编辑】→【描边】命令，在弹出的【描边】对话框中设置描边的参数，如下图所示。

第 17 步　最终效果如下图所示。

设置嵌入的具体操作步骤如下。

第 1 步　选择【文件】→【置入嵌入的智能对象】命令，打开本书配套光盘"光盘\素材\ch04\线描.psd"文件，使用【移动工具】将线描拖曳到 CD 光盘画面中，如下图所示。

第2步 按住【Ctrl+T】组合键来调整大小和位置，并调整图层顺序，效果如下图所示。

第3步 新建"图层6"，选择【矩形选框工具】，在属性栏单击【填充像素】按钮，在图形下方绘制一个矩形，如下图所示。

第4步 选择【文字工具】，在【字符】面板中设置各项参数，颜色设置为"C：22；M：64；Y：100；K：8"。然后在矩形中输入"AUTUMNAL"和"FEELING AUTUMN'S LOVE"，小字字号为"14点"，如下图所示。

第5步 按住【Alt】键，在图层面板上同时选择"图层6"和"文字"图层及两个形状图层，再按【Ctrl + T】组合键来调整位置，效果如下图所示。

第6步 选择【线描】图层，然后右击，在弹出的快捷菜单中选择【栅格化图层】选项，按住【Ctrl】键的同时单击"图层2"前面的【图层缩览图】建立选区，如下图所示。

第4章
选区操作

第7步 按住【Ctrl + Shift + I】组合键执行反选命令，对图形进行反选，然后按【Delete】键删除多余部分，效果如下图所示。

第8步 同理建立中间小圆图层的选区，按【Delete】键删除多余部分，再按【Ctrl+D】组合键取消选区，效果如下图所示。

第9步 完成上面的操作，按【Ctrl+S】组合键进行保存。

◇ 使用【橡皮擦工具】，配合【磁性套索工具】选取照片中的人物

第1步 打开本书配套光盘中的"素材\ch04\4-21.jpg"文件，如下图所示。

第2步 选择【磁性套索工具】，在图像中创建如下图所示的选区。

第3步 选择【选择】→【反选】命令，反选选区，如下图所示。

第4步 双击将背景图层转变成普通图层，选择【编辑】→【清除】命令，按【Crl+D】组合键取消选区。清除反选选区后如下图所示。

第5步 单击【背景橡皮擦工具】，在属性栏中设置各项参数，在人物边缘单击，如下图所示。

第6步 将人物抠取出来，如下图所示。

◇ 最精确的抠图工具——钢笔工具

适用范围：图像边界复杂，不连续，加工精度高。

方法意图：使用鼠标指针逐一放置边界点来抠图。

方法缺陷：速度比较慢。

钢笔工具 的使用方法如下。

1. 使用索套工具建立粗略路径

（1）使用【索套工具】粗略圈出图形的外框。

（2）右击，在弹出的快捷菜单中选择【建立工作路径】选项，容差值一般输入"2"。

2. 使用钢笔工具细调路径

（1）选择【钢笔工具】，并在钢笔工具栏中选择第二项"路径"图标。

（2）按住【Ctrl】键不放，单击各个节点（控制点），拖动改变位置。

（3）每个节点都有两个弧度调节点，调节两节点之间的弧度，使线条尽可能地贴近图形边缘，这是光滑的关键步骤。

（4）增加节点：如果节点不够，可以松开【Ctrl】键，用鼠标单击在路径上增加。

（5）删除节点：如果节点过多，可以松开【Ctrl】键，将鼠标指针移到节点上，鼠标指针旁边出现"-"符号时，单击该节点即可删除。

3. 右击"建立选区"，羽化值一般输入"0"

（1）按【Ctrl+C】组合键复制该选区。

（2）新建一个图层或文件。

（3）在新图层中，按【Ctrl+V】组合键粘贴该选区即可。

（4）按【Ctrl+D】组合键取消选区。

第 5 章
图像的调整

本章导读

Photoshop CS6 的颜色模式基于颜色模型,而颜色模型对于印刷中使用的图像非常有用。颜色模型用数字描述颜色,可以通过不同的方法用数字描述颜色,而颜色模式决定着在显示和打印图像时使用哪一种方法或哪一组数字。本章即讲述图像颜色的相关知识。

思维导图

5.1 照片调色案例

Photoshop CS6 是目前数字暗房后期处理的主要工具，用得最多的就是调色手段，调色是最常用、最多样的，也是最复杂的手段。

实例名称：照片调色案例		
实例目的：图像调整		
	素材	素材\ch05\5-1.jpg 等
	结果	结果\ch05\为旧照片着色.jpg、为照片制作泛白 lomo 风格.jpg
	录像	视频教学录像\05 第 5 章

5.1.1 案例概述

调色首先要对色彩有一定的基础认识，也要了解可以达到什么样的效果，以及不要迷信不同相机的色彩取向，也就是说任何数码相机拍出的照片都可以在后期调出理想的色彩。准确的色调是照片非常重要的因素。准确色调的范畴包括色调（色温）、反差、亮暗部层次、饱和度、色彩平衡等，如果能掌握 Photoshop 调色手段，也就相当于拥有了一个强大的彩色照片后期数字暗房。

5.1.2 设计思路

首先用户需要懂一些 Photoshop CS6 的基本操作。下面来介绍基本的调色思路，如果不知道思路，按照同样的参数做调整，肯定是达不到效果的。每张照片都不一样，这就说明不能用同样的参数设定不同的照片。Photoshop CS6 只是工具而已，了解了思路，调法是一致的，只是操作上有所差异而已。

（1）分析照片。
（2）调整曝光。
（3）调整色温。
（4）色调微调。
（5）颜色的调整。
（6）锐化。
（7）增加颗粒感（或者根据需要增加其他效果）。

基本上就这几步，一张照片就调好了。如果掌握了思路并且操作熟练，几分钟就能调好。对光的掌控和构图，以及所要表达的想法，才是一张照片的灵魂。

5.1.3 涉及知识点与命令

进入 Photoshop CS6 界面，打开保存的图片后，选择【图像】→【调整】选项，在出现的【调整】级联菜单中会显示如下图所示的调整图像的命令。

这些调整图像的主要命令的作用如下。

（1）色阶：此命令可以调节图像中的亮度值范围，同时可调节图像的饱和度、对比度、明亮度等色彩值。

（2）自动色调：自动调整色彩的亮度、暗度及反差比例。

（3）自动对比度：自动调整图像色彩的对比度。

（4）自动颜色：自动调整图像的颜色。

（5）曲线：此命令可以精确地改变图像的颜色变化范围。

（6）色彩平衡：对整体图像作色彩平衡调整。

（7）亮度/对比度：此命令可以简单地调节图像的明亮度和对比度。

（8）色相/饱和度：此命令可以改变图像的色调饱和度和亮度值。

（9）去色：将使图像中的色相饱和度为零，图像变成灰度。此命令可在不改变图像的色彩模式的情况下，使图像变成单色图像。

（10）替换颜色：其本质是使用魔术棒选取图像范围，使用色相/饱和度对选取部分的色调、饱和度进行调整替换。

（11）可选颜色：可分别对各原色调整 CMYK 颜色比例。主要在印刷时各色都是由 CMYK 四种色彩形成的网点组合而成的，通过调整四色可以调整图像的颜色。

（12）通道混合器：可以编辑图像的通道，从而改变图像的颜色并转换图像的颜色范围，可以转换高质量的灰度图像和彩色图像。此命令可以精确调整图像。

（13）渐变映射：是作用于其下一图层的一种调整控制，它是将不同亮度映射到不同的颜色上。

（14）反相：可使图像变成负片，即好像相底一样。

（15）色调均化：使图像像素被平均分配到各层次中，使图像较偏向于中间色调，它不是将像素在各层次进行平均化，而是最低层次设置为 0，最高层次设置为 255，并将层次拉开。

（16）阈值：又称为临界值，能把彩色或灰阶图像转换为高对比度的黑白图像。用户可以指定一定色阶作为阈值，然后执行命令，于是比指定阈值亮的像素会转换为白色，比指定阈值暗的像素会转换为黑色。

（17）色调分离：可以减少图像层次，产生特殊的层次分离效果。

（18）变化：可以调整高亮度图像中色泽及阴影区的不同亮度范围。

5.2 图像的颜色模式

颜色模式决定显示和打印电子图像的色彩模型。简单来说，色彩模型是用于表现颜色的一种数学算法，即一幅电子图像用什么样的方式在计算机中显示或打印输出。

常见的颜色模式包括位图模式、灰度模式、双色调模式、HSB（表示色相、饱和度、亮度）模式、索引颜色模式、RGB（表示红、绿、蓝）颜色模式、CMYK（表示青、洋红、黄、黑）颜色模式、Lab颜色模式、多通道模式，以及8位/16位/32位通道模式。每种模式的图像描述和重现色彩的原理及所能显示的颜色数量是不同的。Photoshop CS6的颜色模式基于颜色模型，而颜色模型对于印刷中使用的图像非常有用。它可以从以下模式中选取：RGB、CMYK、Lab和灰度，以及用于特殊色彩输出的颜色模式，如索引颜色和双色调。

选择【图像】→【模式】命令，打开【模式】子菜单，如下图所示。

5.2.1 RGB 颜色模式

Photoshop CS6的RGB颜色模式使用RGB模型，对于彩色图像中的每个RGB（红色、绿色、蓝色）分量，为每个像素指定一个0（黑色）到255（白色）之间的强度值。

不同的图像中RGB各个的成分也不尽相同，可能有的图中R（红色）成分多一些，有的B（蓝色）成分多一些。例如，亮红色可能R值为246、G值为20，而B值为50。在计算机显示器显示时，RGB的多少是指亮度，并用整数来表示。通常情况下，RGB的3个分量各有256级亮度，用数字0、1、2、…、255表示，如下图所示。注意：虽然数字最高是255，但0也是数值之一，因此共有256级。当这3个分量的值相等时，结果是灰色。

当所有分量的值均为255时，结果是纯白色，如下图所示。

当所有分量的值都为0时，结果是纯黑色，如下图所示。

RGB图像使用3种颜色或3个通道在屏幕上重现颜色，如下图所示。

这3个通道将每个像素转换为24位（8位×3通道）色信息。对于24位图像可重现多达1670万种颜色，对于48位图像（每个通道

16 位）可重现更多的颜色。新建的 Photoshop CS6 图像的默认模式为 RGB，计算机显示器、电视机、投影仪等均使用 RGB 模式显示颜色。

这意味着在使用非 RGB 颜色模式（如 CMYK）时，Photoshop CS6 会将 CMYK 图像插值处理为 RGB，以便在屏幕上显示。

5.2.2 CMYK 颜色模式

当阳光照射到一个物体上时，这个物体将吸收一部分光线，并将剩下的光线进行反射，反射的光线就是人们所看见的物体颜色。这是一种减色色彩模式，同时也是与 RGB 模式的根本不同之处。不但看物体的颜色时用到了这种减色模式，而且在纸上印刷时应用的也是这种减色模式，如下图所示。

按照这种减色模式，就衍变出了适合印刷的 CMYK 色彩模式。

CMYK 代表印刷上用的 4 种颜色，C 代表青色（Cyan），M 代表洋红色（Magenta），Y 代表黄色（Yellow），K 代表黑色（Black），如下图所示。

因为在实际应用中，青色、洋红色和黄色很难叠加形成真正的黑色，最多不过是褐色而已。因此才引入了 K——黑色。黑色的作用是强化暗调，加深暗部色彩。每个通道的颜色也是 8 位，即 256 种亮度级别，4 个通道组合使每个像素具有 32 位的颜色容量，在理论上能产生 2^{32} 种颜色。但是由于目前的制造工艺还不能造出高纯度的油墨，CMYK 相加的结果实际上是一种暗红色，因此还需要加入一种专门的黑墨来中和，如下图所示。

CMYK 模式以打印纸上油墨的光线吸收特性为基础，当白光照射到半透明油墨上时，色谱中的一部分被吸收，而另一部分被反射回眼睛。理论上，青色（C）、洋红（M）和黄色（Y）色素混合将吸收所有的颜色并生成黑色，因此 CMYK 模式是一种减色模式，即为最亮（高光）颜色指定的印刷油墨颜色百分比较低，而为较暗（暗调）颜色指定的百分比较高。例如，亮红色可能包含 2% 青色、93% 洋红、90% 黄色和 0% 黑色。因为青色的互补色是红色（洋红色和黄色混合即能产生红色），减少青色的百分含量，其互补色红色的成分也就越多，因此模式是靠减少一种通道颜色来加亮它的互补色，这显然符合物理原理，如下图所示。

CMYK 通道的灰度图和 RGB 类似。RGB 灰度表示色光亮度，CMYK 灰度表示油墨浓度。但二者对灰度图中的明暗有着不同的定义。

RGB 通道灰度图中较白部分表示亮度较高，较黑部分表示亮度较低，纯白表示亮度最高，纯黑表示亮度为零。RGB 模式下通道明暗的含义如下图所示。

CMYK 通道灰度图中较白部分表示油墨含量较低，较黑部分表示油墨含量较高，纯白表示完全没有油墨，纯黑表示油墨浓度最高。CMYK 模式下通道明暗的含义如下图所示。

在制作要用印刷色打印的图像时应使用 CMYK 模式。将 RGB 图像转换为 CMYK 图像，即产生分色。如果从 RGB 图像开始，则最好首先在 RGB 模式下编辑，然后在处理结束时转换为 CMYK 模式。在 RGB 模式下，可以使用【校样设置】（选择【视图】→【校样设置】）命令模拟 CMYK 转换后的效果，而无须真的更改图像的数据。也可以使用 CMYK 模式直接处理从高端系统扫描或导入的 CMYK 图像。

5.2.3 灰度模式

灰度模式即用单一色调表现图像，一个像素的颜色用 8 位元来表示，一共可表现 256 阶（色阶）的灰色调（含黑和白），也就是 256 种明度的灰色，是从黑→灰→白的过渡，如同黑白照片。

灰度图像就是指纯白、纯黑及两者之间的一系列从黑到白的过渡色。灰度色中不包含任何色相，即不存在红色、黄色这样的颜色。灰度通常的表示方法是百分比，范围为 0%~100%。

在 Photoshop CS6 中只能输入整数，百分比越高颜色越黑，百分比越低颜色越白。灰度最高相当于最高的黑，就是纯黑，灰度为 100%，如下图所示。

灰度最低相当于最低的黑，也就是没有黑，那就是纯白，灰度为 0%，如下图所示。

将彩色图像转换为灰度模式时，所有的颜色信息都将被删除。虽然 Photoshop CS6 允许将灰度模式的图像转换为彩色模式，但是原来已经丢失的颜色信息不能再恢复。

当灰度图像是从彩色图像模式转换而来时，灰度图像反映的是原彩色图像的亮度关系，即每个像素的灰阶对应着原像素的亮度，如下图所示。

在灰度图像模式下，只有一个描述亮度信息的通道，如下图所示。

> **提示**
>
> 只有灰度模式和双色调模式的图像才能转换为位图模式，其他模式的图像必须先转换为灰度模式，然后才能进一步地转换为位图模式。

5.2.4 位图模式

Photoshop CS6 使用的位图模式只使用黑白两种颜色中的一种表示图像中的像素。位图模式的图像也称为黑白图像，它包含的信息最少，因而图像也最小。

在位图模式下，图像的颜色容量是一位，即每个像素的颜色只能在两种深度的颜色中选择，不是黑就是白。相应的图像也就是由许多个小黑块或小白块组成的，如下图所示。

选择【图像】→【模式】→【位图】命令，弹出【位图】对话框，从中可以设定转换过程中的减色处理方法，如下图所示。

5.2.5 双色调模式

双色调模式是用一种灰色油墨或彩色油墨来渲染一个灰度图像的。该模式最多可向灰度图像添加 4 种颜色，从而可以打印出比单纯灰度更有趣的图像。

双色调模式采用 2~4 种彩色油墨混合其色阶，来创建双色调（两种颜色）、三色调（3 种颜色）、四色调（4 种颜色）的图像。在将灰度图像转换为双色调模式的图像过程中，可以对色调进行编辑，产生特殊的效果。使用双色调的重要用途之一是使用尽量少的颜色表现尽量多的颜色层次，减少印刷成本。

　　双色调模式可以弥补灰度图像的不足。因为灰度图像虽然拥有 256 种灰度级别，但是在印刷输出时，印刷机的每滴油墨最多能表现 50 种灰度。这意味着如果只用一种黑色油墨打印灰度图像，图像将非常粗糙，灰度模式的图像如下图所示。

　　但是如果混合另一种、两种或三种彩色油墨，因为每种油墨都能产生 50 种左右的灰度级别，那么理论上至少可以表现出 5050 种灰度级别，这样打印出来的双色调、三色调或四色调图像就能表现得非常流畅了。这种靠几盒油墨混合打印的方法被称为"套印"，绿色套印的双色调图像如下图所示。

　　以双色调套印为例，一般情况下，双色调套印应用较深的黑色油墨和较浅的灰色油墨进行印刷。黑色油墨用于表现阴影，灰色油墨用于表现中间色调和高光。但更多的情况是将一种黑色油墨与一种彩色油墨配合，用彩色油墨来表现高光区，利用这一技术能给灰度图像轻微上色。

　　因为双色调使用不同的彩色油墨重新生成不同的灰阶，所以在 Photoshop CS6 中将双色调视为单通道、8 位的灰度图像。在双色调模式中，不能像在 RGB、CMYK 和 Lab 模式中那样直接访问单个的图像通道，而是通过【双色调选项】对话框中的曲线来控制通道，如下图所示。

　　（1）【类型】下拉列表：可以从【单色调】【双色调】【三色调】和【四色调】中选择一种套印类型。

　　（2）【油墨】设置项：选择了套印类型后，即可在各色通道中用曲线工具调节套印效果。

5.2.6　索引颜色模式

　　索引颜色模式采用一个颜色表存放并索引图像中的颜色，使用最多 256 种颜色。当转换为索引颜色时，Photoshop CS6 将构建一个颜色查找表（CLUT），用以存放并索引图像中的颜色。如果原图像中的某种颜色没有出现在该表中，则程序将选取现有颜色中最接近的一种，或使用现有颜色模拟该颜色。它只支持单通道图像（8 位/像素），因此通过限制调色板、索引颜色减小文件，同时保持视觉上的品质不变，如用于多媒体动画或网页。

　　索引颜色模式的优点是它的文件格式比较小，同时保持视觉品质不单一，因此非常适合用来做多媒体动画和 Web 页面。在索引颜色模式下只能进行有限的编辑，若要进一步进行编辑，则应临时转换为 RGB 模式。索引颜色文件可以存储为 Photoshop、BMP、GIF、

Photoshop EPS、PSB（大型文档格式）、PCX、Photoshop PDF、Photoshop Raw、Photoshop 2.0、PICT、PNG、Targa 或 TIFF 等格式。

选择【图像】→【模式】→【索引颜色】命令，即可弹出【索引颜色】对话框，如下图所示。

其中各项的含义如下。

（1）【调板】下拉列表：用于选择在转换为索引颜色时使用的调色板。例如，需要制作 Web 网页，则可选择 Web 调色板。

（2）【强制】下拉列表：可以选择将某些颜色强制加入颜色表中，如选择【黑白】选项，就可以将纯黑和纯白强制添加到颜色表中。

（3）【杂边】下拉列表：可以指定用于消除图像锯齿边缘的背景色。

（4）【仿色】下拉列表：可以选择是否使用仿色。

（5）【数量】设置框：输入仿色数量的百分比值。该值越高，所仿颜色越多，但是可能会增加文件大小。

在索引颜色模式下图像只有一个图层和一个通道，滤镜全部被禁用。

5.2.7 Lab 颜色模式

Lab 颜色模式是在 1931 年国际照明委员会（CIE）制定的颜色度量国际标准模型的基础上建立的。1976 年，该模式经过重新修订后被命名为 CIE L*a*b。

Lab 颜色与设备无关，无论使用何种设备（如显示器、打印机、计算机或扫描仪等）创建或输出图像，这种模型都能生成一致的颜色。

Lab 颜色是 Photoshop CS6 在不同颜色模式之间转换时使用的中间颜色模式。

Lab 颜色模式将亮度通道从彩色通道中分离出来，成为一个独立的通道。将图像转换为 Lab 颜色模式，然后去掉色彩通道中的 a、b 通道而保留明度通道，这样就能获得 100% 逼真的图像亮度信息，得到 100% 准确的黑白效果，如下图所示。

5.3 设置图像色彩

色彩是事物外在的一个重要特征，不同的色彩可以传递不同的信息，带来不同的感受。成功的设计师应该有很好的驾驭色彩的能力，Photoshop CS6 提供了强大的色彩设置功能。本节将介绍如何在 Photoshop CS6 中随心所欲地进行颜色的设置。

5.3.1 设定前景色和背景色

前景色和背景色是用户当前使用的颜色，前景色图标表示油漆桶、画笔、铅笔、文字工具和吸管工具在图像中拖动时所用的颜色。在前景色图标下方的就是背景色，背景色表示橡皮擦工具所表示的颜色。简单来说，背景色就是纸张的颜色，前景色就是画笔画出的颜色。工具箱中包含前景色和背景色的设置选项，它由设置前景色、设置背景色、切换前景色和背景色，以及默认前景色和背景色等部分组成。

利用下图中的色彩控制图标可以设定前景色和背景色。

（1）【设置前景色】按钮：单击此按钮将弹出拾色器来设定前景色，它会影响到画笔、填充命令和滤镜等的使用。

（2）【设置背景色】按钮：设置背景色和设置前景色的方法相同。

（3）【默认前景色和背景色】按钮：单击此按钮默认前景色为黑色、背景色为白色，也可以使用【D】键来完成。

（4）【切换前景色和背景色】按钮：单击此按钮可以使前景色和背景色相互交换，也可以使用【X】键来完成。

用户可以使用以下 4 种方法来设定前景色和背景色。

① 单击【设置前景色】或者【设置背景色】按钮，然后在弹出的【拾色器】对话框中进行设定，如下图所示。

② 使用【颜色】面板设定，如下图所示。

③ 使用【色板】面板设定，如下图所示。

④ 使用吸管工具设定，如下图所示。

5.3.2 使用拾色器设置颜色

在 Adobe 拾色器中，可以使用 4 种颜色模型来选取颜色：HSB、RGB、Lab 和 CMYK，如下图所示。使用 Adobe 拾色器可以设置前景色、背景色和文本颜色。用户可以为不同的工具、命令和选项设置目标颜色。

通常使用 HSB 色彩模型，因为它是以人们对色彩的感觉为基础的。它把颜色分为色相、饱和度和明度 3 个属性，这样便于观察。

Adobe 拾色器中的色域将显示 HSB 颜色模式、RGB 颜色模式和 Lab 颜色模式中的颜色分量。如果用户知道所需颜色的数值，则可以在文本字段中输入该数值。也可以使用颜色滑块和色域来预览要选取的颜色。在使用颜色滑块和色域调整颜色时，对应的数值会相应地调整。颜色滑块右侧的颜色框中的上半部分将显示调整后的颜色，下半部分将显示原始颜色。

在设定颜色时可以拖曳彩色条两侧的三角滑块来设定色相。然后在【拾色器（前景色）】对话框的颜色框中单击（这时鼠标指针变为一个圆圈）来确定饱和度和明度。完成后单击【确定】按钮即可，如下图所示。也可以在色彩模型不同的组件后面的文本框中输入数值来完成。

> **提示**
> 在实际工作中一般是用数值来确定颜色。

在【拾色器（前景色）】对话框右上方有一个颜色预览框，分为上下两个部分，上边代表新设定的颜色，下边代表原来的颜色，这样便于进行对比。如果在它的旁边出现了感叹号，则表示该颜色无法被打印，如下图所示。

如果在如下图所示的【拾色器（前景色）】对话框中选中【只有 Web 颜色】复选框，颜色则变得很少。Web 安全颜色是浏览器使用的 216 种颜色，与平台无关。在 8 位屏幕上显示颜色时，浏览器将图像中的所有颜色更改成这些颜色。216 种颜色是 Mac OS 的 8 位颜色调板的子集。只使用这些颜色时，准备的 Web 图片在 256 色的系统上绝对不会出现仿色。

5.3.3 使用【颜色】面板设置颜色

【颜色】面板显示当前前景色和背景色的颜色值。使用【颜色】面板中的滑块,可以利用几种不同的颜色模型来编辑前景色和背景色。也可以从显示在面板底部的四色曲线图中的色谱中选取前景色或背景色。

第1步 用户可以通过选择【窗口】→【颜色】命令或按【F6】键,调出【颜色】面板,如下图所示。

第2步 在设定颜色时单击面板右侧的下三角按钮,在弹出的菜单中选择合适的色彩模式和色谱,如下图所示。

选择某一颜色模式后,便会出现相应的色彩滑块。

(1) CMYK 滑块:在 CMYK 颜色模式中(PostScript 打印机使用的模式)指定每个图案值(青色、洋红、黄色和黑色)的百分比。

(2) RGB 滑块:在 RGB 颜色模式(监视器使用的模式)中指定 0 ~ 255(0 是黑色,255 是纯白色)的像素值。

(3) HSB 滑块:在 HSB 颜色模式中指定饱和度和亮度的百分数,指定色相为一个与色轮上位置相关的 0°~360° 的角度。

(4) Lab 滑块:在 Lab 模式中输入 0 ~ 100 的亮度值(L)和从绿色到洋红的值(-128 ~ +127)及从蓝色到黄色的值。

(5) Web 颜色滑块:Web 安全颜色是浏览器使用的 216 种颜色,与平台无关。在 8 位屏幕上显示颜色时,浏览器会将图像中的所有颜色更改为这些颜色,这样可以确保为 Web 准备的图片在 256 色的显示系统上不会出现仿色。可以在文本框中输入颜色代号来确定颜色。

单击面板中的【前景色】或【背景色】按钮来确定要设定的或者更改的是前景色还是背景色。

接着可以通过拖曳不同色彩模式下不同颜色组件中的滑块来确定色彩,如下图所示。也可以在文本框中输入数值来确定色彩,其中在灰度模式下可以在文本框中输入不同的百分比来确定颜色。

当把鼠标指针移至面板下方的色条上时,指针会变为吸管工具。这时单击,同样可以设定需要的颜色,如下图所示。

5.3.4 使用【色板】面板设置颜色

【色板】面板可以存储用户经常使用的颜色,也可以在面板中添加或删除颜色,或者为不同的项目显示不同的颜色库。选择【窗口】→【色板】命令,即可打开【色板】面板,如下图所示。

（1）色标：在它上面单击可以把该色设置为前景色。

如果在色标上面双击则会弹出【色板名称】对话框，从中可以为该色标重新命名，如下图所示。

（2）创建前景色的新色板：单击此按钮可以把常用的颜色设置为色标。

（3）删除色标：选择一个色标，然后拖曳到该按钮上可以删除该色标。

5.3.5 使用【吸管工具】设置颜色

【吸管工具】采集色样以指定新的前景色或背景色。用户可以从现用图像或屏幕上的任何位置采集色样。选择【吸管工具】，在所需要的颜色上单击，可以把同一图像中不同部分的颜色设置为前景色，也可以把不同图像中的颜色设置为前景色。

【吸管工具】的属性栏如下图所示。

（1）【取样大小】：单击选项栏中的【取样大小】选项后面的下三角按钮，可弹出下拉菜单，在其中选择在怎样的范围内吸取颜色，如下图所示。

（2）【样本】下拉列表：如果一幅Photoshop CS6 图像文件有很多图层，【所有图层】表示在 Photoshop CS6 图像中单击取样点，取样得到的颜色为所有的图层，如下图所示。

（3）显示取样环：选中【显示取样环】复选框，在 Photoshop CS6 图像中单击取样点时出现取样环，如下图所示。

① 处所指为当前取样点颜色。
② 处所指为上一次取样点颜色。

5.3.6 使用【渐变工具】填充

Photoshop CS6 渐变工具用来填充渐变色，如果不创建选区，渐变工具将作用于整个图像。此工具的使用方法是按住鼠标左键拖曳，形成一条直线，直线的长度和方向决定了渐变填充的区域和方向，拖曳鼠标的同时按住【Shift】键可保证鼠标的方向是水平、竖直或 45°。

选择【渐变工具】后的属性栏如下图所示。

（1）【点按可编辑渐变】：选择和编辑渐变的色彩，是渐变工具最重要的部分，通过它能够看出渐变的情况。

（2）渐变方式包括线性渐变、径向渐变、角度渐变、对称渐变和菱形渐变5种。

【线性渐变】：从起点到终点颜色在一条直线上过渡，如下图所示。

【径向渐变】：从起点到终点颜色按圆形向外发散过渡，如下图所示。

【角度渐变】：从起点到终点颜色做顺时针过渡，如下图所示。

【对称渐变】：从起点到终点颜色在一条直线同时做两个方向的对称过渡，如下图所示。

【菱形渐变】：从起点到终点颜色按菱形向外发散过渡，如下图所示。

（3）【模式】下拉列表：用于选择填充时的色彩混合方式。

（4）【反向】复选框：用于决定调转渐变色的方向，即把起点颜色和终点颜色进行交换。

（5）【仿色】复选框：选中此复选框会添加随机杂色以平滑渐变填充的效果。

（6）【透明区域】复选框：只有选中此复选框，不透明度的设定才会生效，包含有透明的渐变才能被体现出来。

5.4 图像色彩的高级调整

色彩调整命令是Photoshop CS6的核心内容，各种调整命令是对图像进行颜色调整不可缺少的命令。选择【图像】→【调整】命令，从其子菜单中可以选择各种命令，如下图所示。

5.4.1 调整图像的色阶

Photoshop CS6 中"色阶"调整命令通过调整图像的暗调、中间调和高光的亮度级别来校正图像的影调，包括反差、明暗和图像层次，以及平衡图像的色彩。在 Photoshop CS6 菜单栏选择【图像】→【调整】→【色阶】命令（或按【Ctrl+L】组合键），打开【色阶】对话框，如下图所示。

1.【预设】下拉列表

在【预设】下拉列表中 Photoshop CS6 自带几个调整预设，可以直接选择某选项对图像进行调整，如下图所示。单击【预设】右侧的按钮，弹出包含存储、载入和删除当前预设选项的下拉列表，可以自定预设选项并进行编辑。利用此下拉列表可以根据 Photoshop CS6 预设的色彩调整选项，对图像进行色彩调整。

2.【通道】下拉列表

在【通道】下拉列表中可以选择所要进行色调调整的颜色通道；可以分别对每个颜色通道进行调整，也可以同时编辑两个单色颜色通道。利用此下拉列表，可以在整个颜色范围内对图像进行色调调整，也可以单独编辑特定颜色的色调。若要同时编辑一组颜色通道，在选择【色阶】命令之前应按住【Shift】键，在【通道】面板中选择这些通道。然后通道菜单会显示目标通道的缩写，如"红"代表红色。【通道】下拉列表还包含所选组合的个别通道，可以分别编辑专色通道和 Alpha 通道，如下图所示。

3. 阴影滑块

用户向右拖动该滑块可以增大图像的暗调范围，使图像显得更暗。同时，拖曳的程度会在【输入色阶】最左边的方框中得到量化。

4.【输入色阶】参数框

通过调整输入色阶下方相对应的滑块可以调整图像的亮度和对比度；向左调整滑块可增加图像亮度，反之为降低图像亮度。在【输入色阶】参数框中，可以通过调整暗调、中间调和高光的亮度级别来分别修改图像的色调范围，以提高或降低图像的对比度。可以在【输入色阶】参数框中输入目标值，这种方法比较精确，但直观性不好。以输入色阶直方图为参考，通过拖曳3个【输入色阶】滑块来调整，可使色调的调整更为直观，如下图所示。

5. 【输出色阶】参数框

在【输出色阶】文本框中输入数值或拖动两侧的滑块，可以调整图像整体的亮调和暗调。【输出色阶】参数框中只有暗调滑块和高光滑块，通过拖曳滑块或在参数框中输入目标值，可以降低图像的对比度。具体来说，向右拖曳暗调滑块，【输出色阶】左侧的参数框中的值会相应增加，但此时图像却会变亮；向左拖曳高光滑块，【输出色阶】右侧的参数框中的值会相应减小，但图像却会变暗。这是因为在输出时，Photoshop CS6 的处理过程为：如将第一个参数框的值调为"0"，则表示输出图像会以在输入图像中色调值为0像素的暗度为最低暗度，所以图像会变亮；将第二个参数框的值调为"255"，则表示输出图像会以在输入图像中色调值为"255"像素的亮度为最高亮度，所以图像会变暗，如下图所示。总之，【输入色阶】的调整是用来增加对比度的，而【输出色阶】的调整则是用来减少对比度的。

6. 中间调滑块

左右拖曳此滑块，可以增大或减小中间色调范围，从而改变图像的对比度。其作用与在【输入色阶】中间的参数框中输入数值相同。

7. 高光滑块

向左拖曳此滑块，可以增大图像的高光范围，使图像变亮。高光的范围会在【输入色阶】最右侧的参数框中显示。

8. 【自动】按钮

单击【自动】按钮可以将高光和暗调滑块自动地移动到最亮点和最暗点。

9. 吸管工具

选择【设置黑场吸管】 在图像中单击，所单击的点定为图像中最暗的区域，也就是黑色，比该点暗的区域都变为黑色，比该点亮的区域相应地变暗。用于完成图像中的黑场、灰场和白场的设定。使用【设置黑场吸管】 在图像中的某点颜色上单击，该点则成为图像中的黑色，该点与原来黑色的颜色色调范围内的颜色都将变为黑色，该点与原来白色的颜色色调范围内的颜色整体都进行亮度的降低。使用【设置白场吸管】 完成的效果则正好与【设置黑场吸管】 的效果相反。使用【设置灰场吸管】 可以完成图像中的灰度设置。

下面通过调整图像的对比度来学习【色阶】命令的使用方法。

第1步 打开随书光盘中的"素材\ch05\5-1.jpg"图像，如下图所示。

第 5 章
图像的调整

第2步 选择【图像】→【调整】→【色阶】命令，弹出【色阶】对话框，如下图所示。

第3步 调整中间调滑块，使图像的整体色调的亮度有所提高，如下图所示。

第4步 最终效果如下图所示。

5.4.2 调整图像的亮度/对比度

使用【亮度/对比度】命令，可以对图像的亮度和对比度进行直接的调整，与【色阶】命令和【曲线】命令不同的是，【亮度/对比度】命令不考虑图像中各通道颜色，而是对图像进行整体的调整。

选择【亮度/对比度】命令，可以对图像的色调范围进行简单的调整，具体操作步骤如下。

第1步 打开随书光盘中的"素材\ch05\5-2.jpg"图像，如下图所示。

第2步 选择【图像】→【调整】→【亮度/对比度】命令，如下图所示。

第3步 弹出【亮度/对比度】对话框，设置【亮度】为"-70"，【对比度】为"100"，如下图所示。

第4步 单击【确定】按钮，得到最终图像效果，如下图所示。

· 111 ·

5.4.3 调整图像的色彩平衡

使用【色彩平衡】命令可以更改图像的总体颜色混合，并且在暗调区、中间调区和高光区通过控制各个单色的成分来平衡图像的色彩。

在使用【色彩平衡】命令前要了解互补色的概念，这样可以更快地掌握【色彩平衡】命令的使用方法。所谓"互补"，就是Photoshop CS6图像中一种颜色成分的减少，必然导致它的互补色成分的增加，绝不可能出现一种颜色和它的互补色同时增加的情况；另外，每一种颜色可以由它的相邻颜色混合得到。例如，绿色的互补色洋红色是由绿色和红色重叠混合而成的，红色的互补色青色是由蓝色和绿色重叠混合而成的。

1.【色彩平衡】参数设置

选择【图像】→【调整】→【色彩平衡】命令，即可打开【色彩平衡】对话框，如下图所示。

【色彩平衡】选项区域：可将其中的滑块拖曳至要在图像中增加的颜色，或将滑块拖离要在图像中减少的颜色。利用上面提到的互补性原理，即可完成对图像色彩的平衡。

【色阶】：可将滑块拖向要在图像中增加的颜色，或将滑块拖离要在图像中减少的颜色。

【色调平衡】选项区域：通过【阴影】【中间调】和【高光】单选按钮可以控制图像不同色调区域的颜色平衡。

【保持明度】复选框：选中此复选框，可以防止图像的亮度值随着颜色的更改而改变。

2. 使用【色彩平衡】命令调整图像

第1步 打开随书光盘中的"素材\ch05\5-3.jpg"图像，如下图所示。

第2步 选择【图像】→【调整】→【色彩平衡】命令，如下图所示。

第3步 在弹出的【色彩平衡】对话框中的【色阶】参数框中依次输入"-15" "-45"和"-20"，如下图所示。

第4步 单击【确定】按钮，得到最终图像效果，如下图所示。

5.4.4 调整图像的曲线

使用【曲线】命令可以综合调整图像的亮度、对比度和色彩，使画面色彩显得更为协调；因此，曲线命令实际是"色调""亮度/对比度"设置的综合使用。

Photoshop CS6 可以调整图像的整个色调范围及色彩平衡。但它不是通过控制 3 个变量（阴影、中间调和高光）来调节图像的色调，而是对 0~255 色调范围内的任意点进行精确调节。同时，也可以选择【图像】→【调整】→【曲线】命令对个别颜色通道的色调进行调节以平衡图像色彩。

（1）【预设】：在【预设】下拉列表中，可以选择 Photoshop CS6 提供的一些设置好的曲线。

（2）【通道】下拉列表：若要调整图像的色彩平衡，可以在【通道】下拉列表中选取所要调整的通道，然后对图像中的某一个通道的色彩进行调整，如下图所示。

（3）【输入】：显示 Photoshop CS6 原来图像的亮度值，与色调曲线的水平轴相同。

（4）【输出】：显示 Photoshop CS6 图像处理后的亮度值，与色调曲线的垂直轴相同。

（5）【通过添加点来调整曲线】工具：此工具可在图表中各处添加节点而产生色调曲线；在节点上按住鼠标左键并拖动可以改变节点位置，向上拖动时色调变亮，向下拖动则变暗（如果需要继续添加控制点，只要在曲线上单击即可；如果需要删除控制点，只要拖动控制点到对话框外即可）。

（6）【使用铅笔绘制曲线】工具：选择该工具后，鼠标指针变成铅笔形状，可以在图标区中绘制所要的曲线，如果要将曲线绘制为一条线段，可以按住【Shift】键，在图表中单击定义线段的端点。按住【Shift】键，单击图表的左上角和右下角，可以绘制一条反向的对角线，这样可以将图像中的颜色像素转换为互补色，使图像变为反色；单击【平滑】按钮可以使曲线变得平滑。

使用 工具可以在曲线缩略图中手动绘制曲线，如下图所示。

为了精确地调整曲线，可以增加曲线后面的网格数，按住【Alt】键单击缩略图即可，如下图所示。

（7）光谱条：拖动光谱条下方的滑块，可在黑色和白色之间切换。

（8）曲线：水平轴（输入色阶）代表原图像中像素的色调分布，初始时分成了5个带，从左到右依次是暗调（黑）、1/4色调、中间色调、3/4色调、高光（白）；垂直轴代表新的颜色值，即输出色阶，从下到上亮度值逐渐增加。默认的曲线形状是一条从下到上的对角线，表示所有像素的输入与输出色调值相同。调整图像色调的过程就是通过调整曲线的形状来改变像素的输入和输出色调，从而改变整个图像的色调分布。

将曲线向上弯曲会使图像变亮，将曲线向下弯曲会使图像变暗。

曲线上比较陡直的部分代表图像对比度较高的区域；相反，曲线上比较平缓的部分代表图像对比度较低的区域。

默认状态下在【曲线】对话框中，移动曲线顶部的点主要是调整高光；移动曲线中间的点主要是调整中间调；移动曲线底部的点主要是调整暗调。

将曲线上的点向下或向右移动，会将【输入】值映射到较小的【输出】值，并会使图像变暗；相反，将曲线上的点向上或向左移动，会将较小的【输入】值映射到较大的【输出】值，并会使图像变亮。因此如果希望将暗调图像变亮，则可向上移动靠近曲线底部的点；如果希望高光变暗，则可向下移动靠近曲线顶部的点。使用【曲线】命令调整图像的具体操作步骤如下。

第1步 打开随书光盘中的"素材 \ch05\5-4.jpg"图像，如下图所示。

第2步 选择【图像】→【调整】→【曲线】命令，如下图所示。

第3步 在弹出的【曲线】对话框中调整曲线，设置【输入】为"145"，【输出】为"92"，如下图所示。

第4步 在【通道】下拉列表中选择【红】选项，设置【输入】为"150"，【输出】为"112"，如下图所示。

第5步 单击【确定】按钮，得到最终图像效果，如下图所示。

5.4.5 调整图像的色相/饱和度

使用 Photoshop CS6【色相/饱和度】命令，可以调整整个图像或图像中单个颜色成分的色相、饱和度和亮度。"色相"就是通常所说的颜色，即红、橙、黄、绿、青、蓝和紫等。"饱和度"简单地说是一种颜色的纯度，颜色纯度越高，饱和度越大，颜色纯度越低，相应颜色的饱和度就越小。"亮度"就是指色调，即图像的明暗度。

按【Ctrl+U】组合键打开【色相/饱和度】对话框，或在菜单栏中选择【图像】→【调整】→【色相/饱和度】命令，也可以打开【色相/饱和度】对话框。下面利用【色相/饱和度】命令来改变衣服的颜色。

第1步 打开随书光盘中的"素材\ch05\5-5.jpg"图像，如下图所示。

第2步 选择【图像】→【调整】→【色相/饱和度】命令，如下图所示。

第3步 在弹出的【色相/饱和度】对话框中选择【蓝色】选项，设置【色相】为"180"，如下图所示。

| 提示 |

如果蓝色改变的效果不完整，可以单击 工具，在图像上添加没有改变颜色的蓝色部分图像即可。

第4步 单击【确定】按钮，得到最终图像效果，如下图所示。

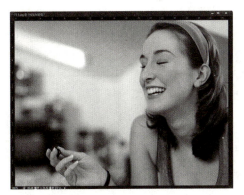

5.4.6 将彩色照片变成黑白照片

利用【去色】命令，可以快速地把彩色图片转换为黑白色的。变成相同颜色模式下的灰度图像，每个像素仅保留原有的明暗度。例如，给 RGB 图像中的每个像素指定相等的红色、绿色和蓝色值，使图像表现为灰度图像。把照片转换为黑白色有很多方法，如之前学过的【色相/饱和度】命令，把饱和度降低到 0，照片就会变成黑白了。

下面通过为图像去色来学习【去色】命令的使用方法。

第1步 打开随书光盘中的"素材\ch05\5-6.jpg"图像,如下图所示。

图像变成黑白效果,如下图所示。

第2步 选择【图像】→【调整】→【去色】命令,

5.4.7 匹配图像颜色

【匹配颜色】命令可以将两个图像或图像中的两个图层的颜色和亮度相匹配,使其颜色色调和亮度协调一致;其中被调整修改的图像称为"目标图像",而要采样的图像称为"源图像"。如果希望不同的照片中的颜色看上去一致,或者当一个 Photoshop CS6 图像中特定元素的颜色(如肤色)必须与另一个图像中某个元素的颜色相匹配时,该命令非常有用。

1. 【匹配颜色】对话框参数设置

选择【图像】→【调整】→【匹配颜色】命令,即可打开【匹配颜色】对话框,如下图所示。

(1)【源】下拉列表:选择要将其颜色与目标图像中的颜色相匹配的源图像。如果不希望参考另一个图像来计算色彩调整,则

可选择【无】选项。选择【无】选项后目标图像和源图像相同。

(2)【图层】下拉列表:从要匹配其颜色的源图像中选择图层。如果要匹配源图像中所有图层的颜色,则可从【图层】下拉列表中选择【合并】选项。

(3)【应用调整时忽略选区】复选框:如果在图像中建立了选区,取消选中【应用调整时忽略选区】复选框,则会影响目标图像中的选区,并将调整应用于选区图像中。选中该复选框可以实现对局部区域的颜色匹配。

(4)【明亮度】选项:可增加或减小目标图像的亮度。可以在【明亮度】参数框中输入一个值,最大值是 200,最小值是 1,默认值是 100。

(5)【颜色强度】选项:可以调整目标图像的色彩饱和度。可以在【颜色强度】参数框中输入一个值,最大值是 200,最小值

第 5 章 图像的调整

是1（生成灰度图像），默认值是100。

（6）【渐隐】选项：可控制应用于图像的调整量。向右移动该滑块可以减小调整量。

2. 使用【匹配颜色】命令来调整图像颜色

第1步 打开随书光盘中的"素材\ch05\5-7.jpg"和"素材\ch05\5-8.jpg"图像，如下图所示。

第2步 将"5-7.jpg"的颜色色调应用到"5-8.jpg"中。选择【图像】→【调整】→【匹配颜色】命令，如下图所示。

第3步 在弹出的【匹配颜色】对话框中设置明亮度为"100"、颜色强度为"100"、渐隐为"0"，源设置为"5-7.jpg"，如下图所示。

第4步 单击【确定】按钮，得到最终图像效果，如下图所示。

5.4.8 为图像替换颜色

选择【替换颜色】命令可以创建蒙版，以选择图像中的特定颜色，然后替换这些颜色。可以设置选定区域的色相、饱和度和亮度，也可以使用拾色器选择替换颜色。

> **提示**
>
> 由【替换颜色】命令创建的蒙版是临时性的。

1. 【替换颜色】对话框参数设置

选择【图像】→【调整】→【替换颜色】命令，即可弹出【替换颜色】对话框，如下图所示。

（1）【本地化颜色簇】复选框：如果正在图像中选择多个颜色范围，则选中【本地化颜色簇】复选框来构建更加精确的蒙版。

（2）【颜色容差】设置项：通过拖曳颜色容差滑块或在参数框中输入数值可以调整蒙版的容差，以扩大或缩小所选颜色区域。向右拖曳滑块将增大颜色容差，使选区扩大；向左拖曳滑块将减小颜色容差，使选区减小。

（3）【选区】单选按钮：选中【选区】单选按钮将在预览框中显示蒙版。未蒙版区域为白色，被蒙版区域为黑色，部分被蒙版区域（覆盖有半透明蒙版）会根据其不透明度而显示不同亮度级别的灰色。

（4）【图像】单选按钮：选中【图像】单选按钮，将在预览框中显示图像。在处理大的图像或屏幕空间有限时，该单选按钮非常有用。

（5）吸管工具：选择一种吸管工具在图中单击，可以确定将为何种颜色建立蒙版。带加号的吸管可用于增大蒙版（即选区），带减号的吸管可用于去掉多余的区域。

（6）【替换】设置区：通过拖曳【色相】【饱和度】和【明度】等滑块可以变换图像中所选区域的颜色，调节的方法和效果与应用【色相/饱和度】对话框的效果一样。

2. 使用【替换颜色】命令来替换花朵颜色

第1步 打开随书光盘中的"素材\ch05\08.jpg"图像，如下图所示。

第2步 选择【图像】→【调整】→【替换颜色】命令，如下图所示。

第3步 在弹出的【替换颜色】对话框中使用吸管工具吸取图像中的黄色，并设置【颜色容差】为"150"，【色相】为"－50"，【饱和度】为"20"，【明度】为"－7"，如下图所示。

第 5 章
图像的调整

第4步　单击【确定】按钮后的图像效果如下图所示。

5.4.9 使用【可选颜色】命令调整图像

【可选颜色】命令的作用是选择某种颜色范围进行有针对性的修改，在不影响其他原色的情况下修改图像中的某种彩色的数量，可以用来校正色彩不平衡问题和调整颜色；【可选颜色】命令可以有选择地对Photoshop CS6 图像某一主色调成分增加或减少印刷颜色的含量，而不影响该印刷色在其他主色调中的表现，从而对颜色进行调整。

可选颜色校正是在高档扫描仪和分色程序中使用的一项技术，它基于组成图像某一主色调的 4 种基本印刷色（CMYK），选择性地改变某一主色调（如红色）中某一印刷色（如青色C）的含量，而不影响该印刷色在其他主色调中的表现，从而对图像的颜色进行校正。

> **提示**
> 操作时首先应确保在【通道】面板中选择了复合通道。

1.【可选颜色】对话框参数设置

选择【图像】→【调整】→【可选颜色】命令，即可打开【可选颜色】对话框，如下图所示。

（1）【预设】下拉列表：可以选择【默认值】选项和【自定】选项。

（2）【颜色】下拉列表：用来设置Photoshop CS6 图像中要改变的颜色，单击下拉列表后面的下三角按钮，在弹出的下拉列表中选择要改变的颜色；设置的参数越小颜色越淡，参数越大颜色越浓。选择要进行校正的主色调，可选颜色有 RGB、CMYK 中的各通道色及白色、中性色和黑色。

（3）【相对】单选按钮：相对是指按照调整后总量的百分比来更改现有的青色、洋红、黄色或黑色的量，该单选按钮不能调整纯反白光，因为它不包含颜色成分。如为一个起始含有 50% 洋红色的像素增加 10%，该像素的洋红色含量则会变为 55%。

（4）【绝对】单选按钮：用于增加或减

· 119 ·

少每一种印刷色的绝对改变量。如为一个起始含有 50% 洋红色的像素增加 10%，该像素的洋红色含量则会变为 60%。

2. 使用【可选颜色】命令来调整图像

第1步 打开随书光盘中的"素材\ch05\5-9.jpg"图像，如下图所示。

第2步 选择【图像】→【调整】→【可选颜色】命令，如下图所示。

第3步 在弹出的【可选颜色】对话框中的【颜色】下拉列表中选择【红色】选项，并设置【青色】为"100%"，【洋红】为"100%"，【黄色】为"-100%"，【黑色】为"0%"，如下图所示。

第4步 单击【确定】按钮，调整后的效果如下图所示。

5.4.10 调整图像的阴影

调整图像的阴影/高光，【阴影/高光】命令可以修复图像中过亮或过暗的区域，从而使图像尽量显示更多的细节；不是简单地使图像变亮或变暗，而是根据图像中的阴影或高光的像素色调增亮或变暗。【阴影/高光】命令允许分别控制图像的阴影或高光，非常适合校正强逆光而形成的剪影的照片，也适合校正由于太接近闪光灯而有些发白的焦点。

该命令适用于校正由强逆光而形成阴影的照片或者校正由于太接近相机闪光灯而有些发白的照片，在以其他采光方式拍摄的照片中，这种调整也可用于使阴影区域变亮。

| 提示 |

【阴影/高光】命令能基于阴影或高光中的局部相邻像素来校正每个像素，从而调整图像的阴影和高光区域。

1. 【阴影/高光】对话框参数设置

选择【图像】→【调整】→【阴影/高光】命令，即可打开【阴影/高光】对话框，如下图所示。

（1）【阴影】设置区用来设置阴影变亮的程度，通过调整【数量】的值可以控制阴影区域的强度，该值越高，图像的阴影区域越亮。

（2）【高光】设置区用来设置高光变暗的程度，通过调整【数量】的值可以控制高光区域的强度，该值越高，图像的高光区域越暗。

2. 使用【阴影/高光】命令来调整图像

第1步 打开随书光盘中的"素材\ch05\5-10.jpg"图像，如下图所示。

第2步 选择【图像】→【调整】→【阴影/高光】命令，如下图所示。

第3步 在弹出的【阴影/高光】对话框中的【阴影】设置区中将【数量】值设置为"0%"，在【高光】设置区中将【数量】值设置为"20%"，如下图所示。

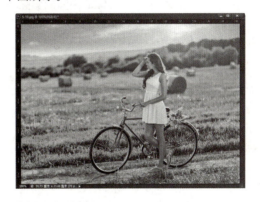

第4步 单击【确定】按钮，调整后的效果如下图所示。

5.4.11 调整图像的曝光度

在用相机拍照的时候，会经常提到曝光度这个词，曝光度越大，照片高光的部分就显得越明亮，曝光度越小，照片就显得暗淡一些。【曝光度】命令的原理是模拟数码相机内部的曝光程序对图片进行二次曝光处理，一般用于调整相机拍摄的曝光不足或曝光过度的照片，可以利用【曝光度】功能来对图片进行后期调整。

> **提示**
>
> 【曝光度】命令专门用于调整HDR图像的色调，也可以用于8位和16位图像。

1. 【曝光度】对话框参数设置

选择【图像】→【调整】→【曝光度】命令，即可弹出【曝光度】对话框，如下图所示。

（1）【曝光度】设置项：在【曝光度】下方拖动滑块或输入相应数值可以调整图像的高光。正值增加图像曝光度，负值降低图像曝光度。可以调整色调范围的高光度，对极限阴影的影响很小。

（2）【位移】设置项：用于调整图像的阴影，对图像的高光区域影响较小；向右拖动滑块，使图像的阴影变亮。可以使阴影和中间调变暗，对高光的影响很小。

（3）【灰度系数校正】设置项：用于调整图像的中间调，对图像的阴影和高光区域影响小；向左拖动滑块，使图像的中间调变亮。

第2步 选择【图像】→【调整】→【曝光度】命令，在弹出的【曝光度】对话框中进行如下图所示的参数设置。

第3步 单击【确定】按钮，调整后的效果如下图所示。

2. 使用【曝光度】命令调整图像

第1步 打开随书光盘中的"素材\ch05\5-11.jpg"图像，如下图所示。

5.4.12 使用【通道混合器】命令调整图像的颜色

【通道混合器】命令可以将 Photoshop CS6 图像中的颜色通道相互混合，起到对目标颜色通道进行调整和修复的作用；颜色通道记录了图像中某种颜色的分布情况。例如，一幅 RGB 图像中的"红"（R）通道记录了该图像中红色的分布情况，一幅图像偏色，通常是由某种颜色过多或缺失造成的，此时可以执行【通道混合器】命令对问题通道进行调整。

通道混合器是使用图像中现有（源）颜色通道的混合来修改目标（输出）颜色通道。颜色通道是代表图像（RGB 或 CMYK）中颜色分量的色调值的灰度图像。

> **提示**
>
> 使用通道混合器可以通过源通道向目标通道加减灰度数据。利用这种方法可以向特定颜色分量中增加或减去颜色。

1. 【通道混合器】对话框参数设置

选择【图像】→【调整】→【通道混合器】命令，即可打开【通道混合器】对话框，如下图所示。

（1）【输出通道】下拉列表：选择进行调整后作为最后输出的颜色通道，可随颜色模式而异。

（2）【源通道】设置区：向右或向左拖曳滑块可以增大或减小该通道颜色对输出通道的贡献。在参数框中输入一个"-200～+200"的数值也能起到相同的作用。如果输入一个负值，则先将源通道反相，再混合到输出通道上。

（3）【常数】设置项：在参数框中输入数值或拖曳滑块，可以将一个具有不透明度的通道添加到输出通道上。负值作为黑色通道，正值作为白色通道。

（4）【单色】复选框：选中【单色】复选框，同样可以将相同的设置应用于所有的输出通道，不过创建的是只包含灰色值的彩色模式图像。如果先选中【单色】复选框，然后再取消选中，则可单独地修改每个通道的混合，从而创建一种手绘色调的效果。

2. 使用【通道混合器】来调整图像的颜色

第1步 打开随书光盘中的"素材\ch05\5-12.jpg"图像，如下图所示。

第2步 选择【图像】→【调整】→【通道混合器】命令，如下图所示。

第3步 在弹出的【通道混合器】对话框中的【输出通道】下拉列表中选择【红】选项，并在【源通道】设置区中设置【红色】为"20%"，【绿色】为"0%"，【蓝色】为"0%"，如下图所示。

第4步 单击【确定】按钮，调整后的效果如下图所示。

5.4.13 为图像添加渐变映射效果

通过【渐变映射】命令，可以使用渐变颜色对 Photoshop CS6 图像进行叠加，将相等的图像灰度范围映射到指定的渐变填充色，从而改变图像色彩。如果指定双色渐变填充，Photoshop CS6 图像中的阴影映射到渐变填充的一个端点颜色，高光映射到另一个端点颜色，而中间调映射到两个端点颜色之间的渐变色。

1. 【渐变映射】对话框参数设置

选择【图像】→【调整】→【渐变映射】命令，即可打开【渐变映射】对话框，如下图所示。

（1）【灰度映射所用的渐变】下拉列表：从列表中选择一种渐变类型，默认情况下，图像的暗调、中间调和高光分别映射到渐变填充的起始（左端）颜色、中间点和结束（右端）颜色。

（2）【仿色】复选框：选中该复选框，可以通过添加随机杂色，使渐变映射效果的过渡显得更为平滑。

（3）【反向】复选框：选中该复选框，可以颠倒渐变填充方向，以形成反向映射的效果。

2. 为图像添加渐变映射效果

第1步 打开随书光盘中的"素材\ch05\5-13.jpg"图像，如下图所示。

第2步 选择【图像】→【调整】→【渐变映射】命令，在弹出的【渐变映射】对话框中选择一种渐变映射，如下图所示。

第3步 单击【确定】按钮，调整后的效果如下图所示。

5.4.14 调整图像的偏色

选择【照片滤镜】命令可以模仿在相机镜头前面加彩色滤镜，以便调整通过镜头传输的光的色彩平衡和色温。

1. 【照片滤镜】对话框参数设置

选择【图像】→【调整】→【照片滤镜】命令，即可弹出【照片滤镜】对话框，如下图所示。

（1）【滤镜】单选按钮：选择各种不同镜头的彩色滤镜，用于平衡色彩和色温。

（2）【颜色】单选按钮：根据预设颜色，调整图像应用色相。可以为图像添加颜色滤镜，单击右侧的颜色框，打开拾色器（照片滤镜颜色）设置框，选择设置一种颜色，单击【确定】按钮，为图像添加所选颜色滤镜，并调整浓度值。

> **提示**
> 如果照片有色痕，则可选取补色来中和色痕，还可以选用特殊颜色效果或增强应用颜色。例如，【水下】颜色可模拟在水下拍摄时产生的稍带绿色的蓝色色痕。

（3）【浓度】设置项：调整应用于图像的颜色数量，可拖动【浓度】滑块或者在【浓度】参数框中输入百分比。【浓度】越大，应用的颜色调整越大。

（4）【保留明度】复选框：选中此复选框，可以避免通过添加颜色滤镜导致的图像变暗。

2. 使用照片滤镜调整图像偏色

第1步 打开随书光盘中的"素材\ch05\5-14.jpg"图像，如下图所示。

第2步 该图像整体色调偏暖色。选择【图像】→【调整】→【照片滤镜】命令，如下图所示。

第3步 在弹出的【照片滤镜】对话框中设置【滤镜】为"深黄"，【浓度】为"35%"，如下图所示。

第4步 单击【确定】按钮后的效果如下图所示。

5.4.15 实现图片的底片效果

【反相】命令可以将图像中的颜色和亮度全部翻转，转换为 256 级中相反的值；常用来制作一些反转效果的 Photoshop CS6 图像。【反相】命令的最大特点就是将所有颜色都以它相反的颜色显示，如将黄色转变为蓝色、红色转变为青色。

例如，值为 255 的正片图像中的像素会转换为 0，值为 5 的像素会转换为 250。

下面使用【反相】命令给图片制作出一种底片的效果。

第1步 打开随书光盘中的"素材 \ch05\5-15.jpg"图像，如下图所示。

第2步 选择【图像】→【调整】→【反相】命令，得到的效果如下图所示。

5.4.16 使用【色调均化】命令调整图像

【色调均化】命令可以在图像过暗或过亮时，通过平均值调整图像的整体亮度。【色调均化】命令可以重新分布图像中像素的亮度值，使图像均匀地呈现所有范围的亮度值。

Photoshop CS6 会将最亮值均调整为白色，最暗值均调整为黑色，而中间值则均匀地分布在整个灰度范围中。

第1步 打开随书光盘中的"素材 \ch05\5-16.jpg"图像，如下图所示。

第2步 选择【图像】→【调整】→【色调均化】命令，得到的效果如下图所示。

5.4.17 制作黑白分明的图像效果

【阈值】命令可以将彩色图像或灰度图像转换为高对比度的黑白图像；当指定某个色阶作为阈值时，所有比阈值暗的像素都转换为黑色，而所有比阈值亮的像素都转换为白色。【阈值】命令对确定图像的最亮和最暗区域有很大作用。

下面使用【阈值】命令制作一张黑白分明的图像效果。

第1步 打开随书光盘中的"素材\ch05\5-17.jpg"图像，如下图所示。

第2步 选择【图像】→【调整】→【阈值】命令，在弹出的【阈值】对话框中设置【阈值色阶】为"170"，如下图所示。

第3步 单击【确定】按钮后得到的效果如下图所示。

5.4.18 实现图片的特殊效果

【色调分离】命令可以指定图像中每个通道的色调级（或亮度值）的数量，并将这些像素映射为最接近的匹配色调上。例如，将RGB图像中的通道设置为只有两个色调，那么图像只能产生6种颜色，即两个红色、两个绿色和两个蓝色。

在图像中创建特殊效果（如创建大的单调区域）时此命令非常有用，在减少灰度图像中的灰色色阶数时，它的效果最为明显。但它也可以在彩色图像中产生一些特殊的效果。

下面使用【色调分离】命令来制作特殊效果。

第1步 打开随书光盘中的"素材\ch05\5-18.jpg"图像，如下图所示。

第2步　执行【图像】→【调整】→【色调分离】命令，在弹出的【色调分离】对话框中设置【色阶】为"3"，如下图所示。

第3步　单击【确定】按钮后得到的效果如下图所示。

5.4.19 实现图像不同色调区的调整

【变化】命令通过显示调整效果的缩览图，可以使用户很直观、简单的调整Photoshop CS6 图像的色彩平衡、饱和度和对比度；其功能就相当于【色彩平衡】命令再增加【色相/饱和度】命令的功能。但是，【变化】命令可以更精确、更方便地调节图像颜色。【变化】命令主要应用于不需要精确色彩调整的平均色调图像。

【变化】命令对图像的调整仍然是使用互补色的原理来完成的。如果图像偏向绿色，那么就单击加深洋红缩略图，在图像中添加洋红色来平衡绿色。如果图像偏亮，那么就单击较暗缩略图，以降低图像的亮度。

选择【图像】→【调整】→【变化】命令，即可弹出【变化】对话框，如下图所示。

5.4.20 使用【自然饱和度】命令调整图像的色彩

在 Photoshop CS6 中增加了一个新的调整图像的命令，即【自然饱和度】，但是它和原来的【饱和度】命令是不相同的。【自然饱和度】命令功能和【色相/饱和度】命令类似，可以使图片更加鲜艳或暗淡，但效果会更加细腻，会智能地处理图像中不够饱和的部分和忽略足够饱和的颜色。在使用【自然饱和度】调整图像时，会自动保护图像中已饱和的部位，只对其做小部分的调整，而着重调整不饱和的部位，这样会使图像整体的饱和趋于正常。

> **提示**
>
> 【自然饱和度】在调节图像饱和度时会保护已经饱和的像素，即在调整时会大幅增加不饱和像素的饱和度，而对已经饱和的像素只做很少、很细微的调整，特别是对皮肤的肤色有很好的保护作用，这样不但能够增加图像某一部分的色彩，而且还能使整幅图像饱和度正常。

下面使用【自然饱和度】命令调整图像的色彩，具体操作步骤如下。

第1步 打开随书光盘中的"素材\ch05\5-19.jpg"图像，如下图所示。

第2步 选择【图像】→【调整】→【自然饱和度】命令，如下图所示。

第3步 在弹出的【自然饱和度】对话框中设置【自然饱和度】为"70"、【饱和度】为"20"，如下图所示。

第4步 单击【确定】按钮后得到的效果如下图所示。

5.4.21 使用【黑白】命令调整图像的色彩

【黑白】命令将图像中的颜色丢弃，使图像以灰色或单色显示，并且可以根据图像中的颜色范围调整图像的明暗度。另外，通过对图像应用色调可以创建单色的图像效果。通过丰富的设定，可以创造高反差的黑白图片、红外线模拟图片及复古色调等，极富有新意。

下面使用【黑白】命令调整图像的色彩。

第1步 打开随书光盘中的"素材\ch05\5-20.jpg"图像，如下图所示。

第2步 选择【图像】→【调整】→【黑白】命令，如下图所示。

第 3 步 在弹出的【黑白】对话框中设置【红色】为"65%",设置【黄色】为"85%",如下图所示。

第 4 步 单击【确定】按钮后得到的效果如下图所示。

5.4.22 自动调整图像

在 Photoshop CS6 中,将【自动色调】【自动对比度】和【自动颜色】3 个菜单命令从【调整】菜单中提取出放到【图像】菜单中,使菜单命令的分类更清晰。

1. 自动色调

在 Photoshop CS6 中,【自动色调】命令可以自动调整图像中的黑场和白场,将每个颜色通道中最亮的和最暗的像素映射到纯白,中间像素值按比例重新分布。

使用【自动色调】命令可以增强图像的对比度,在像素值平均分布并且需要以简单的方式增加对比度的特定图像中,该命令可以提供较好的结果。

2. 自动对比度

在 Photoshop CS6 中,【自动对比度】命令可以自动调整图像的对比度,使高光看上去更亮,阴影看上去更暗。该命令可以改进摄影或连续色调图像的外观,但无法改善单调颜色的图像。

3. 自动颜色

在 Photoshop CS6 中,【自动颜色】命令可以自动搜索图像来标识阴影、中间调和高光,从而调整图像的对比度和颜色。

5.5 图像查看案例 1——【信息】面板

【信息】面板是个多面手,当用户没有任何操作时,【信息】面板会显示鼠标指针下面的颜色值、文档的状态、当前工具使用提示等信息;如果执行了操作,如进行了变换或者创建了选区、调整了颜色等,【信息】面板中就会显示与当前操作有关的各种信息。

【信息】面板显示指针下的颜色值及其他有用的信息（显示的信息取决于所使用的工具）。【信息】面板还显示有关使用选定工具的提示、提供文档状态信息，并可以显示 8 位、16 位或 32 位值。

第1步 打开随书光盘中的"素材 \ch05\5-21.jpg"图像。选择【窗口】→【信息】命令，打开【信息】面板，如下图所示。

第2步 在显示 CMYK 值时，如果鼠标指针或颜色取样器下的颜色超出了可打印的 CMYK 色域，则【信息】面板将在 CMYK 数值后边显示一个感叹号，如下图所示。

第3步 当使用选框工具时，【信息】面板会随着鼠标指针的拖移，显示指针位置的 X 坐标和 Y 坐标，以及选框的宽度（W）和高度（H），如下图所示。

第4步 在使用裁剪工具或缩放工具时，【信息】面板会随着鼠标指针的拖移，显示选框的宽度（W）和高度（H），还显示裁剪选框的旋转角度，如下图所示。

第5步 当使用直线工具、钢笔工具、渐变工具或移动选区时，【信息】面板将在进行拖移时，显示起始位置的 X 坐标和 Y 坐标、X 坐标的变化（DX）、Y 坐标的变化（DY）、角度（A）和长度（L），如下图所示。

第6步 在使用二维变换命令时（如旋转和缩放等命令），【信息】面板会显示宽度（W）和高度（H）的百分比变化、旋转角度（A）及水平切线（H）或垂直切线（V）的角度，如下图所示。

第7步 在使用任一颜色调整对话框（如【信息】）时，【信息】面板会显示鼠标指针和颜色取样器下的像素的前后颜色值。

> **提示**
>
> 如果启用了【显示工具提示】选项,【信息】面板会显示状态信息,如文档大小、文档配置文件、文档尺寸、暂存盘大小、效率、计时及当前工具。

5.6 图像查看案例2——【直方图】面板

直方图用图形表示图像的每个亮度级别的像素数量,显示了像素在图像中的分布情况,通过查看直方图,可以判断图像在阴影、中间调和高光中包含的细节是否充足,以便对图像进行适当的调整。

第1步 打开随书光盘中的"素材\ch05\5-22.jpg"图像,如下图所示。

第2步 选择【窗口】→【直方图】命令,打开【直方图】面板,如下图所示。直方图提供了许多选项,用于查看有关图像的色调和颜色信息。默认情况下,直方图显示整个图像的色调范围。

第3步 单击【直方图】面板右上侧的下三角按钮,可从下图所示的面板菜单中选择其中的视图。

第4步 选择【紧凑视图】选项,可显示不带控件或统计的直方图,该直方图代表整个图像。

第5步 选择【扩展视图】选项可查看带有统计和访问控件的直方图,以便选择由直方图表示的通道。查看【直方图】面板中的选项,刷新直方图以显示未高速缓存的数据,以及在多图层文档中选择特定图层,如下图所示。

有关像素亮度值的统计信息出现在【直方图】面板中直方图的下方。【直方图】面板必须位于【扩展视图】或【全部通道视图】中,而且必须从【面板】菜单中选择【显示统计数据】选项。

统计信息包括以下几项。

（1）平均值：表示平均亮度值。

（2）标准偏差：表示亮度值的变化范围。

（3）中间值：显示亮度值范围内的中间值。

（4）像素：表示用于计算直方图的像素总数。

（5）色阶：显示指针下面的区域的亮度级别。

（6）数量：表示相当于鼠标指针下面亮度级别的像素总数。

（7）百分位：显示鼠标指针所指的级别或该级别以下的像素累计数。该值表示图像中所有像素的百分数，从最左侧的 0% 到最右侧的 100%。

（8）高速缓存级别：显示鼠标指针下面的区域的亮度级别。

选择【全部通道视图】选项时，除了显示【扩展视图】中的所有选项以外，还显示通道的单个直方图，如下图所示。单个直方图不包括 Alpha 通道、专色通道或蒙版。

通过查看直方图可以清楚地知道图像所存在的颜色问题。

直方图由左到右标明图像色调由暗到亮的变化情况。

低色调图像(偏暗)的细节集中在暗调处，如下图所示。

高色调图像(偏亮)的细节集中在高光处，如下图所示。

平均色调图像（偏灰）的细节则集中在中间调处，如下图所示。

全色调范围的图像在所有的区域中都有大量的像素。识别色调范围有助于确定相应的色调校正方法。

为照片制作泛白 lomo 风格

本实例来学习如何快速为照片制作泛白 lomo 风格效果。

1. 打开文件

第1步 选择【文件】→【打开】命令。

第2步 打开随书光盘中的"素材\ch05\22.jpg"图像，如下图所示。

2. 调整照片颜色

第1步 选择【图像】→【调整】→【色彩平衡】命令。

第2步 在【色彩平衡】对话框中设置【色阶】为"-70，-12，-18"，如下图所示。

第3步 单击【确定】按钮，效果如下图所示。

3. 调整照片整体色调

第1步 新建一个新的透明图层，如下图所示。

第2步 选择【渐变工具】→【径向渐变】选项，单击【点按可编辑渐变】按钮，选择前景到透明，颜色设为白色。图片中人像的一条渐变线是编辑选择渐变的范围，可以按需要适当调整，如下图所示。

第3步 改变图层不透明度，自己可以根据效果调整不透明度。此图片不透明度为"70%"，如下图所示。

第4步 完成图像调整后的效果如下图所示。

第 5 章
图像的调整

◇ 为旧照片着色

当打开很早的照片时，发现照片已经失去原来的色彩，这时可以使用 Photoshop CS6 强大的图像色彩调整功能来为照片着色。

具体的操作步骤如下。

第1步 选择【文件】→【打开】命令。

第2步 打开随书光盘中的"素材\ch05\5-23.jpg"图像，如下图所示。

第3步 选择【图像】→【调整】→【色阶】命令，如下图所示。

第4步 打开【色阶】对话框。在该对话框中可通过调整【输入色阶】和【输出色阶】来控制图像的明暗对比，调整时用鼠标拖动对话框下方的三角形滑杆或者在参数栏中直接输入数值即可，如把输入色阶调整为"38、0.7、248"；输出色阶则保持不变，这样就可以加大色彩的明暗对比度，使图像得到曝光过度的效果，如下图所示。

第5步 选择【图像】→【调整】→【色相/饱和度】命令，打开【色相/饱和度】对话框，在其中选中【着色】复选框，这样可以将图像变为单一色相调整，以便给图像着色，如下图所示。

◇ 唯美人像色彩调色技巧

一般而言，服装的色彩要有主色，与主色配合2~3种色彩就可以达到理想效果，太过烦琐复杂的色彩会干扰欣赏者的观赏体验，造成混乱的视觉感受。

在人像摄影中有一些需要规避的色彩。所说的规避，并不是绝对的禁区。唯美人像摄影有多种多样的风格，这里所说的规避只是就一般情况而言，配合不同的主题与风格。看似禁忌色彩的服装，同样可以拍出精彩的作品。同时，这里所说的色彩，是指在服装上占到绝对主体的大面积色彩。例如，黑色可以表达硬朗、肃穆、紧张、酷的感觉。但就整体而言，在自然场景的拍摄中，黑色是相当沉寂的颜色，需要环境中有很鲜艳的色彩进行搭配和衬托，如红色、金色，才能显示出沉稳、高雅、奢华的效果。这样的色彩环境难以寻找，局限性非常大。在色彩稍显昏暗单调的环境下，黑色会极大地降低画面的影调效果，表现出枯燥、暗淡、无生气的效果。同时，黑色在影像的后期处理中，几乎是没有调节余地的色彩，也极大地限制了后期的调整空间。紫色是尊贵的颜色，搭配黑、白、灰、黄等色彩效果不错。但它是最难搭配的颜色，色彩靓丽的环境中，容易显得媚俗，非常不好把握。灰色具有柔和、高雅的意象，属于中间色调。在实际拍摄过程中，大面积灰色的服装容易产生沉闷、呆板、僵硬的感觉。如果是在色彩灰暗的场景中，更容易加重这一体验。

数码相机只是忠实地拍摄画面、尽量多地记录镜头信息，但它并不知道哪些是需要的，哪些是不需要的。这就需要在后期处理过程中，按照需求进行甄别，强化需要的，让隐藏的显现出来。

第 6 章
绘制与修饰图像

本章导读

在 Phtotoshop CS6 中，不仅可以直接绘制各种图形，还可以通过处理各种位图或矢量图来制作出各种图像效果。本章的内容比较简单易懂，读者可以按照实例步骤进行操作，也可以导入自己喜欢的图片进行编辑处理。

思维导图

6.1 照片润饰案例

不论专业的图像修饰人员、摄影师，还是各相关专业的师生，或是对 Photoshop CS6 有深厚的兴趣爱好者，都会从照片润饰案例中学到大量知识，大幅度地提高图像修饰、修复技能。

实例名称：照片润饰案例	
实例目的：提高图像修饰、修复技能	
素材	素材 \ch06\6-1.jpg、6-2.jpg 等
结果	结果 \ch06\ 删除照片中无用的文字 .jpg 等
录像	视频教学录像 \06 第 6 章

6.1.1 案例概述

本章案例主要讲解人像修片的一些常规实用技巧和方法，对于刚刚接触修片的读者来说非常实用。案例前面将讲述相关理论知识，解决读者心中"为什么要修？""怎么修？"的疑惑，而不是拿着一张片子，除了觉得不好看之外，不知如何下手。内容组织独具匠心，每个章节的前面小节介绍理论，后面则把重点放在具体的方法和技巧上，并针对每个问题详细地列出所有处理步骤和具体的设置。读者在学习完成之后，就可以了解怎样修饰人像，其中包括对眼睛、皮肤、嘴唇和嘴巴等的修饰，以及调整身形、流行色调处理等方面的技巧与方法，了解专业人士所采用的人像修饰技巧。

6.1.2 设计思路

无论做什么事都会有前后顺序，也就是流程，对于人像照片的修饰来讲也不例外，也是分前后顺序，也是有流程存在的。当然，整个流程下来顺序不一定是固定的，有一些操作步骤还是可以前后颠倒的。但是整个流程中一些必需的步骤不能颠倒顺序，也不能随意取消，其实每一个步骤都起着很重要的作用，都不可忽视。每一个步骤都有相关的知识点与操作命令，了解流程前提需要打好基础。

6.1.3 涉及知识点与命令

1. 修饰人物照片瑕疵

案例主要针对人像照片中的一些瑕疵处进行修饰，如下图所示，主要使用了修复工具和图章工具等。通过实例的学习来巩固理论知识，适合初学者学习，并掌握一定的技巧知识。

第6章
绘制与修饰图像

2. 人像磨皮处理

案例主要通过对人物皮肤的美白和柔化处理，使初学者能够了解影响人像皮肤效果的一些关键因素，通过实际的案例去掌握这些因素带来的不同效果，从而掌握人物皮肤处理的技巧和方法，让读者真正做到学以致用，如下图所示。

3. 刻画人像五官

案例主要通过软件中的各种修饰工具来刻画人像五官，使五官更加的立体突出，并更加协调美观；在修饰之前初学者需要了解一些五官的结构知识，这样能够更好地掌握好修饰的分寸，达到更好的效果，如下图所示。

4. 塑造人体曲线

案例主要通过变形工具、液化滤镜和图章工具等来对人体曲线进行塑造，既可以达到人物减肥的效果，也可以对人物进行塑形。在塑造之前初学者需要了解一些人物形体比例的知识，可以更好地帮助学习，如下图所示。

· 139 ·

5. 使用仿制图章

案例主要针对仿制图章的使用手法和技巧进行细致的讲解，力求让读者通过本案例的学习，真正掌握仿制图章的精髓，如下图所示。

6.2 绘画工具

掌握画笔的使用方法，不仅可以绘制出美丽的图画，还可以为其他工具的使用打下基础。

6.2.1 使用【画笔工具】柔化皮肤

画笔工具是工具中较为重要且复杂的一款工具，运用非常广泛，手绘爱好者可以用来绘画，在日常中用户可以下载一些笔刷来装饰画面等。在 Photoshop CS6 工具箱中单击【画笔工具】按钮 ✎ 或按【Shift+B】组合键选择画笔工具，使用【画笔工具】可以绘制出边缘柔软的效果，画笔的颜色为工具箱中的前景色。

在 Phtotoshop CS6 中使用【画笔工具】，配合图层蒙版，可以对人物的脸部皮肤进行柔化处理，具体操作步骤如下。

第1步 选择【文件】→【打开】命令，打开随书光盘中的"素材\ch06\6-1.jpg"图像，如下图所示。

第2步 复制背景图层的副本。对【背景 拷贝】图层进行高斯模糊。选择【滤镜】→【模糊】→【高斯模糊】命令，打开【高斯模糊】对话框，设置【半径】为"8"像素的模糊，如下图所示。

第3步 按住【Alt】键单击【图层】调板中的【添加图层蒙版】按钮，可以向图层添加一个黑色蒙版，并将显示下面图层的所有像素，如下图所示。

第4步 选择【背景 拷贝】图层蒙版图标，然后选择【画笔工具】。选择柔和边缘笔尖，从而不会留下破坏已柔化图像的锐利边缘，如下图所示。

第5步 在模特面部的皮肤区域绘制白色，但不要在想要保留细节的区域（如模特的颜色、嘴唇、鼻孔和牙齿）绘制颜色。如果不小心在不需要蒙版的区域填充了颜色，可以将前景色切换为黑色，绘制该区域以显示下面图层的锐利边缘。在工作流程的阶段，图像是不可信的，因为皮肤没有显示可见的纹理，如下图所示。

第6步 在【图层】调板中，将【背景 拷贝】图层的【不透明度】值设置为"80%"，如下图所示。

第7步 此步骤将纹理添加到皮肤，但保留了柔化，如下图所示。

第7步 最后合并图层，使用【曲线】命令调整图像的整体亮度和对比度即可，如下图所示。

【画笔工具】是直接使用鼠标进行绘画的工具。绘画原理和现实中的画笔相似。

选择【画笔工具】，其属性栏如下图所示。

> **提示**
>
> 在使用【画笔工具】过程中，按住【Shift】键可以绘制水平、垂直或者以45°为增量角的直线；如果在确定起点后，按住【Shift】键单击画布中任意一点，则两点之间以直线相连接。

1. 更改画笔的颜色

通过设置前景色和背景色可以更改画笔的颜色。

2. 更改画笔的大小

在画笔属性栏中单击画笔后面的下三角按钮，会弹出【画笔预设】选取器，如下图所示。在【大小】文本框中可以输入 1~2500 像素的数值，或者通过直接拖曳滑块来更改画笔直径。也可以通过快捷键更改画笔的大小，即按【[】键缩小，按【]】键放大。

3. 更改画笔的硬度

可以在【画笔预设】选取器中的【硬度】文本框中输入 0%~100% 的数值，或者直接拖曳滑块更改画笔硬度。硬度为 0% 的效果和硬度为 100% 的效果分别如下图所示。

4. 更改笔尖样式

在【画笔预设】选取器中可以选择不同的笔尖样式，如下图所示。

5. 设置画笔的混合模式

在画笔的属性栏中通过【模式】选项可以选择绘画时的混合模式（关于混合模式将在第 11 章中详细讲解）。

6. 设置画笔的不透明度

在画笔的属性栏中的【不透明度】参数框中可以输入 1%~100% 的数值来设置画笔的不透明度。不透明度为 20% 时的效果和不透明度为 100% 时的效果分别如下图所示。

7. 设置画笔的流量

流量控制画笔在绘画中涂抹颜色的速度。在【流量】参数框中可以输入 1%~100% 的数值来设定画笔的流量。流量为 20% 时的效果和流量为 100% 时的效果分别如下图所示。

8. 启用喷枪功能

喷枪功能是用来制造喷枪效果的。在画笔属性栏中单击图标 ，图标为反白时表示启动，图标为灰色时则表示取消该功能。

6.2.2 使用【历史记录画笔工具】恢复色彩

Photoshop CS6 中的【历史记录画笔工具】，其主要作用是将部分图像恢复到某一历史状态，可以形成特殊的图像效果。

【历史记录画笔工具】必须与【历史记录面板】配合使用，它用于恢复操作，但不是将整个图像都恢复到以前的状态，而是对图像的部分区域进行恢复，因而可以对图像进行更加细微的控制。

下面通过制作局部为彩色的图像来学习【历史记录画笔工具】的使用方法。

第1步 打开随书光盘中的"素材 \ch06\6-2.jpg"文件，如下图所示。

第2步 选择【图像】→【调整】→【黑白】命令，在弹出的【黑白】对话框中单击【确定】按钮，将图像调整为黑白颜色，如下图所示。

第3步 选择【窗口】→【历史记录】命令，在弹出的【历史记录】面板中选择【黑白】选项，以设置【历史记录画笔的源】图标 所在位置，将其作为历史记录画笔的源图像，如下图所示。

第4步 选择【历史记录画笔工具】 ，在属性栏中设置画笔大小为"21"，模式为"正常"，不透明度为"100%"，流量为"100%"，如下图所示。

> **提示**
>
> 在绘制的过程中可根据需要调整画笔的大小。

第5步 在图像的红色礼盒部分进行涂抹以恢复色彩，如下图所示。

6.2.3 使用【历史记录艺术画笔工具】制作粉笔画

【历史记录艺术画笔工具】也可以将指定的历史记录状态或快照用作源数据。但是，历史记录画笔是通过重新创建指定的源数据来绘画的，而历史记录艺术画笔在使用这些数据的同时，还可以应用不同的颜色和艺术风格。

下面通过使用【历史记录艺术画笔工具】将图像处理成特殊效果。

第1步 打开随书光盘中的"素材\ch06\6-3.jpg"文件，如下图所示。

第2步 在【图层】面板的下方单击【创建新图层】按钮，新建"图层1"图层，如下图所示。

第3步 双击工具箱中的【设置前景色】按钮，在弹出的【拾色器（前景色）】对话框中设置颜色为灰色（C：0，M：0，Y：0，K：10），然后单击【确定】按钮，如下图所示。

第4步 按住【Alt+Delete】组合键，为"图层1"图层填充前景色，如下图所示。

第5步 选择【历史记录艺术画笔工具】，在属性栏中设置参数，如下图所示。

第6步 选择【窗口】→【历史记录】命令，在弹出的【历史记录】面板中的【打开】步骤前单击，指定图像被恢复的位置，如下图所示。

第7步 将鼠标指针移至画布中单击并拖动鼠标进行图像的恢复，创建类似粉笔画的效果，效果如下图所示。

6.3 图像的修复

用户可以通过 Phtotoshop CS6 所提供的命令和工具对不完美的图像进行修复，使之符合工作的要求或审美情趣。这些工具包括图章工具、修补工具和修复画笔工具等。

6.3.1 变换图形

【自由变换】是功能强大的制作手段之一，熟练掌握它的用法会给工作带来很大的方便。对于大小和形状不符合要求的图片和图像，可以使用【自由变换】命令对其进行调整。选择要变换的图层或选区，执行【编辑】→【自由变换】命令，或使用【Ctrl+T】组合键，图形的周围会出现具有 8 个定界点的定界框，用鼠标拖曳定界点即可变换图形，如下图所示。在自由变换状态下可以完成对图形的缩放、旋转、扭曲、斜切和透视等操作。

选择【编辑】→【自由变换】命令或使用【Ctrl+T】组合键后，在属性栏中将出现如下图所示的属性。

（1）【参考点位置】按钮：所有变换都围绕一个称为参考点的固定点执行。默认情况下，这个点位于正在变换的项目的中心。此按钮中有 9 个小方块，单击任一方块即可更改对应的参考点。

（2）【X】（水平位置）和【Y】（垂直位置）参数框：输入参考点的新位置的值，也可以更改参考点。

（3）【相关定位】按钮：单击此按钮可以相对于当前位置指定新位置；【W】【H】参数框中的数值分别表示水平和垂直缩放比例，在参数框中可以输入 0% ~ 100% 的数值进行精确的缩放。

（4）【链接】按钮：单击此按钮可以保持在变换时图像的长宽比不变。

（5）【旋转】按钮：在此参数框中可以指定旋转角度。【H】【V】参数框中的数值分别表示水平斜切和垂直斜切的角度。

在属性栏中还包含以下3个按钮：表示在自由变换和变形模式之间切换；表示应用变换；表示取消变换，按【Esc】键也可以取消变换。

> **提示**
>
> 在Photoshop CS6中【Shift】键是一个锁定键，它可以锁定水平、垂直、等比例和15°等。

可以利用关联菜单实现变换效果。在自由变换状态下的图像中右击，弹出的菜单称为关联菜单。在该菜单中可以完成自由变换、缩放、旋转、斜切、扭曲、透视、变形、旋转180°、顺时针旋转90°、逆时针旋转90°、水平翻转和垂直翻转等操作，如下图所示。

6.3.2 使用【仿制图章工具】复制图像

【仿制图章工具】可以将一幅图像的选定点作为取样点，将该取样点周围的图像复制到同一图像或另一幅图像中。仿制图章工具也是专门的修图工具，可以用来消除人物脸部斑点、背景部分不相干的杂物、填补图片空缺等。使用方法为：选择这款工具，在需要取样的地方按住【Alt】键取样，然后在需要修复的地方涂抹就可以快速消除污点，同时也可以在属性栏调节笔触的混合模式、大小、流量等，以便更为精确地修复污点。

下面通过复制图像来学习【仿制图章工具】的使用方法。

第1步 打开随书光盘中的"素材\ch06\6-4.jpg"文件，如下图所示。

第2步 选择【仿制图章工具】，把鼠标指针移动到想要复制的图像上，按住【Alt】键，

这时鼠标指针会变为形状，此时单击即可把鼠标指针落点处的像素定义为取样点，如下图所示。

第3步 在要复制的位置单击或拖曳鼠标即可，如下图所示。

第6章
绘制与修饰图像

第4步 多次取样多次复制，直至画面饱满，

如下图所示。

6.3.3 使用【图案图章工具】制作特效背景

【图案图章工具】类似图案填充效果，使用工具之前需要定义好图案，然后适当设置好 Photoshop CS6 属性栏的相关参数，如笔触大小、不透明度、流量等，再在画布上涂抹就可以设计出想要的图案效果，绘制出的图案会重复排列。

下面通过绘制图像来学习【图案图章工具】的使用方法。

第1步 打开随书光盘中的"素材\ch06\6-5.psd"文件，如下图所示。

> **提示**
>
> 如果读者没有"嵌套方块"图案，可以单击面板右侧的按钮，在弹出的菜单中选择【图案】选项进行加载。

第3步 在需要填充图案的位置单击或拖曳鼠标，最终效果如下图所示。

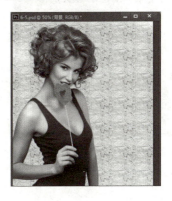

第2步 选择【图案图章工具】，并在属性栏中单击【点按可打开"图案"拾色器】按钮，在弹出的菜单中选择【白色木质纤维纸】图案，如下图所示。

· 147 ·

6.3.4 使用【修复画笔工具】去除皱纹

【修复画笔工具】的工作方式与【污点修复画笔工具】类似，不同的是【修复画笔工具】必须从图像中取样，并在修复的同时将样本像素的纹理、光照、透明度和阴影与源像素进行匹配，从而使修复后的像素不留痕迹地融入图像的其他部分。

【修复画笔工具】可用于消除并修复瑕疵，使图像完好如初。与【仿制图章工具】一样，使用【修复画笔工具】可以利用图像或图案中的样本像素来绘画。但是【修复画笔工具】可将样本像素的纹理、光照、透明度和阴影等与源像素进行匹配，从而使修复后的像素不留痕迹地融入图像的其他部分。

1. 【修复画笔工具】相关参数设置

【修复画笔工具】的属性栏中包括【画笔】设置项、【模式】下拉列表框、【源】选项区和【对齐】复选框等，如下图所示。

【修复画笔工具】的属性栏各选项功能如下。

（1）【画笔】设置项：在该选项的下拉列表中可以选择画笔样本。

（2）【模式】下拉列表框：其中的选项包括【替换】【正常】【正片叠底】【滤色】【变暗】【变亮】【颜色】和【亮度】等。

（3）【源】选项区：在其中可以选中【取样】或者【图案】单选按钮。按下【Alt】键定义取样点，然后才能使用【源】选项区。选中【图案】单选按钮后要先选择一个具体的图案，然后使用才会有效果。

（4）【对齐】复选框：选中该复选框会对像素进行连续取样，在修复过程中，取样点随修复位置的移动而变化。取消选中该复选框，则在修复过程中始终以一个取样点为起始点。

2. 使用【修复画笔工具】修复照片

第1步 选择【文件】→【打开】命令，打开随书光盘中的"素材\ch06\6-6.jpg"图像，如下图所示。

第2步 创建背景图层的副本，如下图所示。

第3步 选择【修复画笔工具】。选中【选项】栏中的【对所有图层取样】复选框，并确保画笔略宽于要去除的皱纹，而且该画笔足够柔和，能与未润色的边界混合，如下图所示。

第 6 章
绘制与修饰图像

第4步 按【Alt】键并单击皮肤中与要修复的区域具有类似色调和纹理的干净区域。选择无瑕疵的区域作为目标；否则，【修复画笔工具】不可避免地将瑕疵应用到目标区域，如下图所示。

除所有明显的皱纹。是否要在修复来源中重新取样，取决于需要修复的瑕疵数量，最终效果如下图所示。

| 提示 |

在本例中，对任务面颊中的无瑕疵区域取样。

第5步 在要修复的皱纹上拖动鼠标。确保覆盖全部皱纹，包括皱纹周围的所有阴影，覆盖范围要略大于皱纹。继续这样操作直到去

| 提示 |

如果无法在皮肤上找到作为修复来源的无瑕疵区域，可以打开具有干净皮肤的人物照。其中包含与要润色图像中的人物具有相似色调和纹理的皮肤。将第二个图像作为新图层复制到要润色的图像中。解除背景图层的锁定，将其拖动至新图层的上方。确保【修复画笔工具】设置为"对所有图层取样"。按【Alt】键并单击新图层中干净皮肤的区域，使用【修复画笔工具】去除对象的皱纹。

6.3.5 使用【污点修复画笔工具】去除雀斑

【污点修复画笔工具】 自动将需要修复区域的纹理、光照、透明度和阴影等元素与图像自身进行匹配，快速修复污点。

快速移去图像中的污点，【污点修复画笔工具】取样图像中某一点的图像，将该点的图像修复到当前要修复的位置，并将取样像素的纹理、光照、透明度和阴影与所修复的像素相匹配，从而达到自然的修复效果。

第1步 打开随书光盘中的"素材\ch06\6-7.jpg"文件，如下图所示。

第2步 选择【污点修复画笔工具】，在属性栏中设定各项参数保持不变（画笔大小可根据需要进行调整），如下图所示。

第3步　将鼠标指针移动到污点上，单击鼠标即可修复斑点，如下图所示。

第4步　修复其他斑点区域，直至图片修饰完毕，最终效果如下图所示。

6.3.6 使用【修补工具】去除照片瑕疵

使用 Photoshop CS6 修补工具可以用其他区域或图案中的像素来修复选中的区域。修补工具是较为精确的修复工具。使用方法为：选择这款工具，把需要修复的部分圈选起来，这样就得到一个选区，把鼠标指针放置在选区上面后，按住鼠标左键拖动就可以修复。同时在 Photoshop CS6 属性栏上，可以设置相关的属性，也可以同时选取多个选区进行修复，极大地方便了用户的操作。

第1步　打开随书光盘中的"素材\ch06\6-8.jpg"文件，如下图所示。

第2步　选择【修补工具】，在属性栏中设置【修补】为"源"，如下图所示。

第3步　在需要修复的位置绘制一个选区，将鼠标指针移动到选区内，再向周围没有瑕疵的区域拖曳来修复瑕疵，如下图所示。

第4步　修复其他瑕疵区域，直至图片修饰完毕，效果如下图所示。

6.3.7 使用【消失点】滤镜复制图像

通过使用【消失点】可以在图像中指定透视平面，然后应用到绘画、仿制、复制或粘贴等编辑操作中。使用【消失点】修饰、添加或去除图像中的内容时，效果会更加逼真。Photoshop CS6 可以正确确定这些编辑操作的方向，并将它缩放到透视平面。下面通过复制图像来学习【消失点】滤镜的使用方法。

第1步 打开随书光盘中的"素材 \ch06\6-9.jpg"文件，如下图所示。

第2步 选择【滤镜】→【消失点】命令，弹出【消失点】对话框，如下图所示。

第3步 单击【创建平面工具】按钮，在文件夹上创建透视网格，如下图所示。

第4步 单击【图章工具】按钮，按住【Alt】键复制书本，再在空白处单击即可复制图像，如下图所示。

第5步 复制完毕后单击【确定】按钮。

6.3.8 消除照片上的红眼

【红眼工具】是专门用来消除人物眼睛因灯光或闪光灯照射后瞳孔产生的红点、白点等反射光点的工具。

> **提示**
> 红眼是由照相机闪光灯在主体视网膜上反光引起的。在光线暗淡的条件下照相时，主体的虹膜张开得很宽，会更加明显地出现红眼现象。因此在照相时，最好使用照相机的红眼消除功能，或者使用远离照相机镜头位置的独立闪光装置。

1. 【红眼工具】相关参数设置

选择【红眼工具】后的属性栏如下图所示。

（1）【瞳孔大小】设置框：设置瞳孔（眼睛暗色的中心）的大小。

（2）【变暗量】设置框：设置瞳孔的暗度。

2. 修复一张有红眼的照片

第1步　打开随书光盘中的"素材 \ch06\6-10.jpg"文件，如下图所示。

第2步　选择【红眼工具】，设置其参数，如下图所示。

第3步　单击照片中的红眼区域可得到如下图所示的效果。

6.3.9 使用【模糊工具】制作景深效果

【模糊工具】一般用于柔化图像边缘或减少图像中的细节，使用模糊工具涂抹的区域，图像会变模糊。从而使图像的主体部分变得更清晰。模糊工具主要通过柔化图像中的突出色彩和僵硬边界，从而使图像的色彩过渡平滑，产生模糊图像效果。使用方法为：先选择这款工具，然后在属性栏设置相关属性，主要是设置笔触大小及强度大小，然后在需要模糊的部分涂抹即可，涂抹越久，涂抹后的效果越模糊。

1. 【模糊工具】相关参数设置

选择【模糊工具】后的属性栏如下图所示。

（1）【画笔】设置项：用于选择画笔的大小、硬度和形状。

（2）【模式】下拉列表：用于选择色彩的混合方式。

（3）【强度】设置框：用于设置画笔的强度。

（4）【对所有图层取样】复选框：选中此复选框，可以使模糊工具作用于所有图层的可见部分。

2. 使用【模糊工具】模糊背景

第1步　打开随书光盘中的"素材 \ch06\6-11.jpg"文件，如下图所示。

第2步 选择【模糊工具】，设置【模式】为"正常"，【强度】为"100%"，如下图所示。

第3步 按住鼠标左键，在需要模糊的背景上拖曳鼠标即可，效果如下图所示。

6.3.10 实现图像的清晰化效果

【锐化工具】的作用与模糊工具相反，通过锐化图像边缘来增加清晰度，使模糊的图像边缘变得清晰。锐化工具用于增加图像边缘的对比度，以达到增强外观上的锐化程度的效果。简单来说，就是使用锐化工具能够使 Photoshop CS6 图像看起来更加清晰，清晰的程度同样与在工具选项栏中设置的强度有关。

下面通过将模糊图像变为清晰图像来学习【锐化工具】的使用方法。

第1步 打开随书光盘中的"素材\ch06\6-12.jpg"文件，如下图所示。

第2步 选择【锐化工具】，设置【模式】为"正常"，【强度】为"50%"，如下图所示。

第3步 按住鼠标左键，在人像的五官上进行拖曳即可，效果如下图所示。

6.3.11 使用【涂抹工具】制作火焰效果

使用【涂抹工具】可以模拟手指绘图在图像中产生流动的效果，被涂抹的颜色会沿着鼠标拖动的方向将颜色进行展开。这款工具的效果类似于用刷子在颜料没有干的油画上涂抹，会产生刷子划过的痕迹。涂抹的起始点颜色会随着涂抹工具的滑动而延伸。这款工具操作起来不难，不过运用非常广泛，可以用来修正物体的轮廓，制作火焰字的时候可以用来制作火苗，美容的时候还可以用来磨皮，再配合一些路径可以制作非常漂亮的彩带等。

1. 【涂抹工具】的参数设置

选择【涂抹工具】后的属性栏如下图所示。

选中【手指绘画】复选框后可以设定涂痕的色彩，就好像用蘸上色彩的手指在未干的油画上绘画一样。

2. 制造火焰效果

第1步 打开随书光盘中的"素材\ch06\6-13.jpg"文件，如下图所示。

第2步 选择【涂抹工具】，各项参数保持不变，可根据需要更改画笔的大小，如下图所示。

第3步 按住鼠标左键，在火焰边缘上进行拖曳即可，效果如下图所示。

6.3.12 加深、减淡图像区域

【减淡工具】可以快速增加图像中特定区域的亮度，表现出发亮的效果。这款工具可以把图像中需要变亮或增强质感的部分颜色加亮。通常情况下，可以选择中间调范围，曝光度较低数值进行操作。这样涂亮的部分过渡会较为自然。

【加深工具】跟【减淡工具】刚好相反，通过降低图像的曝光度来降低图像的亮度。这款工具主要用来增加图片的暗部，加深图片的颜色。可以用来修复一些曝光过度的图片、制作图片的暗角、加深局部颜色等。这款工具与【减淡工具】搭配使用效果会更好。

选择【加深工具】后的属性栏如下图所示。

1. 【减淡工具】和【加深工具】的参数设置

（1）【范围】下拉列表框中有以下选项。

【暗调】：选择此选项后只作用于图像的暗调区域。

【中间调】：选择此选项后只作用于图像的中间调区域。

【高光】：选择此选项后只作用于图像的高光区域。

（2）【曝光度】设置框：用于设置图像的曝光强度。

建议使用时先把【曝光度】的值设置得小一些，一般情况选择15%比较合适。

2. 对图像的中间调进行处理从而突出背景

第1步 打开随书光盘中的"素材\ch06\6-14.jpg"文件，如下图所示。

第 6 章
绘制与修饰图像

第2步 选择【减淡工具】 ，保持各项参数不变，可根据需要更改画笔的大小，如下图所示。

第3步 按住鼠标左键在背景上进行涂抹，效果如下图所示。

第4步 同理，使用【加深工具】 来涂抹人物，效果如下图所示。

> **提示**
>
> 在使用【减淡工具】时，如果同时按下【Alt】键可暂时切换为【加深工具】。同样，在使用【加深工具】时，如果同时按下【Alt】键则可暂时切换为【减淡工具】。

6.3.13 使用【海绵工具】制作艺术效果

【海绵工具】用于增加或降低图像的饱和度，类似于海绵吸水的效果，从而为图像增加或减少光泽感。当图像为灰度模式时，该工具通过使灰阶远离或靠近中间灰色来增加或降低对比度。在修改颜色的时候经常用到。如果图像局部的色彩浓度过大，可以使用降低饱和度模式来减少颜色。同理，图像局部颜色过淡的时候，可以使用增加饱和度模式来增加颜色。这款工具只会改变颜色，不会对图像造成任何损害。

选择【海绵工具】后的属性栏如下图所示。

1.【海绵工具】的参数设置

在【模式】下拉列表中可以选择【降低饱和度】选项以降低色彩饱和度，选择【饱和度】选项以提高色彩饱和度。

2. 使用【海绵工具】制作艺术效果

第1步 打开随书光盘中的"素材\ch06\6-15.jpg"文件，如下图所示。

第2步 选择【海绵工具】 ，设置【模式】为【加色】，其他参数保持不变，可根据需要更改画笔的大小，如下图所示。

第3步 按住鼠标左键在图像上进行涂抹，效果如下图所示。

第4步 在属性栏的【模式】下拉列表中选择【去色】选项，再涂抹背景，效果如下图所示。

6.4 擦除图像

使用【橡皮擦工具】在图像中涂抹，如果图像为背景图层，则涂抹后的色彩默认为背景色；其下方有图层则显示下方图层的图像。选择工具箱中的【橡皮擦工具】后，在其工具选项栏中可以设置笔刷的大小和硬度，硬度越大，绘制出的笔迹边缘越锋利。

例如，擦除人物图片的背景，没有新建图层的时候，擦除的部分默认是背景颜色或透明的。同时可以在属性栏设置相关的参数，如模式、不透明度、流量等，更好地控制擦除效果。【橡皮擦工具】与Photoshop CS6 画笔工具类似，还可以配合蒙版来使用。

6.4.1 制作图案叠加的效果

使用【橡皮擦工具】，可以通过拖动鼠标来擦除图像中的指定区域。

1. 【橡皮擦工具】的参数设置

选择【橡皮擦工具】后的属性栏如下图所示。

【画笔】设置项：对橡皮擦的笔尖形状和大小进行设置，与【画笔工具】的设置相同，这里不再赘述。

【模式】下拉列表：其中包括【画笔】【铅笔】和【块】3种选项。

2. 制作一张图案叠加的效果

第1步 打开随书光盘中的"素材\ch06\6-16.jpg"和"素材\ch06\6-17.jpg"文件，如下图所示。

第6章 绘制与修饰图像

第2步 选择【移动工具】，将"素材6-17.jpg"拖曳到"素材6-16.jpg"中，并调整其大小和位置，如下图所示。

第4步 按住鼠标左键在所需要的位置进行涂抹，涂抹后的效果如下图所示。

第5步 设置图层的【不透明度】为"80%"，如下图所示。

第3步 选择【橡皮擦工具】，保持各项参数不变，设置画笔的硬度为0，画笔的大小可根据涂抹的需要进行更改，如下图所示。

6.4.2 擦除背景颜色

【背景橡皮擦工具】是一种可以擦除指定颜色的擦除器，这个指定颜色称为标本色，表现为背景色。【背景橡皮擦工具】只擦除了白色区域。其擦除的功能非常灵活，在一些情况下可以达到事半功倍的效果。

选择【背景橡皮擦工具】后的属性栏如下图所示。

（1）【画笔】设置项：用于选择画笔形状。

（2）【限制】下拉列表：用于选择【背景橡皮擦工具】的擦除界限，包括以下3个选项。

①【不连续】：在选定的色彩范围内可以多次重复擦除。

②【连续】：在选定的标本色内不间断地擦除。

③【查找边界】：在擦除时保持边界的锐度。

（3）【容差】设置框：可以输入数值或者拖曳滑块进行调节。数值越低，擦除的范围越接近标本色。大的容差值会把其他颜色擦成半透明的效果。

（4）【保护前景色】复选框：用于保护前景色，使之不会被擦除。

（5）【取样】设置：用于选取标本色方式的选择设置，有以下3种。

①【连续】：单击此按钮，擦除时会自动选择所擦的颜色为标本色。此选项用于抹去不同颜色的相邻范围。在擦除一种颜色时，【背景橡皮擦工具】不能超过这种颜色与其他颜色的边界而完全进入另一种颜色，因为这时已不再满足相邻范围这个条件。当【背景橡皮擦工具】完全进入另一种颜色时，标本色即随之变为当前颜色，也就是说当前所在颜色的相邻范围为可擦除的范围。

②【一次】：单击此按钮，擦除时首先在要擦除的颜色上单击以选定标本色，这时标本色已固定，然后就可以在图像上擦除与标本色相同的颜色范围。每次单击选定标本色只能做一次不间断的擦除，如果要继续擦除则必须重新单击选定标本色。

③【背景色板】：单击此按钮即选定好背景色，即标本色，然后就可以擦除与背景色相同的色彩范围。

在 Photoshop CS6 中是不支持背景层有透明部分的，而【背景橡皮擦工具】则可以直接在背景层上擦除，因此，擦除后 Photoshop CS6 会自动把背景层转换为一般层。

6.4.3 使用【魔术橡皮擦工具】擦除背景

【魔术橡皮擦工具】类似【魔棒工具】，不同的是【魔棒工具】是用来选取图片中颜色近似的色块。【魔术橡皮擦工具】则是擦除色块。这款工具使用起来非常简单，只需要在 Photoshop CS6 属性栏设置相关的容差值，然后在相应的色块上单击即可擦除。

1. 【魔术橡皮擦工具】的参数设置

选择【魔术橡皮擦工具】后的属性栏如下图所示。

（1）【容差】文本框：输入容差值以定义可抹除的颜色范围。低容差会抹除颜色值范围内与所选像素非常相似的像素，高容差会抹除范围更广的像素。【魔术橡皮擦工具】与【魔棒工具】选取原理类似，可以通过设置容差的大小确定擦除范围的大小，容差越大，擦除范围越大；容差越小，擦除范围越小。

（2）【消除锯齿】复选框：选中【消除锯齿】复选框可使擦除区域的边缘平滑。

（3）【连续】复选框：选中该复选框，可以只擦除相邻的图像区域；未选中该复选框时，可将不相邻的区域擦除。

（4）【对所有图层取样】复选框：选中【对所有图层取样】复选框，以便利用所有可见 Photoshop CS6 图层中的组合数据来采集擦除色样。

（5）【不透明度】参数框：指定不透明度以定义擦除强度。100% 的不透明度将完全擦除像素。较低的不透明度将部分擦除像素。

第 6 章
绘制与修饰图像

2. 使用【魔术橡皮擦工具】擦除背景

第1步 打开随书光盘中的"素材\ch06\6-18.jpg"文件，如下图所示。

第2步 选择【魔术橡皮擦工具】，设置【容差】值为"32"，【不透明度】为"100%"，如下图所示。

第3步 在紧贴人物的背景处单击，此时可以看到已经清除了相似的背景，如下图所示。

6.5 填充与描边

填充与描边在 Photoshop CS6 中是一个比较简单的操作，但是利用填充与描边可以为图像制作出美丽的边框、文字的衬底、填充一些特殊的颜色等，产生让人意想不到的图像处理效果。下面就来讲解使用 Photoshop CS6 中的【油漆桶工具】和【描边】命令为图像增添特殊效果。

6.5.1 油漆桶工具

【油漆桶工具】是一款填色工具。这款工具可以对选区、画布、色块等进行快速填色或填充图案。操作也较为简单，先选择这款工具，在相应的地方单击即可填充。如果要在色块上填色，需要设置好属性栏中的容差值。油漆桶工具可以根据像素颜色的近似程度来填充颜色，填充的颜色为前景色或连续图案（油漆桶工具不能作用于位图模式的图像）。

第1步 打开随书光盘中的"素材\ch06\6-19.jpg"文件，如下图所示。

第2步 选择【油漆桶工具】，在属性栏中设定各项参数，如下图所示。

第3步 在工具箱中选择【设置前景色】按钮，在弹出的【拾色器（前景色）】对话框中，设置颜色（C：0；M：0；Y：100；K：1），然后单击【确定】按钮，如下图所示。

第4步 把鼠标指针移到需要填充的位置上并单击，效果如下图所示。

第5步 同理设置颜色（C：0；M：40；Y：100；K：0），再设置颜色（C：0；M：100；Y：100；K：0），并分别填充其他部位，效果如下图所示。

6.5.2 【描边】命令

用户利用【编辑】菜单中的【描边】命令，可以为选区、图层和路径等勾画彩色边缘。与【图层样式】对话框中的描边样式相比，使用【描边】命令可以更加快速地创建更为灵活、柔和的边界，而描边图层样式只能作用于图层边缘。【描边】对话框如下图所示。

【描边】对话框中的各参数作用如下。

（1）【描边】设置区：用于设定描边的画笔宽度和边界颜色。

（2）【位置】设置区：用于指定描边位置是内部、居中还是居外。

（3）【混合】设置区：用于设置描边颜色的模式及不透明度，并可选择描边范围是否包括透明区域。

下面通过为图像添加边框的效果来学习【描边】命令的使用方法。

第1步 打开随书光盘中的"素材\ch06\6-20.jpg"文件，如下图所示。

第2步 使用【魔棒工具】，在图像中单击人物，选择人物外轮廓，如下图所示。

第6章
绘制与修饰图像

第3步 选择【编辑】→【描边】命令，在弹出的【描边】对话框中设置【宽度】为"10像素"，根据自己的喜好设置颜色，【位置】设置为"居外"，如下图所示。

第4步 单击【确定】按钮，然后按【Ctrl+D】组合键取消选区，效果如下图所示。

6.6 用自动命令处理图像

Photoshop CS6 中有一些可以自动处理照片的命令，通过这些命令可以合并全景照片、裁切照片、合并 HDR 照片等。

6.6.1 将多张照片拼接成全景图

拍摄照片时，有时无法将需要的景物完全纳入镜头中，这时就可以多次拍摄景物的各个部分，然后通过 Photoshop CS6 的【Photomerge】命令，将照片的各个部分合成一幅完整的照片。下面通过【Photomerge】命令来学习将多张照片拼接成全景图的使用方法。

第1步 打开随书光盘中的"素材 \ch06\ p1~p3.jpg"文件，如下图所示。

第2步　选择【文件】→【自动】→【Photomerge】命令，打开【Photomerge】对话框，在【版面】选项区域中选中【自动】单选按钮，然后单击【添加打开的文件】按钮，选中【混合图像】复选框，让 Photoshop CS6 自动调整图像曝光并拼接图像，如下图所示。

第3步　单击【确定】按钮，然后对图像进行裁切处理，使图像边缘整齐，最终效果如下图所示。

【Photomerge】对话框中主要参数含义如下。

（1）【自动】：Photoshop 分析源图像并应用【透视】、【圆柱】或【球面】版面，具体取决于哪一种版面能够生成更好的 Photomerge。

（2）【透视】：通过将源图像中的一个图像（默认情况下为中间的图像）指定为参考图像来创建一致的复合图像。然后变换其他图像（必要时，进行位置调整、伸展或斜切），以便匹配图层的重叠内容。

（3）【圆柱】：通过在展开的圆柱上显示各个图像来减少在【透视】版面中出现的【领结】扭曲。文件的重叠内容仍匹配，将参考图像居中放置，最适合创建全景图。

（4）【球面】：对齐并转换图像，使其映射球体内部。如果拍摄了一组环绕360°的图像，选中此单击按钮可创建 360° 全景图。也可以将【球面】与其他文件集搭配使用，以产生完美的全景效果。

（5）【拼贴】：对齐图层并匹配重叠内容，同时变换（旋转或缩放）任何源图层。

（6）【调整位置】：对齐图层并匹配重叠内容，但不会变换（伸展或斜切）任何源图层。

（7）【使用】下拉列表：有两个选项，一是【文件】选项，表示使用个别文件生成 Photomerge 合成图像；二是【文件夹】选项，表示使用存储在一个文件夹中的所有图像来创建 Photomerge 合成图像。

（8）【混合图像】：找出图像间的最佳边界并根据这些边界创建接缝，以使图像的颜色相匹配。取消选中【混合图像】复选框时，将执行简单的矩形混合，如果要手动修饰混合蒙版，此操作将更为可取。

（9）【晕影去除】：在由于镜头瑕疵或镜头遮光处理不当而导致边缘较暗的图像中，去除晕影并执行曝光度补偿。

（10）【几何扭曲校正】：补偿桶形、枕形或鱼眼失真。

6.6.2 将多张照片合并为 HDR 图像

Photoshop CS6 使用【合并到 HDR Pro】命令，可以将具有不同曝光度的同一景物的多幅图像合成在一起，并在随后生成的 HDR 图像中捕捉常见的动态范围。

使用【合并到 HDR Pro】命令，可以创建写实的或超现实的 HDR 图像。借助自动消除叠影以及对色调映射，可更好地调整控制图像，以获得更好的效果，甚至可使单次曝光的照片获得 HDR 图像的外观。

总体来说，HDR 效果主要有以下 3 个特点。

（1）亮的地方可以非常亮。
（2）暗的地方可以非常暗。
（3）亮暗部分的细节都很明显。

下面通过【合并到 HDR Pro】命令来学习将多张照片合并为 HDR 图像的使用方法。

第1步 打开随书光盘中的"素材\ch06\p4~p6.jpg"文件，如下图所示。

第2步 选择【文件】→【自动】→【合并到 HDR Pro】命令，打开【合并到 HDR Pro】对话框，然后单击【添加打开的文件】按钮，如下图所示。

第3步 单击【确定】按钮，让 Photoshop CS6 自动拼接图像，并且打开【手动设置曝光值】对话框，显示源图像，可以设置曝光参数，如下图所示。

第4步 单击【确定】按钮，打开【合并到 HDR Pro】对话框，设置相关参数后单击【确定】按钮，如下图所示。

第5步 最终效果如下图所示。

羽化、透视功能和图章工具的使用

1. 腿部瘦身

有的模特很美,但是有些细节有时还不够完美,如模特腿部显得很粗壮,修不好会有损画质。本例带来详细的美腿教程,还原高品质图像。制作前后效果如下图所示。

第1步 打开随书光盘中的"素材\ch06\腿部瘦身.jpg"文件,如下图所示。

功能,向上提拉大腿,以达到瘦腿的效果,所以在用套索工具圈选大腿时,不要圈到腿的外部曲线,如下图所示。

第2步 整体瘦腿,用"自由变换"的"变形"

第6章 绘制与修饰图像

第3步 在图像上右击,然后在弹出的快捷菜单中选择【羽化】命令,弹出【羽化选区】对话框,设置【羽化半径】为"1"像素,如下图所示。

第4步 按【Ctrl+J】组合键,复制图层,得到【背景 拷贝】图层,如下图所示。

第5步 按【Ctrl+T】组合键,选择【自由变换】命令,如下图所示。

第6步 在图像上右击,然后在弹出的快捷菜单中选择【透视】命令,按住鼠标左键向上推动曲线,如下图所示。

第7步 按下【Enter】键完成瘦腿。放大图片,观察是否有穿帮,如果有,则使用【橡皮图章工具】进行修复,如下图所示。

第8步 合并图层,执行滤镜液化,用【褶皱工具】在左大腿上单击,收缩大腿,如下图所示。

第9步 使用【向前变形工具】调整两条大腿的曲线,让大腿的线条更匀称,调整臀部线条,使线条更饱满,最终效果如下图所示。

2. 删除照片中的无用内容

本实例学习使用【橡皮擦工具】【修复画笔工具】和【放大工具】来去除照片中无用的内容,如下图所示。

第1步 打开随书光盘中的"素材 \ch06\6-21.jpg"图像,如下图所示。

第2步 选择【仿制图章工具】,然后按住【Alt】键单击复制图像的起点,在需要修饰的地方开始单击并拖曳鼠标,如下图所示。

第3步 继续修复其他部位的文字。根据位置适时调整画笔的大小,直至修复完毕,最终效果如下图所示。

> **提示**
>
> 在学习的时候,可灵活地综合运用各种修复工具,并适时地调整画笔的大小和笔尖的硬度,来完美地修复图像。

第 6 章
绘制与修饰图像

◇ **如何巧妙抠图**

抠图其实一点也不难,只要有足够的耐心和细心,掌握最基础的 Photoshop 知识,就能完美地抠出图片。当然,这是靠时间换来的,用户应当掌握更简便、快速、效果好的抠图方法。

抠图也就是传说中的"移花接木"术,是学习 Photoshop 的必修课,也是 Photoshop 最重要的功能之一。抠图方法有两大类:一是创建选区抠图;二是运用滤镜抠图。

◇ **无损缩放照片大小**

有时为了满足打印输出或存储的要求,需要适时地更改图片的像素大小,本实例主要使用【移动工具】和【图像大小】命令等更改图片的大小。

第1步 打开随书光盘中的"素材\ch06\无损缩放照片大小.jpg"图片,如下图所示。

第2步 选择【图像】→【图像大小】命令,弹出【图像大小】对话框,如下图所示。

第3步 在【图像大小】对话框中选中【重定图像像素】复选框,设置插补方法为【两次立方(较平滑)(扩大)】。设置文档大小的单位为【百分比】,设置【宽度】为"110",【高度】为"110",即只把图像增大 10%,如下图所示。

· 167 ·

第4步 单击【确定】按钮,效果如下图所示。

第5步 重复上步操作,每操作一次图像扩大10%,使用相同的方法可以缩小照片,设置【宽度】为"90",【高度】为"90"即可,如下图所示。

| 提示 |

虽然图像可以调整大小,但是也不能无限制地放大,放大得过大,图像也会失真。

第 7 章
绘制矢量图像

本章导读

在本章中主要介绍位图和矢量图的特征，形状图层、路径和填充像素的区别，使用钢笔工具和形状工具绘制矢量对象，并以简单实例进行详细演示。学习本章时应多多练习实例操作，这样可以加强学习效果。

思维导图

7.1 矢量工具创建的内容

矢量工具包括矩形工具、圆角矩形工具、椭圆工具、多边形工具、直线工具、自定义形状工具。这些工具绘制出的图形都有一个特点，就是放大图像后或任意拉大后，图形都不会模糊，边缘非常清晰。而且保存后占用的空间非常小。这就是矢量图形的优点。使用 Photoshop CS6 中的矢量工具可以创建不同类型的对象，主要包括形状图层、工作路径和填充像素。在选择了矢量工具后，在工具的选项栏上按相应的按钮指定一种绘制模式，然后才能进行操作。

7.1.1 形状图层

【形状】图层中包含了位图、矢量图两种元素，因此，使用 Photoshop 软件绘画时，可以以某种矢量形式保存图像。使用形状工具或钢笔工具可以创建形状图层。形状中会自动填充当前的前景色，但也可以更改为其他颜色、渐变或图案来进行填充。形状的轮廓存储在链接图层的矢量蒙版中。

单击工具选项栏中的【形状】图层按钮 形状 后，可在单独的形状图层中创建形状。形状图层由填充区域和形状两部分组成，填充区域定义了形状的颜色、图案和图层的不透明度；形状则是一个矢量蒙版，它定义图像显示和隐藏区域。形状是路径，它出现在【路径】面板中，如下图所示。

7.1.2 工作路径

Photoshop CS6 建立工作路径的方法为：使用工具箱中的钢笔等路径工具直接在图像中绘制路径时，Photoshop CS6 会在路径面板中自动将其命名为"工作路径"，而且"工作路径"这 4 个字以倾斜体显示。【路径】面板显示了存储的路径、当前工作路径和当前矢量蒙版的名称和缩览图像。减小缩览图的大小或将其关闭，可在路径面板中列出更多路径，而关闭缩览图可提高性能。要查看路径，必须先在路径面板中选择路径名。

单击【路径】按钮 路径 后，可绘制工作路径，它出现在【路径】面板中，创建工作路径后，可以使用它来创建选区、创建矢量蒙版，或者对路径进行填充和描边，从而得到光栅化的图像。

在通过绘制路径选取对象时，需要单击【路径】按钮 。

7.1.3 填充区域

Photoshop CS6 在填充区域创建的是位图图形，单击【像素】按钮 后，绘制的将是光栅化的图像，而不是矢量图形。在创建填充区域时 Photoshop CS6 使用前景色作为填充颜色，此时【路径】面板中不会创建工作路径，在【图层】面板中可以创建光栅化图像，但不会创建形状图层，该选项不能用于钢笔工具，只有使用各种形状工具（矩形工具、椭圆工具、自定形状等工具）时才能使用该按钮，如下图所示。

7.2 矢量工具 1——路径

钢笔工具属于矢量绘图工具，其优点是可以绘制平滑的曲线，在缩放或者变形之后仍能保持平滑效果。

钢笔工具绘制出来的矢量图形称为路径，如果把起点与终点重合绘制，就可以得到封闭的路径。

路径可以转换为选区，也可以进行填充或者描边，如下图所示。

1. 路径的特点

路径是不包含像素的矢量对象，与图像是分开的，并且不会被打印出来，因而也更易于重新选择、修改和移动。修改路径后不影响图像效果，如下图所示。

2. 路径的组成

路径由一个或多个曲线段、直线段、方向点、锚点和方向线构成，如下图所示。

> **提示**
>
> 锚点被选中时为一个实心的方点，未选中时是空心的方点。控制点在任何时候都是实心的方点，而且比锚点小。

选择【窗口】→【路径】命令，打开【路径】面板，其主要作用是对已经建立的路径进行管理和编辑处理。在【路径】面板中可以对路径快速而方便地进行管理。【路径】面板可以说是集编辑路径和渲染路径的功能于一身。在【路径】面板中可以完成从路径到选区和从自由选区到路径的转换，还可以对路径施加一些效果，使路径看起来不那么单调。【路径】面板如下图所示。

（1）【用前景色填充路径】：使用前景色填充路径区域。

（2）【用画笔描边路径】：使用画笔工具描边路径。

（3）【将路径作为选区载入】：将当前的路径转换为选区。

（4）【从选区生成工作路径】：从当前的选区中生成工作路径。

（5）【创建新路径】：可创建新的路径。

（6）【删除当前路径】：可删除当前选择的路径。

7.2.1 填充路径

单击【路径】面板上的【用前景色填充路径】按钮可以用前景色对路径进行填充。

1. 用前景色填充路径

第1步 新建一个8厘米×8厘米的文档。

第 7 章
绘制矢量图像

第 2 步　选择【自定形状工具】绘制任意一个路径，如下图所示。

第 3 步　在【路径】面板中单击【用前景色填充路径】按钮填充前景色，如下图所示。

2. 【用前景色填充路径】使用技巧

按【Alt】键的同时单击【用前景色填充路径】按钮可弹出【填充路径】对话框，在该对话框中可设置使用的方式、混合模式及渲染的方式，设置完成之后，单击【确定】按钮即可对路径进行填充，如下图所示。

7.2.2 描边路径

单击【用画笔描边路径】按钮可以实现对路径的描边。

1. 用画笔描边路径

第 1 步　新建一个 8 厘米 ×8 厘米的图形。
第 2 步　选择【自定形状工具】绘制任意一个路径，如下图所示。

2. 【用画笔描边路径】使用技巧

用画笔描边路径的效果与画笔的设置有关，所以要对描边进行控制就需先对画笔进行相关设置（如画笔的大小和硬度等）。按【Alt】键的同时单击【用画笔描边路径】按钮，弹出【描边路径】对话框，设置完描边的方式后，单击【确定】按钮即可对路径进行描边，如下图所示。

第 3 步　在【路径】面板中单击【用画笔描边路径】按钮填充路径，如下图所示。

· 173 ·

7.2.3 路径和选区的转换

路径转化为选区命令在工作中的使用频率很高,因为在图像文件中任何局部的操作都必须在选区范围内完成,所以一旦获得了准确的路径形状后,一般情况下都要将路径转换为选区。单击【将路径作为选区载入】按钮可以将路径转换为选区进行操作,也可以按【Ctrl+Enter】组合键完成这一操作。

将路径转化为选区的操作步骤如下。

第1步 打开随书光盘中的"素材\ch07\7-1.jpg"图像,如下图所示。

第2步 选择【魔棒工具】。
第3步 在茶壶以外的白色区域创建选区,如下图所示。

第4步 按【Ctrl+Shift+I】组合键反选选区,在【路径】面板上单击【从选区生成工作路径】按钮,将选区转换为路径,如下图所示。

第5步 单击【将路径作为选区载入】按钮,将路径载入为选区,如下图所示。

7.2.4 工作路径

对于工作路径,也可以控制其显示与隐藏。在【路径】面板中单击路径预览图,路径将以高亮显示,如下图所示。

如果在面板中的灰色区域单击,路径将

变为灰色，这时路径将被隐藏，如下图所示。

工作路径是出现在【路径】面板中的临时路径，用于定义形状的轮廓。用【钢笔工具】在画布中直接创建的路径及由选区转换的路径都是工作路径，如下图所示。

当工作路径被隐藏时可使用【钢笔工具】直接创建路径，那么原来的路径将被新路径所代替。双击工作路径的名称将会弹出【存储路径】对话框，可以实现对工作路径重命名并保存，如下图所示。

7.2.5 【创建新路径】和【删除当前路径】按钮的使用

单击【创建新路径】按钮后，再使用【钢笔工具】建立路径，路径将被保存。

在按【Alt】键的同时单击此按钮，则可弹出【新建路径】对话框，可以为生成的路径重命名，如下图所示。

在按【Alt】键的同时，若将已存在的路径拖曳到【创建新路径】按钮上，则可实现对路径的复制并得到该路径的副本，如下图所示。

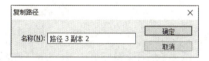

将已存在的路径拖曳到【删除当前路径】按钮上则可将该路径删除。也可以选中路径后使用【Delete】键将路径删除，按【Alt】键的同时再单击【删除当前路径】按钮可以将路径直接删除。

7.2.6 剪贴路径

如果要将 Photoshop 中的图像输出到专业的页面排版程序，如 InDesign、PageMaker 等软件时，可以通过剪贴路径来定义图像的显示区域。在输出到这些程序中以后，剪贴路径以外的区域将变为透明区域。下面介绍剪贴路径的输出方法。

第1步 打开随书光盘中的"素材\ch07\7-2.jpg"图像，如下图所示。

第2步 选择【钢笔工具】，在铅笔图像周围创建路径，如下图所示。

第 3 步 在【路径】面板中，双击【工作路径】，在弹出的【存储路径】对话框中输入路径的名称，然后单击【确定】按钮，如下图所示。

第 4 步 单击【路径】面板右上角的下三角按钮，选择【剪贴路径】命令，在弹出的【剪贴路径】对话框中设置路径的名称和展平度（定义路径由多少个直线片段组成），然后单击【确定】按钮，如下图所示。

第 5 步 选择【文件】→【存储】命令，在弹出的【存储为】对话框中设置文件的名称、保存的位置和文件存储格式，然后单击【保存】按钮，如下图所示。

7.3 矢量工具 2——锚点

锚点又称为定位点，它的两端会连接直线或曲线。锚点数量越少越好，较多的锚点使可控制的范围也更广。但问题也正是出在这里，因为锚点多，可能使后期修改的工作量也大。根据控制柄和路径的关系，可分为以下 3 种不同性质的锚点。

（1）平滑点：方向线是一体的锚点。
（2）角点：没有公共切线的锚点。
（3）拐点：控制柄独立的锚点。

7.4 矢量工具3——形状工具

使用【形状工具】可以轻松地创建按钮、导航栏及其他在网页上使用的项目。使用形状工具可以方便地绘制出许多特定的形状，还可以通过形状的运算及自定义形状让形状更加丰富。绘制形状的工具有【矩形工具】【圆角矩形工具】【椭圆工具】【多边形工具】【直线工具】及【自定形状工具】等，如下图所示。

7.4.1 绘制规则形状

Photoshop CS6 提供了 5 种绘制规则形状的工具：【矩形工具】【圆角矩形工具】【椭圆工具】【多边形工具】和【直线工具】。

1. 绘制矩形

使用【矩形工具】■可以很方便地绘制出矩形或正方形路径。

选择【矩形工具】■，然后在画布上单击并拖曳鼠标即可绘制出所需要的矩形，若在拖曳鼠标时按住【Shift】键则可绘制出如下图所示的正方形。

【矩形工具】的属性栏如下图所示。

单击按钮 会出现矩形工具选项菜单，其中包括【不受约束】【方形】【固定大小】【比例】单选按钮和【从中心】复选框等，如下图所示。

（1）【不受约束】单选按钮：选中此单选按钮，由鼠标的拖曳绘制任意大小和比例的矩形。

（2）【方形】单选按钮：选中此单选按钮，绘制正方形。

（3）【固定大小】单选按钮：选中此单选按钮，可以在【W】参数框和【H】参数框中输入所需的宽度和高度的值后绘制出固定值的矩形，默认的单位为像素。

（4）【比例】单选按钮：选中此单选按钮，可以在【W】参数框和【H】参数框中输入所需的宽度和高度的整数比，可绘制固定宽度和高度比例的矩形。

（5）【从中心】复选框：选中此复选框，绘制矩形起点为矩形的中心。

绘制完矩形后，右侧会出现【属性】面板，在其中可以分别设置矩形 4 个角的圆角值，如下图所示。

2. 绘制圆角矩形

使用【圆角矩形工具】,可以绘制具有平滑边缘的矩形。其使用方法与【矩形工具】相同,只需用鼠标在画布上拖曳即可,如下图所示。

【圆角矩形工具】的属性栏与【矩形工具】的属性栏相同,只是多了【半径】参数框,如下图所示。

【半径】参数框用于控制圆角矩形的平滑程度。输入的数值越大越平滑,输入 0 时则为矩形,有一定数值时则为圆角矩形。

3. 绘制椭圆

使用【椭圆工具】,可以绘制椭圆,按住【Shift】键可以绘制圆。【椭圆工具】的属性栏的用法和前面介绍的属性栏基本相同,这里不再赘述。

【椭圆工具】的属性栏如下图所示。

4. 绘制多边形

使用【多边形工具】,可以绘制出所需的正多边形。绘制时鼠标指针的起点为多边形的中心,而终点则为多边形的一个顶点,如下图所示。

【多边形工具】的属性栏如下图所示。

【边】参数框:用于输入所需绘制的多边形的边数。

单击属性栏中的按钮,可打开【多边形选项】设置框,如下图所示。

其中包括【半径】【平滑拐角】【星形】【缩进边依据】和【平滑缩进】等选项。

(1)【半径】参数框:用于输入多边形的半径长度,单位为像素。

(2)【平滑拐角】复选框:选中此复选框,可使多边形具有平滑的顶角。多边形的边数越多越接近圆形。

(3)【星形】复选框:选中此复选框,可使多边形的边向中心缩进呈星形。

(4)【缩进边依据】设置框:用于设定边缩进的程度。

(5)【平滑缩进】复选框:只有选中【星形】复选框时此复选框才可选。选中【平滑缩进】复选框可使多边形的边平滑地向中心缩进。

5. 绘制直线

使用【直线工具】可以绘制直线或带有箭头的线段。

使用方法为:以鼠标指针拖曳的起始点

第7章
绘制矢量图像

为线段起点,拖曳的终点为线段的终点。按住【Shift】键可以将直线的方向控制在0°、45°或90°方向,如下图所示。

【直线工具】的属性栏如下图所示。其中【粗细】参数框用于设定直线的宽度。

单击属性栏中的按钮可弹出【箭头】设置区,包括【起点】【终点】【宽度】【长度】和【凹度】等,如下图所示。

(1)【起点】【终点】复选框:二者可选中一个,也可以都选中,用于决定箭头在线段的哪一方。

(2)【宽度】参数框:用于设置箭头宽度和线段宽度的比值,可输入10%~1000%的数值。

(3)【长度】参数框:用于设置箭头长度和线段宽度的比值,可输入10%~5000%的数值。

(4)【凹度】参数框:用于设置箭头中央凹陷的程度,可输入-50%~50%的数值。

6. 绘制播放器图形

第1步 新建一个15厘米×15厘米的图形,如下图所示。

第2步 选择【圆角矩形工具】,圆角半径设置为20像素,绘制一个圆角矩形作为播放器轮廓图形,设置前景色为黑色,在属性栏中单击【形状】按钮,效果如下图所示。

第3步 新建一个图层,使用【矩形工具】,绘制一个矩形作为播放器屏幕图形,设置前景色为白色,在属性栏中单击【形状】按钮,如下图所示。

第4步 新建一个图层,使用【椭圆工具】,绘制一个圆形作为播放器按钮图形。设置前景色为白色,在属性栏中单击【形状】按钮,如下图所示。

第5步 新建一个图层，再次使用【椭圆工具】 绘制一个圆形作为播放器按钮内部图形，设置前景色为黑色，在属性栏中单击【形状】按钮，效果如下图所示。

第6步 新建一个图层，使用【多边形工具】 和【直线工具】 绘制按钮内部符号图形，多边形【边】设置为"3"，设置前景色为黑色，在属性栏中单击【形状】按钮，效果如下图所示。

7.4.2 绘制不规则形状

使用【自定形状工具】 可以绘制一些特殊的形状、路径及像素等。绘制的形状可以自己定义，也可以从形状库中进行选择，下图所示为其属性栏。

1. 【自定形状工具】的属性栏参数设置

【形状】设置项用于选择所需绘制的形状。单击 右侧的下三角按钮会出现形状面板，这里存储着可供选择的形状，如下图所示。

单击面板右上侧的小圆圈 可以弹出一个下拉菜单，如下图所示。

第 7 章
绘制矢量图像

从中选择【载入形状】选项可以载入外形文件，其文件类型为"*.CSH"，如下图所示。

2. 使用【自定形状工具】绘制图画

第1步 新建一个 15 厘米 ×15 厘米的图形，并填充为黑色，如下图所示。

第2步 新建一个图层。选择【圆角矩形工具】，圆角半径设置为 20 像素，绘制一个圆角矩形作为纸牌轮廓图形，设置前景色为白色，在属性栏中单击【形状】按钮，效果如下图所示。

第3步 再新建一个图层。选择【自定形状工具】，在自定义形状下拉列表中选择【红心形卡】图形，设置前景色为红色，如下图所示。

第4步 在图像上单击，并拖动鼠标即可绘制一个自定形状，多次单击并拖动鼠标可以绘制出大小不同的形状，如下图所示。

第5步 最后使用【横排文字工具】输入文字"A"完成绘制，如下图所示。

7.4.3 自定义形状

Photoshop CS6 不仅可以使用预置的形状，还可以把自己绘制的形状定义为自定义形状，以便日后使用。

自定义形状的操作步骤如下。

第1步 用【钢笔工具】绘制出喜欢的图形，如下图所示。

第2步 选择【编辑】→【定义自定形状】命令，在弹出的【形状名称】对话框中输入自定义形状的名称，然后单击【确定】按钮，如下图所示。

第3步 选择【自定形状工具】，然后在选项中找到自定义的形状即可，如下图所示。

7.5 矢量工具 4——钢笔工具

钢笔工具组是描绘路径的常用工具，而路径是 Photoshop CS6 提供的一种最精确、最灵活的绘制选区边界工具，特别是其中的钢笔工具，使用它可以直接产生线段路径和曲线路径。【钢笔工具】可以创建精确的直线和曲线。它在 Photoshop 中主要有两种用途：一种是绘制矢量图形，另一种是选取对象。在作为选取工具使用时，钢笔工具描绘的轮廓光滑、准确，是精确的选取工具之一。

1.【钢笔工具】使用技巧

（1）绘制直线：分别在两个不同的地方单击就可以绘制直线。

（2）绘制曲线：单击绘制出第一点，然后单击并拖曳鼠标指针绘制出第二点，这样就可以绘制曲线并使锚点两端出现方向线。方向点的位置及方向线的长短会影响到曲线的方向和曲度。

（3）曲线之后接直线：绘制出曲线后，若要在之后接着绘制直线，则需要按下【Alt】键暂时切换为转换点工具，然后在最后一个锚点上单击使控制线只保留一段，再松开【Alt】键在新的地方单击另一点即可。

选择钢笔工具，然后单击选项栏中的按钮可以弹出【钢笔选项】设置框。从中选中【橡皮带】复选框，则可在绘制时直观地看到下一节点之间的轨迹。

2. 使用【钢笔工具】绘制一节电池

第1步 新建一个 15 厘米 ×15 厘米的图形，如下图所示。

第2步 选择【钢笔工具】，并在选项栏中选择【路径】选项，在画面中确定一个点开始绘制电池。

第 7 章
绘制矢量图像

第3步 绘制电池下面部分，如下图所示。

第4步 继续绘制电池上面部分，最终效果如下图所示。

3. 自由钢笔工具

【自由钢笔工具】可随意绘图，就像用铅笔在纸上绘图一样，绘图时将自由添加锚点，绘制路径时无须确定锚点位置；用于绘制不规则路径时，其工作原理与磁性套索工具相同，它们的区别在于前者是建立选区，后者是建立路径。选择该工具后，在画面中单击并拖动鼠标指针即可绘制路径，路径的形状为鼠标指针运动的轨迹，Photoshop CS6 会自动为路径添加锚点，因而无须设定锚点的位置。

4. 添加锚点工具

【添加锚点工具】可以在路径中添加锚点，选择该工具后，将鼠标指针移至路径上，待鼠标指针显示为 ♦ 形状时，单击鼠标即可添加一个锚点，如下图所示。

如果单击并拖动鼠标，则可添加一个平滑点，如下图所示。

5. 删除锚点工具

使用【删除锚点工具】可以删除路径中的锚点。选择该工具后，将鼠标指针移至路径锚点上，待鼠标指针显示为 ♦ 形状时，单击鼠标即可删除该锚点，如下图所示。

6. 转换点工具

【转换点工具】用来转换锚点类型，它可将角点转化为平滑点，也可将平滑点转换为角点。选择该工具后，将鼠标指针移至路径的锚点上，如果该锚点是平滑点，单击该锚点可以将其转化为角点，如下图所示。

> **提示**
> 如果该锚点是角点，单击该锚点可以将其转化为平滑点。

渐变工具、图层和钢笔工具的使用

1. 商业插画绘制

第1步 选择【文件】→【新建】命令来新建一个名称为"春"，大小为 290 毫米 ×210 毫米、分辨率为"72 像素／英寸"，颜色模式为"CMYK 颜色"的文件，如下图所示。

第2步 选择【渐变工具】，并在工具选项栏中单击【径向渐变】按钮和【点按可编辑渐变】按钮。在弹出的【渐变编辑器】对话框中单击颜色条右端下方的【色标】按钮，添加从米白色（C：4；M：1；Y：19）到浅绿色（C：34；Y：100），如下图所示。

第3步 在画面中使用鼠标由中间向右边拖曳来进行径向渐变填充，如下图所示。

第4步 选择【文字工具】，分别输入"S""p""r""i""n"和"g"，如下图所示。

第 7 章
绘制矢量图像

第5步 分别按住【Ctrl+T】组合键来调整大小和位置，效果如下图所示。

第6步 按住【Alt】键，在【图层】面板上同时选择所有文字图层，如下图所示。

第7步 再按【Ctrl + E】组合键来合并图层，如下图所示。

第8步 按住【Ctrl】键单击"g"图层前面的"图层缩览图"建立选区，如下图所示。

渐变工具的应用及调整选区的操作步骤如下。

第1步 选择【渐变填充工具】，并在属性栏中单击【线性渐变】按钮和【点按可编辑渐变】按钮，如下图所示。

第2步 在弹出的【渐变编辑器】对话框中单击颜色条中间端下方的"色标"按钮，添加从橘红色（C：0；M：70；Y：100；K：0）到黄色（C：0；M：0；Y：100；K：0），如下图所示。

第3步 按住鼠标从上到下进行拖曳填充，再按【Ctrl+D】组合键取消选区，效果如下图所示。

第4步 选择【编辑】→【描边】命令,在打开的【描边】对话框中设置【宽度】为"3像素",颜色为绿色(C:62;M:0;Y:100;K:0),如下图所示。

效果如下图所示。

第5步 选择【文件】→【打开】命令,打开本书配套光盘"素材\ch07\花边01.psd"文件,使用【移动工具】将线描拖曳到"春"画面中,如下图所示。

第6步 按住【Ctrl+T】组合键来调整大小和位置,并调整图层顺序,使文字在最顶端,效果如下图所示。

第7步 同理,导入素材"花边02"和"花边03",并将"图层3"置于"图层2"的上方,效果如下图所示。

第8步 导入素材"花边04"和"花边05",调整图层顺序使"图层4"置于"背景层"上方,"图层5"置于"图层1"的下方,效果如下图所示。

调整图层顺序的操作步骤如下。

第1步 导入素材"花边06"和"花边07",调整图层顺序使"图层6"置于"图层1"上方,

"图层7"置于"背景层"的上方，效果如下图所示。

第2步 导入素材"蝴蝶"，调整图层顺序将"图层6"置于图层顶端，效果如下图所示。

第3步 选择【多边形套索工具】，在需要调整位置的"蝴蝶"处绘制一个选区，再选择【移动工具】来移动位置，也可按【Ctrl+T】组合键来调整大小，效果如下图所示。

第4步 在"g"图层的蓝色区域双击打开【图层样式】对话框，分别选中【投影】和【内阴影】复选框，设置【投影】颜色为（C：85；M：39；Y：100；K：39），其他设置如下图所示。

第5步 选择【文字工具】，在图形右下角中输入相应文字信息，在【字符】面板中设置各项参数，颜色设置为"白色"，大字字号为"24点"，如下图所示。

第6步 上面操作完成后，效果如下图所示。

2. 手绘智能手表

本实例学习使用【圆角矩形工具】【钢笔工具】等来绘制一个精美的智能手表，如下图所示。

（1）新建文件

第1步 选择【文件】→【新建】命令。
第2步 在弹出的【新建】对话框中的【名称】文本框中输入"手表"，宽度为"800像素"，高度为"1200像素"，分辨率为"72像素/英寸"，如下图所示。

第3步 单击【确定】按钮，创建一个空白文档，如下图所示。

（2）绘制正面

第1步 在【图层】面板中单击【创建新图层】按钮，新建"图层1"图层。
第2步 选择【圆角矩形工具】，在属性栏中单击【形状】按钮，设置半径为"45像素"，单击按钮，在打开的【圆角矩形选项】设置框中设置【W】为"12厘米"、【H】为"14厘米"，如下图所示。

第3步 设置前景色为白色，在画面中单击绘制一个白色圆角矩形，如下图所示。

第 7 章
绘制矢量图像

第 4 步　由于背景色也是白色，因此看不出图形，所以为"图层 1"添加【投影】图层样式，效果如下图所示。

第 5 步　在【图层】面板中单击【创建新图层】按钮，新建"图层 2"图层。

第 6 步　选择【圆角矩形工具】，在属性栏中单击【形状】按钮，设置半径为"40 像素"，单击按钮，在打开的【圆角矩形选项】设置框中设置【W】为"11 厘米"、【H】为"13 厘米"，如下图所示。

第 7 步　设置前景色为黑色，在画面中单击绘制一个黑色圆角矩形，如下图所示。

（3）填充渐变色

第 1 步　选择"图层 1"图层，并建立"图层 1"的选区，如下图所示。

第 2 步　选择【选择】→【修改】→【收缩】命令，在弹出的【收缩选区】对话框中设置【收缩量】为"3"像素，如下图所示。

第 3 步　选择【渐变工具】，在属性栏上单击【点按可编辑渐变】按钮，在弹出的【渐变编辑器】对话框中设置渐变颜色，单击【确定】按钮，如下图所示。

位置	颜色 CMYK
0	93，88，89，80
14	0，0，0，0
92	0，0，0，0
100	93，88，89，80

· 189 ·

第4步 新建"图层2"图层,按住【Shift】键在矩形上创造一个线性渐变,如下图所示。

(4)添加内投影效果

第1步 在【图层】面板上双击"图层2"缩览图,弹出【图层样式】对话框,选中【内发光】复选框,设置颜色为黑色,如下图所示。

第2步 单击【确定】按钮,效果如下图所示。

(5)绘制反光细节

第1步 新建"图层3",选择【多边形套索工具】,创建一个矩形选区,如下图所示。

第2步 选择【渐变工具】,在属性栏上单击【点按可编辑渐变】按钮,在弹出的【渐变编辑器】对话框中设置白色到白色渐变,并设置左边的白色透明度值为0,单击【确定】按钮,如下图所示。

第3步 按住【Shift】键在矩形上创造一个线性渐变,然后取消选择,效果如下图所示。

第4步 将"图层4"的图层不透明度值设置为45,效果如下图所示。

第5步 在【图层】面板上双击黑色的【圆角矩形1】缩览图,弹出【图层样式】对话框,选中【内发光】复选框,设置颜色为白色,如下图所示。

第 6 步 单击【确定】按钮，效果如下图所示。

（6）添加素材

第 1 步 打开随书光盘中的"素材\ch07\7-3.jpg"图像，如下图所示。

第 2 步 选择【移动工具】，将"7-3.jpg"拖曳到"手表"文档中。按【Ctrl+T】组合键调整图像的位置和大小，使其符合屏幕大小，并设置【图层混合模式】为【变亮】，如下图所示。

（7）制作按键

第 1 步 新建一个图层，设置前景色为白色，选择【矩形工具】在"手表"的右侧绘制一个矩形，如下图所示。

第 2 步 将"图层 1"的图层样式复制到【按钮】图层上，如下图所示。

第 3 步 在【图层】面板上双击【按钮】图层缩览图，弹出【图层样式】对话框，选中【内发光】复选框，设置颜色为黑色，如下图所示。

（8）绘制表带

第1步 新建一个图层，在属性栏中选择【像素】选项。

第2步 设置前景色为深咖啡色，选择【钢笔工具】，在画面中绘制表带，效果如下图所示。

第3步 在【图层】面板上双击【表带】图层缩览图，弹出【图层样式】对话框，选中【内发光】复选框，设置颜色为黑色，如下图所示。

第5步 取消选区，设置该图层的【图层混合模式】为【柔光】，同理复制一个表带到下方，如下图所示。

第6步 最后将"图层1"的图层样式复制到【表带】图层上，效果如下图所示。

第4步 新建一个图层，选择【矩形选框工具】，在表带和表盘衔接处绘制一个矩形，填充为【透明-白色-透明】渐变色，如下图所示。

第 7 章
绘制矢量图像

◇ **选择不规则图像**

下面讲述如何选择不规则图像。【钢笔工具】不仅可以用来编辑路径，还可以更为准确地选择文件中的不规则图像。具体的操作步骤如下。

第1步 选择【文件】→【打开】命令。

第2步 打开随书光盘中的"素材\ch07\7-4.jpg"图像，如下图所示。

第3步 在工具箱中单击【自由钢笔工具】，然后在【自由钢笔工具】属性栏中选中【自动添加/删除】复选框，如下图所示。

第4步 将鼠标指针移到图像窗口中，沿着花瓶的边缘单击并拖动，即可沿图像边缘产生路径，如下图所示。

第5步 这时在图像中右击，从弹出的快捷菜单中选择【建立选区】选项，如下图所示。

第6步 弹出【建立选区】对话框，在其中根据需要设置选区的羽化半径，如下图所示。

第7步 单击【确定】按钮，即可建立一个新的选区，如下图所示。

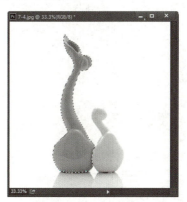

◇ **钢笔工具显示状态**

在使用【钢笔工具】时，鼠标指针在路径和锚点上有不同的显示状态，通过对这些状态的观察，可以判断【钢笔工具】此时的功能，了解鼠标指针的显示状态，可以更加灵活地使用钢笔工具。

状态：当鼠标指针在画面中显示为 形状时，单击鼠标可以创建一个角点，单击并拖动鼠标可以创建一个平滑点。

状态：在工具属性栏中选中【自动添加/删除】复选框后，当鼠标指针显示为 形状时，单击鼠标可以在路径上添加锚点。

状态：选中【自动添加/删除】复选框后，当鼠标指针在当前路径的锚点上显示为 形状时，单击鼠标可以删除该点。

状态：在绘制路径的过程中，将鼠标指针移至路径的锚点上时，鼠标指针会显示为 形状，此时单击鼠标可以闭合路径。

状态：选择了一个开放的路径后，将鼠标指针移至该路径的一个端点上，鼠标指针显示为 形状时单击，然后便可继续绘制路径，如果在路径的绘制过程中将钢笔工具移至另外一个开放路径的端点上，鼠标指针显示为 形状时，单击鼠标可以将两端开放式的路径连接起来。

第 8 章
创建文字及效果

📖 本章导读

文字是平面设计的重要组成部分，它不仅可以传递信息，还能起到美化版面、强化主题的作用。Photoshop CS6 提供了多个用于创建文字的工具，文字的编辑和修改也非常灵活。

🔅 思维导图

8.1 创建文字及效果案例

以美术字、变形字、POP字和特效字为代表的各种艺术字体,广泛应用于平面设计、影视特效、印刷出版和商品包装等各个领域。除了字体本身的造型外,经过设计特意制作出的效果,不仅能美化版面,还能突出重点,因此具有很强的宣传效果。在特殊字体的设计工具中,专业图像处理软件Photoshop CS6以其操作简便、修改随意,并且具有独特的艺术性等特点,成为字体设计者的新宠。

实例名称:创建文字及效果		
实例目的:美化版面、突出重点		
	素材	素材\ch08\8-1.jpg、8-2.jpg 等
	结果	结果\ch08\金属镂空文字.psd 等
	录像	视频教学录像\08 第 8 章

8.1.1 案例概述

本章案例主要介绍字体概述,文字编排与字体选择,字体的应用;艺术字、变形字和多种特效字的制作方法;字体与字体的组合、文字与图案的组合等。本章按照实际应用领域分类,介绍多种效果的实现方法。

8.1.2 设计思路

在本章文字特效中,大量使用了图层样式效果、图层复制、自定形状图案及通道复制和色阶调整等命令来制作炫彩的文字效果。在工作中,读者可根据需要设计不同的文字特效,来突出主题,加强画面的宣传效果。

8.1.3 涉及知识点与命令

1. PS 文字工具如何使用

在工具箱中选择文字工具,如选择【横排文字工具】 ,如下图所示。然后在图像上单击,出现闪动的插入光标,此时可直接输入文字。这时输入的文字称为点文字,不会自动换行。

如果需要输入一大段文字,可以在选择文字工具之后,在图像上拖曳出一个矩形框,然后输入文字,这样文字会随着文字框而自动换行。

> **提示**
>
> 点文字不能自动换行,可以通过按【Enter】键进入下一行,适合于输入少量文字的情况。段落文字具备自动换行的功能,适合于输入大段文字。生成的段落文字框有8个把手可以控制文字框的大小和旋转方向;文字框的中心点图标表示旋转的中心点,按住【Ctrl】键的同时可以用鼠标拖动改变中心点的位置,从而改变旋转的中心点。

按住【Shift+T】组合键，可以在【横排文字工具】【直排文字工具】【横排文字蒙版工具】和【直排文字蒙版工具】间来回切换。

2. PS 文字工具如何结束输入

在文字编辑状态下，按【Enter】键会新建一行，按【Ctrl+Enter】组合键或小键盘上的【Enter】键可以结束文字编辑状态，完成文字输入。

3. PS 文字工具选项栏介绍

选择【文字工具】，可以看到文字选项栏提供了一些输入文字和文字外形的选项。PS 文字工具的各个选项如下图所示。

4. PS 文字工具对应的图层介绍

Photoshop CS6 将文字以独立图层的形式存放，输入文字后将会自动建立一个文字图层，图层名称就是文字的内容。

文字图层是一种特殊的图层，不能通过传统的选取工具来选择某些文字（转换为普通图层后可以，方法为：在文字图层右击，在弹出的快捷菜单中选择【栅格化文字】选项，栅格化之后不能再编辑文字内容），而只能在编辑状态下，在文字中拖动鼠标指针选择某些字符。如果选择多个字符，字符之间必须是连续的。

文字栅格化就是将文本格式的图层转变为普通图层，也就是位图文件，Photoshop CS6 中有很多滤镜功能都是针对位图进行的。可以对任何的图层添加滤镜效果，但不能对文字图层添加滤镜效果。文字图层转换为普通图层，也就不具有文字的一些性质，所以在进行文字的栅格化之前，必须将文字调整好。

5. 为 PS 文字添加效果

不论是文本格式还是图像文件添加效果，都可以单击图层面板中的【添加图层样式】按钮，来改变文字的单一模式，如为文字添加投影、浮雕、描边等效果。

6. PS 文字的变形

输入文字后，单击属性栏的【创建变形文字】按钮，弹出【变形文字】对话框，可以设置变形样式为固定的扇形、上弧、下弧、拱形、凸起、贝壳、花冠、旗帜、波浪、鱼形、增加、鱼眼、膨胀、挤压、扭转等多种形状，如下图所示。

8.2 创建文字和文字选区

Adobe Photoshop 中的文字由基于矢量的文字轮廓（即以数学方式定义的形状）组成，这些形状描述字样的字母、数字和符号。文字是人们传达信息的主要方式，文字在设计工作中显得尤为重要。字的大小、颜色及字体不同，传达给人的信息也不同，所以用户应该熟练掌握文字的输入与设定。

8.2.1 输入文字

输入文字的工具有【横排文字工具】【直排文字工具】【横排文字蒙版工具】和【直排文字蒙版工具】4种，后两种工具主要用来建立文字选区。

利用文字输入工具可以输入两种类型的文字：点文本和段落文本。

（1）点文本适用于较少文字的场合，如标题、产品和书籍的名称等。输入时选择文字工具，然后在画布中单击输入即可，它不会自动换行，如下图所示。

（2）段落文本主要用于报纸杂志、产品说明和企业宣传册等。输入时可选择文字工具，然后在画布中单击并拖曳鼠标生成文本框，在其中输入文字即可。它会自动换行形成一段文字，如下图所示。

当创建文字时，【图层】面板中会添加一个新的文字图层。创建文字图层后，可以编辑文字并对其应用图层命令。下面来讲解输入文字的操作步骤。

第1步 打开随书光盘中的"素材\ch08\ 8-1.jpg"文件，如下图所示。

第2步 选择【文字工具】，在文档中单击，输入标题文字，如下图所示。

第3步 选择【文字工具】，在文档中单击并向右下角拖动出一个界定框，此时画面中会呈现闪烁的光标，在界定框内输入文本，如下图所示。

| 提示 |

当创建文字时，在【图层】面板中会添加一个新的文字图层，在 Photoshop CS6 中，还可以创建文字形状的选框。

8.2.2 设置文字属性

在 Photoshop CS6 中，通过文字工具的属性栏可以设置文字的方向、大小、颜色和对齐方式等。

1. 调整文字

第1步 继续上面的文字文档，选择标题文字，在工具属性栏中设置字体为"方正新舒体简体"，大小为"30 点"，颜色为白色，如下图所示。

第2步 选择文本框内的文字，在工具属性栏中设置字体为"方正楷体简体"，大小为"14 点"，颜色为白色，效果如下图所示。

2.【文字工具】的参数设置

【文字工具】属性栏如下图所示。

【文字工具】各选项功能如下。

（1）【更改文字方向】按钮 ：单击此按钮可以在横排文字和竖排文字之间进行切换。

（2）【字体】设置框：设置字体类型。

（3）【字号】设置框：设置文字大小。

（4）【消除锯齿】设置框：消除锯齿的方法包括【无】【锐利】【犀利】【浑厚】和【平滑】等，通常设定为【平滑】。

（5）【段落格式】设置区：包括【左对齐】按钮 、【居中对齐】按钮 和【右对齐】按钮 。

（6）【文本颜色】设置项 ：单击此处可以弹出【拾色器（前景色）】对话框，在对话框中可以设定文本颜色。

（7）【创建变形文字】按钮 ：设置文字的变形方式。

（8）【切换字符和段落面板】按钮 ：单击该按钮可打开【字符】和【段落】面板。

（9） ：取消当前的所有编辑。

（10） ：提交当前的所有编辑。

> **提示**
>
> 在对文字大小进行设定时，可以先通过文字工具拖曳选中文字，然后使用快捷键对文字大小进行更改。
>
> 更改文字大小的快捷键如下。
>
> 【Ctrl+Shift+>】组合键：增大字号。
>
> 【Ctrl+Shift+<】组合键：减小字号。
>
> 更改文字间距的快捷键如下。
>
> 【Alt+←】组合键：可以减小字符的间距。
>
> 【Alt+→】组合键：可以增大字符的间距。
>
> 更改文字行间距的快捷键如下。
>
> 【Alt+↑】组合键：可以减小行间距。
>
> 【Alt+↓】组合键：可以增大行间距。
>
> 文字输入完毕，可以使用【Ctrl + Enter】组合键提交文字输入。

8.2.3 设置段落属性

在 Photoshop CS6 中，创建段落文字后，可以根据需要调整界定框的大小，文字会自动在调整后的界定框中重新排列，通过界定框还可以旋转、缩放和斜切文字。下面讲解设置段落属性的操作步骤。

第1步 打开随书光盘中的"素材 \ch08\8-2.psd"文档，如下图所示。

第2步 选择文字后，在属性栏中单击【切换字符和段落面板】按钮，弹出【字符】面板，切换到【段落】面板，如下图所示。

第3步 在【段落】面板上单击【右对齐文本】按钮，将文本对齐，如下图所示。

第4步 最终效果如下图所示。

| 提示 |

要在调整界定框大小时缩放文字，应在拖曳控制手柄的同时按住【Ctrl】键。

若要旋转界定框，可将鼠标指针定位在界定框外，此时鼠标指针会变为弯曲的双向箭头↔形状。

按住【Shift】键并拖曳可将旋转限制为按 15° 进行。若要更改旋转中心，按住【Ctrl】键并将中心点拖曳到新位置即可，中心点可以在界定框的外面。

8.3 转换文字形式

Photoshop CS6 中的点文字和段落文字是可以相互转换的。如果是点文字，可选择【文字】→【转换为段落文本】命令，将其转换为段落文字后各文本行彼此独立排列，每行的末尾（最后一行除外）都会添加一个回车字符，如下左图所示。

如果是段落文字，可选择【文字】→【转换为点文本】命令，将其转换为点文字，如下右图所示。

第 8 章
创建文字及效果

8.4 通过面板设置文字格式

格式化字符是指设置字符的属性，包括字体、大小、颜色和行距等。输入文字之前可以在工具属性栏中设置文字属性，也可以在输入文字之后在【字符】面板中为选择的文本或者字符重新设置这些属性，如下图所示。

【字符】面板各选项功能如下。

（1）设置字体：单击其右侧的下三角按钮，在弹出的下拉列表中可以选择字体。

（2）设置文字大小：单击字体大小选项右侧的下三角按钮，在弹出的下拉列表中选择需要的字号或直接在文本框中输入字体大小值。

（3）设置文字颜色：单击可以打开【拾色器】对话框，从中选择字体颜色。

（4）行距：设置文本中各个文字之间的垂直距离。

（5）字距微调：用来调整两个字符之间的间距。

（6）字距调整：用来设置整个文本中所有的字符。

（7）水平缩放与垂直缩放：用来调整字符的宽度和高度。

（8）基线偏移：用来控制文字与基线的距离。

调整字体的操作步骤如下。

第1步 对上面的文档继续进行文字编辑。选择文字后，在属性栏中单击【切换字符和段落面板】按钮，弹出【字符】面板，设置如下图所示的参数，颜色设置为黄色，如下图所示。

第2步 最终效果如下图所示。

8.5 栅格化文字

输入文字后便可对文字进行一些编辑操作，但并不是所有的编辑命令都适用于刚输入的文字，文字图层是一种特殊的图层，不属于图像类型。因此，要想对文字进行进一步的处理，就必须将文字进行栅格化，转换成一般的图像。

文字栅格化处理的操作步骤如下。

第1步 选择工具箱中的【移动工具】，选择文字图层，如下图所示。

第2步 选择【图层】→【栅格化】→【文字】命令，如下图所示。

第3步 栅格化后的图层缩览图效果如下图所示。

> **提示**
> 文字图层被栅格化后，就成为一般图形，而不再具有文字的属性。文字图层变为普通图层后，可以对其直接应用滤镜效果。

第4步 用户在【图层】面板上右击，在弹出的快捷菜单中选择【栅格化文字】命令，也可以得到相同的效果，如下图所示。

8.6 创建变形文字

为了增强文字的效果，可以创建变形文字。选择创建好的文字，单击 Photoshop CS6 文字属性栏上的【创建变形文字】按钮，可以打开【变形文字】对话框。

1. 创建变形文字

第1步 打开随书光盘中的"素材\ch08\8-3.jpg"文档，如下图所示。

第2步 选择【横排文字工具】，在需要输入文字的位置输入文字，然后选择文字，如下图所示。

第3步 在属性栏中单击【创建变形文字】按钮，在弹出的【变形文字】对话框中的【样式】下拉列表中选择【下弧】选项，并设置其他参数，如下图所示。

第4步 单击【确定】按钮，最终效果如下图所示。

2. 【变形文字】对话框的参数设置

（1）【样式】下拉列表：用于选择哪种风格的变形。单击右侧的下三角按钮可弹出样式风格菜单。

（2）【水平】单选按钮和【垂直】单选按钮：用于选择弯曲的方向。

（3）【弯曲】【水平扭曲】和【垂直扭曲】设置项：用于控制弯曲的程度，输入适当的数值或者拖曳滑块均可。

8.7 创建路径文字

路径文字是可以使用钢笔工具或形状工具创建的工作路径在边缘排列的文字。路径文字可以分为绕路径文字和区域文字两种。

（1）绕路径文字是文字沿路径放置，可以通过对路径的修改来调整文字组成的图形效果，如下图所示。

（2）区域文字是文字放置在封闭路径内部，形成和路径相同的文字块，然后通过调整路径的形状来调整文字块的形状，如下图所示。

创建绕路径文字效果的操作步骤如下。

第1步 打开随书光盘中的"素材\ch08\8-4.jpg"图像，如下图所示。

第2步 选择【钢笔工具】，在工具属性栏中单击【路径】按钮，然后绘制希望文本遵循的路径，如下图所示。

第3步 选择【文字工具】，将鼠标指针移至路径上，当鼠标指针变为形状时在路径上单击，然后输入文字即可，如下图所示。

第4步 选择【直接选择工具】，当鼠标指针变为形状时沿路径拖曳即可，效果如下图所示。

使用文字工具和图层样式制作特殊文字

1. 金属镂空文字

本实例主要制作个性鲜明的金属镂空文字，重叠立体的渐变文字特效在红色的背景下跳跃并具有很强的视觉冲击力。

第1步 打开本书配套光盘中的"结果\ch08\金属镂空文字1.psd"文件，可查看该文字的效果图，如下图所示。

第2步 选择【文件】→【新建】命令来新建一个名称为"金属镂空文字"，大小为80毫米×50毫米，分辨率为"320像素／英寸"，颜色模式为"CMYK颜色"的文件，如下图所示。

第 8 章
创建文字及效果

第3步　在工具箱中单击【设置前景色】按钮，在打开的【拾色器（前景色）】对话框中设置颜色为"C：100；M：98；Y：20；K：24"，如下图所示。

第4步　按【Ctrl+Delete】组合键填充，效果如下图所示。

第5步　选择【文字工具】，在打开如下图所示的【字符】面板中设置各项参数，然后在图像窗口中输入"Flying"。

第6步　选择【移动工具】，按方向键来适当调整文字的位置，如下图所示。

第7步　选择【编辑】→【自由变换】命令进行变形处理，在按住【Ctrl】键的状态下拖动编辑点对图像进行变形处理，完成后按【Enter】键确定，如下图所示。

第8步　按住【Ctrl】键的同时单击【Flying】图层前的缩览图，将文字载入选区，如下图所示。

· 205 ·

设置像素、色板及图层样式的操作步骤如下。

第1步 选择【选择】→【修改】→【扩展】命令来扩展选区，在弹出的【扩展选区】对话框中设置【扩展量】为"35"像素，如下图所示。

第2步 在【图层】面板中单击【创建新图层】按钮，新建"图层1"图层，如下图所示。

第3步 在工具箱中设置前景色为白色，按【Alt+Delete】组合键填充，再按【Ctrl+D】组合键取消选区效果，如下图所示。

第4步 双击"图层1"的蓝色区域，在弹出的【图层样式】对话框中分别选中【投影】和【渐变叠加】复选框，然后分别在面板中设置各项参数，其中在【渐变叠加】面板中的【渐变编辑器】中设置色标依次为灰色（C：64，M：56，Y：56，K：32）、白色、灰色（C：51，M：51，Y：42，K：6）、白色，如下图所示。

第5步 图层样式设置完成之后，单击【确定】按钮，效果如下图所示。

第6步 按住【Ctrl】键的同时单击"图层1"前的缩览图，将文字载入选区。

第7步 选择【选择】→【修改】→【扩展】命令来扩展选区，在弹出的【扩展选区】对话框中设置【扩展量】为"10"像素，如下图所示。

第8步 新建"图层2"图层，按【Alt+Delete】

第8章
创建文字及效果

组合键填充,再按【Ctrl+D】组合键取消选区,如下图所示。

Y:51;K:0)、土黄色(C:17;M:48;Y:100;K:2)、浅黄色(C:2;M:0;Y:51;K:0)、土黄色(C:17;M:48;Y:100;K:2),如下图所示。

第11步 图层样式设置完成之后,单击【确定】按钮,效果如下图所示。

第9步 双击"图层2"的蓝色区域,在弹出的【图层样式】对话框中分别选中【外发光】和【斜面和浮雕】复选框,然后分别在面板中设置各项参数,其中【外发光】的颜色设置为黑色,如下图所示。

删除和组合图像、图层的操作步骤如下。

第1步 按住【Ctrl】键的同时单击"Flying"图层前的缩览图,将文字载入选区,单击"Flying"图层前的【指示图层可视性】按钮,隐藏该图层,如下图所示。

第10步 选中【渐变叠加】复选框,在【渐变编辑器】中设置色标依次为土黄色(C:17;M:48;Y:100;K:2)、浅黄色(C:2;M:0;

第2步 选择【选择】→【修改】→【扩展】

· 207 ·

命令来扩展选区，在弹出的【扩展选区】对话框中设置【扩展量】为"5"像素，如下图所示。

第3步 选择图层2，按下【Delete】键删除图像，效果如下图所示。

第4步 选择图层1，按下【Delete】键删除图像，完成后按【Ctrl+D】组合键取消选区，效果如下图所示。

第5步 选择【文件】→【打开】命令，打开本书配套光盘中的"素材\ch08\CD碟.psd"文件，如下图所示。

第6步 使用【移动工具】将文字拖曳到CD碟画面中，并调整好位置，效果如下图所示。

第7步 完成上面的操作，保存文件。

2. 制作绚丽的七彩文字

第1步 按【Ctrl+N】组合键，打开【新建】对话框，创建一个空白文档，如下图所示。

第2步 在工具箱中选择【横排文字工具】，在【字符】面板中设置字体和大小，在画面中单击并输入文字，如下图所示。

第 8 章
创建文字及效果

第3步 在图层面板双击【文字】图层，打开【图层样式】对话框，添加"投影"效果，投影颜色设置为蓝色，如下图所示。

第6步 继续添加"内发光"图层样式效果，如下图所示。

第4步 在左侧列表中选中【渐变叠加】复选框，加载一种七彩的渐变效果，如下图所示。

第7步 继续添加"斜面和浮雕"图层样式效果，选择一种光泽等高线样式，最终效果如下图所示。

第5步 继续添加"内阴影"图层样式效果，如下图所示。

◇ **如何为 Photoshop CS6 添加字体**

在 Photoshop CS6 中所使用的字体其实调用的是 Windows 系统中的字体，如果感觉字库中的文字样式太单调，则可以自行添加。具体的操作步骤如下。

· 209 ·

第1步 通常情况下，字体文件安装在Windows系统的"Fonts"文件夹下，可以在Photoshop CS6中调用这些安装的字体，如下图所示。

第2步 对于某些没有自动安装程序的字体，将其复制粘贴到"Fonts"文件夹进行安装即可。

◇ 如何使用【钢笔工具】和【文字工具】创建区域文字效果

使用Photoshop的【钢笔工具】和【文字工具】可以创建区域文字效果。具体的操作步骤如下。

第1步 打开随书光盘中的"素材\ch08\8-5.jpg"文档，如下图所示。

第2步 选择【钢笔工具】，然后在属性栏中选择【路径】选项，创建封闭路径，如下图所示。

第3步 选择【文字工具】，将鼠标指针移至路径内，当鼠标指针变为形状时，在路径内单击并输入文字，或将复制的文字粘贴到路径内即可，如下图所示。

第4步 还可以通过调整路径的形状来调整文字块的形状。选择【直接选择工具】，然后对路径进行调整即可，效果如下图所示。

第 9 章
效果快速呈现——滤镜

本章导读

在 Photoshop CS6 中，有传统滤镜和一些新滤镜，每一种滤镜又提供了多种细分的滤镜效果，为用户处理位图提供了极大的方便。本章的内容丰富有趣，可以按照实例步骤进行制作，建议打开光盘提供的素材文件进行对照学习，提高学习效率。

思维导图

9.1 图片滤镜特效案例

滤镜主要用来实现图像的各种特殊效果。它在 Photoshop 中具有非常神奇的作用。所有的滤镜都按分类放置在菜单中，使用时只需要从该菜单中执行这些命令即可。

实例名称：图片滤镜特效案例	
实例目的：使用滤镜制作特殊的艺术效果	
素材	素材 \ch09\ 9-1.jpg 等图片
结果	结果 \ch09\ 白花 .psd、查找边缘 .psd 等
录像	视频教学录像 \09 第 9 章

9.1.1 案例概述

本章案例介绍使用滤镜制作特殊的艺术效果。Photoshop CS6 中的滤镜操作是非常简单的，但是真正用起来却很难恰到好处。滤镜通常需要与通道、图层等联合使用，才能取得最佳艺术效果。如果想在最适当的时候应用滤镜到最适当位置，除了平常的美术功底之外，还需要用户具有熟练操作滤镜的能力，甚至需要很丰富的想象力。这样才能有的放矢地应用滤镜，发挥出自己的艺术才华。

9.1.2 设计思路

Photoshop CS6 的内置滤镜主要有以下两种用途。

（1）用于创建具体的图像特效，如可以生成粉笔画、图章、纹理、波浪等各种特殊效果。此类滤镜的数量最多，且绝大多数都在"风格化""素描""纹理""像素化""渲染""艺术效果"等滤镜组中，除了"扭曲"及其他少数滤镜外，基本上都是通过"滤镜库"来管理和应用的。

（2）用于编辑图像，如减少杂色、提高清晰度等，这些滤镜在"模糊""锐化""杂色"等滤镜组中。此外，"液化""消失点""镜头矫正"也属于此类滤镜，这 3 种滤镜比较特殊，它们功能强大，并且有自己的工具和独特的操作方法，更像是独立软件。

滤镜的使用规则如下。

（1）滤镜处理图层时，需要选择该图层，并且图层必须是可见的。

（2）如果创建了选区，滤镜只处理选区内的图像。

（3）滤镜的处理效果是以像素为单位进行计算的，因此，相同的参数处理不同分辨率的图像，其效果也会不同。

（4）滤镜可以处理图层蒙版、快速蒙版和通道。

（5）只有"云彩"滤镜可以应用在没有像素的区域，其他滤镜都必须应用在包含像素的区域，但外挂滤镜除外。

第 9 章
效果快速呈现——滤镜

9.1.3 涉及知识点与命令

1. 杂色滤镜

杂色滤镜有 4 种，分别为蒙尘与划痕、去斑、添加杂色、中间值滤镜，主要用于修正图像处理过程（如扫描）的瑕疵。

2. 扭曲滤镜

扭曲滤镜(Distort) 是 Photoshop【滤镜】菜单下的一组滤镜，共 12 种。这一系列滤镜都是用几何学的原理把一幅影像变形，以创造出三维效果或其他的整体变化。每一个滤镜都能产生一种或数种特殊效果，但都离不开一个特点，即对影像中所选择的区域进行变形、扭曲。

3. 抽出滤镜

抽出滤镜的作用是用来抠图。抽出滤镜的功能强大，使用灵活，容易掌握。如果使用恰当，抠出的效果会非常好，既可以抠出背景中的散乱发丝，也可以抠出透明物体和婚纱。

4. 渲染滤镜

渲染滤镜可以在图像中创建云彩图案、折射图案和模拟的光反射，也可以在 3D 空间中操纵对象，并从灰度文件创建纹理填充以产生类似 3D 的光照效果。

5. CSS 滤镜

CSS 滤镜的标识符是"filter"，总体的应用和其他的 CSS 语句相同。CSS 滤镜可分为基本滤镜和高级滤镜两种。可以直接作用于对象上，并且立即生效的滤镜称为基本滤镜；配合 JavaScript 等脚本语言，能产生更多变幻效果的则称为高级滤镜。

6. 风格化滤镜

"风格化"滤镜通过置换像素和通过查找并增加图像的对比度，在选区中生成绘画或印象派的效果，是完全模拟真实艺术手法进行创作的。在使用"查找边缘"和"等高线"等突出显示边缘的滤镜后，可应用【反相】命令用彩色线条勾勒彩色图像的边缘或用白色线条勾勒灰度图像的边缘。

7. 液化滤镜

液化滤镜可用于推、拉、旋转、反射、折叠和膨胀图像的任意区域。用户创建的扭曲可以是细微的或剧烈的，这就使"液化"命令成为修饰图像和创建艺术效果的强大工具。可将"液化"滤镜应用于 8 位 / 通道或 16 位 / 通道图像。

8. 模糊滤镜

在 Photoshop 中，模糊滤镜效果共包括 6 种滤镜，模糊滤镜可以使图像中过于清晰或对比度过于强烈的区域产生模糊效果。它通过平衡图像中已定义的线条和遮蔽区域的清晰边缘旁边的像素，使变化显得柔和。

9.2 滤镜概述

滤镜分为内置滤镜和外挂滤镜两大类。内置滤镜是 Photoshop CS6 自身提供的各种滤镜，外挂滤镜则是由其他厂商开发的滤镜，它们需要安装在 Photoshop CS6 目录中才能使用。滤镜产生的复杂数字化效果源自摄影技术，滤镜不仅可以改善图像的效果并掩盖其缺陷，还可以在原有图像的基础上产生许多特殊的效果。

9.2.1 滤镜库

所谓滤镜，就是把原有的画面进行艺术过滤，得到一种艺术或更完美的展示，滤镜功能是Photoshop的强大功能之一。它应用于图片后期处理，增强图片画面的艺术效果。

滤镜主要具有以下特点。

（1）滤镜只能应用于当前可视图层，且可以反复应用、连续应用，但一次只能应用在一个图层上。

（2）滤镜不能应用于位图模式、索引颜色模式和48位RGB模式的图像，某些滤镜只对RGB模式的图像起作用，如画笔描边滤镜和素描滤镜就不能在CMYK模式下使用。另外，滤镜只能应用于图层的有色区域，对完全透明的区域没有效果。

（3）有些滤镜完全在内存中处理，所以内存的容量对滤镜的生成速度影响很大。

（4）有些滤镜很复杂或是要应用滤镜的图像尺寸很大，执行时需要很长时间，如果想结束正在生成的滤镜效果，只需按【Esc】键即可。

（5）上次使用的滤镜将出现在【滤镜】菜单的顶部，可以通过执行此命令对图像再次应用上次使用过的滤镜效果。

（6）如果在滤镜设置窗口中对自己调节的效果感觉不满意，希望恢复调节前的参数，可以按【Alt】键，这时【取消】按钮会变为【复位】按钮，单击此按钮就可以将参数重置为调节前的状态。

9.2.2 滤镜的使用方法

使用艺术效果滤镜可以为美术或商业项目制作绘画效果或特殊效果，如使用木刻滤镜进行拼贴或文字处理，如下图所示。使用这些滤镜可以模仿自然或传统介质效果。Photoshop CS6的所有滤镜都在【滤镜】菜单中，其中"滤镜库""液化"和"消失点"等是特殊滤镜，被单独列出，而其他滤镜都依据其主要功能放置在不同类别的滤镜组中。如果安装了外挂滤镜，它们会出现在【滤镜】菜单的底部。

所有的艺术效果滤镜都可以通过使用【滤镜】→【滤镜库】命令完成。

第 9 章
效果快速呈现——滤镜

9.3 使用滤镜制作扭曲效果

扭曲滤镜可以使图像产生各种扭曲变形的效果。扭曲滤镜包括波浪、波纹、极坐标、挤压、切变、球面化、水波、旋转扭曲和置换。【扭曲】滤镜将图像进行几何扭曲，创建 3D 或其他整形效果。

> **提示**
> 这些滤镜可能占用大量内存。可以通过【滤镜库】来应用【扩散亮光】【玻璃】和【海洋波纹】等滤镜。

9.3.1 【液化】滤镜

【液化】滤镜可用于推、拉、旋转、反射、折叠和膨胀图像的任意区域。创建的扭曲可以是细微的或剧烈的，这就使【液化】命令成为修饰图像和创建艺术效果的强大工具。

（1）【向前变形工具】按钮：在拖动鼠标时可向前推动像素。

（2）【重建工具】按钮：用来恢复图像，在变形的区域单击或拖动鼠标进行涂抹，可以使变形区域恢复为原来的效果。

（3）【膨胀工具】按钮：在图像中单击或拖动鼠标时可以使像素向画笔区域的中心移动，使图像产生向外膨胀的效果。

（4）【褶皱工具】按钮：在图像中单击或拖动鼠标时可以使像素向画笔区域的中心移动，使图像产生向内收缩的效果。

本节主要使用【液化】命令中的【向前变形工具】对脸部进行矫正，使脸型变得更加完美，具体操作步骤如下。

第1步 打开随书光盘中的"素材\ch09\9-1.jpg"文件，如下图所示。

第2步 选择【滤镜】→【液化】命令，如下图所示。

第3步 在弹出的【液化】对话框中选择【向前变形工具】，并在【液化】对话框中设置【画笔大小】为"100"，【画笔压力】为"100"，然后对图像脸部进行推移，如下图所示。

第4步 单击【确定】按钮,最终效果如下图所示。

9.3.2 波浪效果

选择【滤镜】→【扭曲】→【波浪】命令就可以使用波浪效果。波浪效果是在选区上创建波状起伏的图案,像水池表面的波浪,如下图所示。

【波浪】对话框如下图所示。

【波浪】对话框中的各个参数含义如下。

(1)【生成器数】:滑动滑块,可以控制波浪的数量,最大数量为999,用来设置产生波纹效果的震源总数。

(2)【波长】:波长可以分别调整最大值与最小值,最大值和最小值决定相邻波峰之间的距离,并且相互制约。最大值不可以小于或者等于最小值。

(3)【波幅】:波幅的最大值和最小值也是相互制约的,它们决定了波峰的高度。最大值也是不能小于或者等于最小值的。

(4)【比例】:滑动滑块,可以控制图像在水平或者垂直方向的变形程度。

(5)【类型】:分为【正弦】【三角形】和【方形】三种,其分别设置后产生波浪效果的形态如下图所示。

第 9 章
效果快速呈现——滤镜

9.3.3 玻璃效果

玻璃滤镜可以实现一种玻璃效果。但是，不能应用于 CMYK 及 Lab 模式的图像上。

在设置面板中，可以调整扭曲度及平滑度，还可以选择玻璃的纹理效果。

【玻璃】滤镜使图像看起来像是透过不同类型的玻璃来观看的。可以选择一种玻璃效果，也可以将自己的玻璃表面创建为 Photoshop 文件并应用它。

【玻璃】对话框如下图所示。

【玻璃】对话框中的各个参数含义如下。

（1）【扭曲度】：可以控制图像的扭曲程度，范围最大为 20。

（2）【平滑度】：使扭曲的图像变得平滑，范围最大为 15。

（3）【纹理】：在其下拉列表框中可选择扭曲时产生的纹理，包括【块状】【画布】【磨砂】和【小镜头】，如下图所示。

（4）【缩放】：调整纹理的缩放大小。

（5）【反相】：选中该复选框，可反转纹理效果。

9.3.4 挤压效果

挤压滤镜可以使图像产生一种凸起或者是凹陷的效果。

在设置面板中，可以通过调整数量来控制挤压的轻度。数量为正，则是向内挤，压产生凹陷的效果；数量为负，则是向外挤压，形成凸出的效果，如下图所示。

9.3.5 旋转扭曲效果

【旋转扭曲】滤镜用于旋转选区，中心的旋转程度比边缘的旋转程度大。指定角度时可生成旋转扭曲图案，如下图所示。

9.4 使用滤镜制作风格化效果

风格化滤镜主要针对图像的像素进行调整，可以强化图像色彩的边界。因此，图像的对比度对风格化的一些滤镜影响大。【风格化】滤镜通过置换像素和查找并增加图像的对比度，在选区中生成绘画或印象派的效果。在使用【查找边缘】和【等高线】等突出显示边缘的滤镜后，可应用【反相】命令用彩色线条勾勒彩色图像的边缘或用白色线条勾勒灰度图像的边缘。

9.4.1 风效果

风滤镜可以在图像中，色彩相差比较大的边界上来增加一些水平的短线，来模拟一个刮风的效果。通过【风】滤镜可以在图像中放置细小的水平线条来获得风吹的效果。方法包括【风】、【大风】（用于获得更生动的风效果）和【飓风】（使图像中的线条发生偏移），如下图所示。

9.4.2 拼贴效果

拼贴滤镜可以使图像按照指定的设置，分裂出若干个正方形，并且可以设置正方形的位移来实现拼贴的效果。【拼贴】滤镜将图像分解为一系列拼贴，使选区偏离其原来的位置，如下图所示。

【拼贴】对话框中的各个参数含义如下。
（1）【拼贴数】：设置行或者列中分裂出来的方块数量。

(2)【最大位移】：方块偏移原始位置的最大位置比例。

(3)【填充空白区域】：可设置瓷砖间的间隙以何种图案填充，包括【背景色】【前景颜色】【反向图像】和【未改变的图像】。

①【背景色】：使用背景色面板中的颜色填充空白区域。

②【前景颜色】：使用前景色面板中的颜色填充空白区域。

③【反向图像】：将原图做一个反向效果，然后填充空白区域。

④【未改变的图像】：使用原图来填充空白区域。

9.4.3 凸出效果

凸出滤镜可以将图像分解为三维的立方块或者是金字塔凸出的效果。【凸出】滤镜赋予选区或图层一种3D纹理效果，如下图所示。

【凸出】对话框中的各个参数含义如下。

(1)【类型】：用于设定凸出类型，其中有两种类型，即【块】和【金字塔】。

①【块】：将图像分割成若干个块状，然后形成凸出效果，如下图所示。

②【金字塔】：将图像分割成类似金字塔的三棱锥体，形成凸出效果，如下图所示。

(2)【大小】：设置块的大小或者金字塔的底面大小。变化范围为2～255像素，以确定对象基底任一边的长度。

(3)【深度】：控制块的凸出的深度。输入1～255的值以表示最高的对象从挂网上凸起的高度。

(4)【随机】：可以是深度随机，为每个块或金字塔设置一个任意的深度。

(5)【基于色阶】：根据色阶的不同调整块的深度，使每个对象的深度与其亮度对应，越亮凸出得越多。

(6)【立方体正面】：选中该复选框后，将用块的平均颜色来填充立方体正面。

(7)【蒙版不完整块】：选中此复选框可以隐藏所有延伸出选区的对象。

9.5 使用滤镜使图像清晰或模糊

锐化滤镜可以使模糊的图像变得清晰，使用锐化滤镜，会自动增加图像中相邻像素的对比度，从而使图像整体看起来清晰一些。在锐化滤镜中，包括【USM 锐化】【锐化】【进一步锐化】【锐化边缘】【智能锐化】5 种滤镜效果。

9.5.1 USM 锐化效果

USM 锐化是一个常用的技术，简称 USM，是用来锐化图像中的边缘的。可以快速调整图像边缘细节的对比度，并在边缘的两侧生成一条亮线一条暗线，使画面整体更加清晰。对于高分辨率的输出，通常在屏幕上显示的锐化效果比印刷出来的更明显，如下图所示。

【USM 锐化】对话框中的各个参数含义如下。

（1）【数量】：通过滑动滑块，调整数量，可以控制锐化效果的强度。

（2）【半径】：是指锐化的半径大小。该设置决定了边缘像素周围影响锐化的像素数。图像的分辨率越高，半径设置应越大。

（3）【阈值】：是相邻像素的比较值。阈值越小，锐化效果越明显。该设置决定了像素的色调必须与周边区域的像素相差多少才被视为边缘像素，进而使用 USM 滤镜对其进行锐化。默认值为 0，这将锐化图像中所有的像素。

9.5.2 智能锐化效果

智能锐化滤镜的设置比较高级，可以控制锐化的强度，也可以有针对性地移去图像中模糊的效果，还可以针对高光和阴影部分进行锐化的设置。【智能锐化】滤镜具有【USM 锐化】滤镜所没有的锐化控制功能，可以设置锐化算法，或控制在阴影和高光区域中的锐化量，而且能避免色晕等问题，起到使图像细节清晰起来的作用，如下图所示。

【智能锐化】对话框中的各个参数含义如下。

（1）【数量】：调整滑块，可以控制锐化的强度。

（2）【半径】：可以调整锐化效果的半径大小，决定边缘像素周围受锐化影响的锐化数量，半径越大，受影响的边缘就越宽，锐化的效果也就越明显。

（3）【移去】：设置对图像进行锐化的锐化算法。"高斯模糊"是【USM 锐化】滤镜使用的方法；"镜头模糊"将检测图像中的边缘和细节；"动感模糊"尝试减少由于相机主体移动而导致的模糊效果。

9.5.3 动感模糊效果

模糊滤镜主要是使图像柔和，淡化图像中不同的色彩边界，可以适当掩盖图像的缺陷。

动感模糊可以沿着指定的方向，以及指定的距离对图像进行模糊。【动感模糊】滤镜沿指定角度方向（−360°~+360°）以指定距离（1~999 像素）进行模糊。此滤镜的效果类似于以固定的曝光时间给一个移动的对象拍照，如下图所示。

【动感模糊】对话框中的各个参数含义如下。

（1）【角度】：用来设置模糊的方向，可以输入角度数值，也可以拖动指针调整角度。

（2）【距离】：用来设置像素移动的距离。

9.5.4 表面模糊效果

表面模糊滤镜可以在保留色彩边缘的同时，模糊图像，用于创建特殊效果，并且消除杂色。【表面模糊】滤镜在保留边缘的同时模糊图像。其用于创建特殊效果并消除杂色或粒度，如下图所示。

【表面模糊】对话框中的各个参数含义如下。

（1）【半径】：以像素为单位，滑动滑块指定模糊取样区域的大小。

（2）【阈值】：以色阶为单位，控制相邻像素色调值与中心像素值相差多大时才能成为模糊的一部分。色调值小于阈值的像素不会被模糊。

9.5.5 高斯模糊效果

　　高斯模糊可以按照一定的半径数值来给图像产生一种朦胧的模糊效果。选择【滤镜】→【模糊】→【高斯模糊】命令，可以创建模糊效果。【高斯模糊】滤镜使用可调整的量快速模糊选区。高斯是指当 Photoshop 将加权平均应用于像素时生成的钟形曲线。【高斯模糊】滤镜添加低频细节，并产生一种朦胧效果，如下图所示。

9.5.6 径向模糊效果

　　径向模糊可以模拟移动相机或者旋转相机产生的模糊效果，产生一种柔化的模糊，如下图所示。

　　【径向模糊】对话框中的各个参数含义如下。
　　（1）【中心模糊】：在该设置框内单击便可以将单击点设置为模糊的原点，原点的位置不同，模糊的效果也不同。
　　（2）【数量】：可以控制模糊的强度，范围为 1~100，该值越高，模糊效果越强烈。
　　（3）【模糊方法】：包括【旋转】和【缩放】两个选项，用于设置模糊的方法及效果。
　　（4）【品质】：品质分为【草图】【好】【最好】，用来设置应用模糊效果后图像的显示品质。

9.5.7 景深效果

　　所谓景深，就是当焦距对准某一点时其前后都仍可清晰的范围。它能决定是将背景模糊化来突出拍摄对象，还是拍出清晰的背景。镜头模糊滤镜是一个比较实用的滤镜，可以用来模拟景深效果，以使图像中的一些对象在焦点内，而使另一些区域变模糊。

如下图所示，如果需要将人物后面的场景进行模糊，镜头中的人物还是清晰的，需要将人物建立选区，然后再创建选区通道，再在【镜头模糊】对话框的【源】中选择该通道即可。

【镜头模糊】对话框中的主要参数含义如下。
（1）【光圈】：用来设置模糊的显示方式。
（2）【镜面高光】：用来设置镜面高光的范围。

9.6 使用滤镜制作艺术效果

艺术效果滤镜组中，包含了很多艺术滤镜，可以模拟一些传统的或者天然的艺术效果。

艺术效果滤镜是滤镜库中的滤镜，如果在当前的【滤镜】菜单下没有【艺术效果】滤镜时，则可按【Ctrl+K】组合键，在弹出【首选项】设置面板中进行设置。

使用【艺术效果】子菜单中的滤镜，可以为美术或商业项目制作和提供绘画效果或艺术效果。例如，使用【木刻】滤镜进行拼贴或印刷，这些滤镜模仿自然或传统介质效果。可以通过【滤镜库】来应用所有【艺术效果】滤镜。

9.6.1 制作壁画效果

【壁画】滤镜使用短而圆的、粗略涂抹的小块颜料，以一种粗糙的风格绘制图像，如下图所示。

在【壁画】设置面板中，可以调整画笔大小、画笔细节和纹理。
（1）【画笔大小】：滑动滑块，可以调整画笔大小，改变描边颜料块的大小。

（2）【画笔细节】：用来调整图像中细节的程度。
（3）【纹理】：可以调整纹理的对比度。

9.6.2 制作彩色铅笔效果

【彩色铅笔】滤镜使用彩色铅笔在纯色背景上绘制图像，保留重要边缘，外观呈粗糙阴影线，纯色背景色透过比较平滑的区域显示出来，如下图所示。

彩色铅笔模拟使用彩色铅笔在纯色背景上绘制图像的效果。【彩色铅笔】对话框中的各个参数含义如下。
（1）【铅笔宽度】：滑动滑块，可以调整笔触的宽度大小。
（2）【描边压力】：调整铅笔描边的对比度效果。
（3）【纸张亮度】：调整背景色的明亮度。

9.6.3 制作底纹效果

【底纹效果】滤镜在带纹理的背景上绘制图像，然后将最终图像绘制在该图像上，如下图所示。

底纹效果滤镜可以将选择的纹理效果与图像融合在一起。【底纹效果】对话框中的各个参数含义如下。
（1）【画笔大小】：滑动滑块，设置产生底纹的画笔大小，该值越高，绘画效果越强烈。
（2）【纹理覆盖】：控制纹理与图像的融合程度。
（3）【纹理】：可以选择【砖形】【画布】【粗麻布】【砂岩】等纹理效果。
（4）【缩放】：用来设置纹理大小。
（5）【凸现】：调整纹理表面的深度。

(6)【光照】：可以选择不同的光源照射方向。
(7)【反相】：选中该复选框，则将纹理的表面亮色和暗色翻转。

9.6.4 制作调色刀效果

【调色刀】滤镜用来减少图像中的细节以生成描绘得很淡的画布效果，可以显示出如下图所示的纹理。

【调色刀】滤镜会降低图像的细节，并淡化图像，实现在湿润的画布上绘画的效果。【调色刀】对话框中的各个参数含义如下。

(1)【描边大小】：调整色块的大小。
(2)【描边细节】：控制线条刻画的强度大小。
(3)【软化度】：淡化色彩边界。

9.6.5 制作干画笔效果

【干画笔】滤镜使用干画笔技术（介于油彩和水彩之间）绘制图像边缘。此滤镜通过将图像的颜色范围降到普通颜色范围来简化图像，如下图所示。

利用【干画笔】滤镜，可以模拟一种油画与水彩画之间的艺术效果，【干画笔】对话框中的各个参数含义如下。

(1)【画笔大小】：可以调整画笔笔触的大小，此值越小，图像越清晰。
(2)【画笔细节】：调节笔触和细腻程度。
(3)【纹理】：调整结果图像纹理显示的强度。

9.6.6 制作海报边缘效果

【海报边缘】滤镜根据设置的海报化选项减少图像中的颜色数量（对其进行色调分离），

并查找图像的边缘,在边缘上绘制黑色线条。大而宽的区域有简单的阴影,细小的深色细节遍布图像,如下图所示。

【海报边缘】滤镜可以自动识别图像的边缘,并且使用黑色的线条来绘制边缘部分。【海报边缘】对话框中的各个参数含义如下。

(1)【边缘厚度】:滑动滑块,调整边缘绘制的柔和程度。

(2)【边缘强度】:滑动滑块,可以调整边缘刻画的强度。

(3)【海报化】:调整图像中颜色的数量。

9.6.7 制作胶片颗粒效果

【胶片颗粒】滤镜将平滑图案应用于阴影和中间色调。将一种更平滑、饱和度更高的图案添加到亮区。在消除混合的条纹和将各种来源的图素在视觉上进行统一时,此滤镜非常有用,如下图所示。

【胶片颗粒】滤镜可以给图像增加颗粒效果,【胶片颗粒】对话框中的各个参数含义如下。

(1)【颗粒】:设置图像上分布黑色颗粒的数量和大小。

(2)【高亮区域】:设置高亮区域的颗粒总数。此值越大,高亮区域的颗粒总数越少。

(3)【强度】:控制颗粒效果的强度。此值越小,强度越强烈。

9.6.8 制作木刻效果

【木刻】滤镜使图像看上去好像是由从彩纸上剪下的边缘粗糙的剪纸片组成的。高对比度的图像看起来呈剪影状,而彩色图像看上去是由几层彩纸组成的,如下图所示。

第 9 章
效果快速呈现——滤镜

【木刻】滤镜可以实现一种在木头上雕刻的简单效果。【木刻】对话框中的各个参数含义如下。

（1）【色阶数】：控制色阶的数量，可以控制图像显示的颜色多少。

（2）【边缘简化度】：可以控制图像色彩边缘简化的程度，此值越大，边缘即很快简化为背景色。可以在几何形状不太复杂时产生真实的效果。

（3）【边缘逼真度】：控制图像色彩边缘的细节。

9.6.9 制作霓虹灯光效果

【霓虹灯光】滤镜将各种类型的灯光添加到图像中的对象上。此滤镜用于在柔化图像外观时给图像着色。要选择一种发光颜色，需要单击发光框，并从拾色器中选择一种颜色，如下图所示。

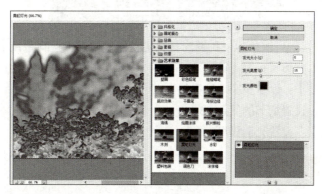

【霓虹灯光】滤镜可以模拟霓虹灯照射的效果。图像的背景将会使用前景色填充。【霓虹灯光】对话框中的各个参数含义如下。

（1）【发光大小】：数值为正，则照亮图像；数值为负，则使图像变暗。

（2）【发光亮度】：设置发光的亮度。

（3）【发光颜色】：单击色块，可以更改发光的颜色。

9.6.10 制作水彩效果

【水彩】滤镜以水彩的风格绘制图像，使用蘸了水和颜料的中号画笔绘制以简化细节。当边缘有显著的色调变化时，此滤镜会使颜色饱满，如下图所示。

【水彩】滤镜可以模拟水彩风格的图像效果。【水彩】对话框中的各个参数含义如下。

（1）【画笔细节】：可以设置画笔的细腻程度，保留图像边缘细节。

（2）【阴影强度】：设置图像阴影的强度大小。

（3）【纹理】：控制纹理显示的强度。

9.6.11 制作塑料包装效果

【塑料包装】滤镜给图像涂上一层光亮的塑料，以强调表面细节，如下图所示。

【塑料包装】滤镜，可以模拟一种发光塑料覆盖的效果，【塑料包装】对话框中的各个参数含义如下。

（1）【高光强度】：设置高亮点的亮度。

（2）【细节】：设置细节的复杂程度。

（3）【平滑度】：设置光滑程度。

9.6.12 制作涂抹棒效果

【涂抹棒】滤镜使用短的对角描边涂抹暗区以柔化图像，使亮区变得更亮，以致失去细节，如下图所示。

第9章
效果快速呈现——滤镜

【涂抹棒】滤镜可以使用对角线描边涂抹图像的暗部，从而使图像变得柔和，【涂抹棒】对话框中的各个参数含义如下。

（1）【描边长度】：可以控制笔触线条的大小。

（2）【高光区域】：可以改变图像的高光范围。

（3）【强度】：设置涂抹强度，此值越大，反差效果越强。

用滤镜制作炫光空间

本实例学习使用制作色彩绚丽的炫光空间背景，制作过程不复杂，主要用到的是【镜头光晕】和【波浪】滤镜。由于随机性比较强，每一次做的效果都可能有变化。本案例的最终效果如下图所示。

1. 新建文件

第1步 选择【文件】→【新建】命令，新建一个文件，如下图所示。

第2步 选择【滤镜】→【渲染】→【云彩】命令，效果如下图所示。

2. 添加滤镜效果

第1步 选择【滤镜】→【像素化】→【马赛克】命令，在打开的【马赛克】对话框中设置【单元格大小】为"10"，设置参数如下图所示。

· 229 ·

第2步 选择【滤镜】→【模糊】→【径向模糊】命令,在打开的【径向模糊】对话框中进行参数的设置,如下图所示。

第3步 选择【滤镜】→【风格化】→【浮雕效果】命令,在打开的【浮雕效果】对话框中进行参数的设置,如下图所示。

第4步 选择【滤镜】→【滤镜库】→【画笔描边】→【强化的边缘】命令,效果如下图所示。

第5步 选择【滤镜】→【风格化】→【查找边缘】命令,创建清晰的线条效果,按【Ctrl+I】组合键将图像反相,效果如下图所示。

3. 添加炫彩效果

第1步 按【Ctrl+L】组合键,打开【色阶】对话框,将"阴影"滑块向右拖动,使图像变暗,如下图所示。

第9章
效果快速呈现——滤镜

第3步 选择【渐变工具】，在工具选项栏中单击【径向渐变】按钮，并单击渐变颜色条，打开【渐变编辑器】窗口，调整渐变颜色，如下图所示。

第2步 在调整面板中单击【照片滤镜】按钮，在【滤镜】下拉列表中选择"蓝"选项，设置【浓度】为"100%"，如下图所示。

第4步 新建一个图层，填充一些小的渐变颜色，完成滤镜打造神秘炫光空间效果，如下图所示。

◇ 使用滤镜给照片去噪

照相机品质不高或者ISO设置不正确等原因往往造成照片有明显的噪点，通过后期处理可以解决这些问题。下面介绍如何在Photoshop CS6中为照片去除噪点。具体的操作步骤如下。

第1步 打开随书光盘中的"素材\ch09\桃花.jpg"文件，如下图所示。

· 231 ·

第2步　将图像显示放大至200%，以便局部观察。选择【滤镜】→【杂色】→【去斑】命令，执行命令后会发现细节表现略好，但是会存在画质丢失的现象，如下图所示。

第3步　选择【滤镜】→【杂色】→【蒙尘与划痕】命令。通过调节【半径】和【阈值】滑块，同样可以达到去噪效果，通常半径值为1像

素即可；而阈值可以对去噪后画面的色调进行调整，将画质损失减少到最低。设置完成后单击【确定】按钮即可，如下图所示。

第4步　最后用锐化工具对花朵的重点表现部分进行锐化处理即可，效果如下图所示。

◇ Photoshop CS6 滤镜与颜色模式

如果Photoshop CS6【滤镜】菜单中的某些命令显示为灰色，就表示它们无法执行。通常情况下，这是由于图像的颜色模式造成的。RGB模式的图像可以使用全部滤镜，一部分滤镜不能用于CMYK模式的图像，索引和位图模式的图像则不能使用任何滤镜。如果要对CMYK、索引或位图模式图像应用滤镜，可在菜单栏选择【图像】→【模式】→【RGB颜色】命令，将其转换为RGB模式。

第 3 篇

应用篇

第 10 章　图层

第 11 章　图层混合技术

第 12 章　通道与蒙版

本篇主要介绍 Photoshop CS6 中的应用操作，通过本篇的学习，读者可以掌握图层、图层混合技术及通道和蒙版的应用等操作。

第 10 章

图层

📖 本章导读

图层功能是 Photoshop CS6 处理图像的基本功能，也是 Photoshop CS6 中很重要的一部分。图层就像玻璃纸，每张玻璃纸上各有一部分图像，将这些玻璃纸重叠起来，就是一幅完整的图像，而修改一张玻璃纸上的图像不会影响到其他图像。

📍 效果图

第 10 章 图层

10.1 平面广告设计案例

图层面板是独立于 Photoshop 工作空间里面的一个面板。在图层里面，用户可以缩放、更改颜色、设置样式、改变透明度等。

实例名称：平面广告设计案例		
实例目的：缩放、更改颜色、设置样式、改变透明度等		
	素材	素材\ch10\10-1.jpg、10-2.jpg 等
	结果	结果\ch10\金属图标.psd、相机广告.psd 等
	录像	视频教学录像\10 第 10 章

下图所示为图层面板。

10.1.1 案例概述

本案例主要是通过分析平面广告设计中各图层的作用来理解图层的使用方法和特性。一个图层代表了一个单独的元素，设计师可以任意更改。图层可以说在平面设计中起着至关重要的作用，图层可以用来表示平面设计的元素，也可以用来显示文本框、图像、背景、内容和更多其他元素的基底。

10.1.2 设计思路

"层"的概念在 Photoshop CS6 中非常重要，它是构成图像的重要组成单位，许多效果可以通过对层的直接操作而得到，用图层来实现效果是一种直观而简便的方法，良好的分层有助于更完美地展示和修改。

每一个图层都是由许多像素组成的，而图层又通过上下叠加的方式来组成整个图像。打个比喻，每一个图层就好比是一块透明的"玻璃"，而图层内容就画在这些"玻璃"上，如果"玻璃"上什么都没有，这就是一个完全透明的空图层，当各个"玻璃"上都有图像时，自上而下俯视所有图层，就能形成图像显示效果。

10.1.3 涉及知识点与命令

1. 填充和不透明度

填充和不透明度完全是两个选项，但是它们经常被相同的使用方法混淆。填充是一个图层里面背景色块所占用的百分比，这个选项一般用于形状填充，而透明度是一个图层针对其他设计层的透明度。

填充和不透明度的区别就是填充选项不影响图层样式。例如，给图层添加一个描边，此时调节填充选项的描边效果依然还清晰地展示在图层上。而如果调节不透明度选项，那么这个描边样式的透明度也会跟着改变，如下图所示。

4. 选区

Photoshop CS6 中的选区选项实现方式有很多。需要选中设计稿里面的一部分时，可以直接单击该部分所在的图层，按【Ctrl+A】组合键或者使用【套索工具】→【快速选择工具】，可以将图层移动到想要的位置。不过这里有一个很好用的方法：按【Ctrl】键，并单击所要选择的图像就可以选中该图层了，如下图所示。

2. 分组

在使用 Photoshop CS6 分层时，分组是最需要掌握的内容。分组对于设计本身确实没有做出很大的贡献，但是其重要性却是非常明显的。分组有助于组织图层，除了便于正确命名图层外，还能很好地对图层进行分门别类，从而提高工作流程。因为分组后不再需要为了一个像素而搜遍所有图层，只需要从分组入手很快就可以找到。

3. 遮罩

遮罩是隐蔽当前图层的一部分，从而使下面的图层内容被显示出来的一个功能，如下图所示。这是一个必须掌握的技巧，它可以创建很多无缝的创意展示。

5. 图层样式

图层样式提供许多改善设计的选择方案。

混合选项：混合模式选项允许定制背景和图层的关系以及如何补充、连接两者。除此之外，也可以选择高级选项，即可以从整体或者单个通道的角度来降低图层的不透明度。

斜面和浮雕：该选项赋予了图层 3D 的效果。这是加大图层深度的设计，使之显得更加"现实"。

描边：最常用的选项菜单。描边大大加强了图层的形象效果。用户可以选择描边的不透明度、颜色及其混合选项。

内阴影：给图层创造了一个微妙的暗层，同时也提供了深度（外阴影则与此相反）。

内发光：在图像轮廓的边缘内部提供一种黄色羽化闪光效果（外发光则与此相反）。
颜色叠加：给整张图像填满一种颜色。

10.2 图层的基本知识

在学习图层的使用方法之前，首先需要了解一些图层的基本知识。

10.2.1 图层特性

图层是 Photoshop CS6 最为核心的功能之一。图层就像是含有文字或图形等元素的胶片，一张张按顺序叠放在一起，组合起来形成页面的最终效果。图层可以将页面上的元素精确定位。使用"图层"可以把一幅复杂的图像分解为相对简单的多层结构，并对图像进行分级处理，从而减少图像处理工作量并降低难度。通过调整各个"图层"之间的关系，能够实现更加丰富和复杂的视觉效果。

为了理解什么是"图层"这个概念，可以回忆手工制图时用透明纸作图的情况：当一幅图过于复杂或图形中各部分干扰较大时，可以按一定的原则将一幅图分解为几个部分，然后分别将每一部分按着相同的坐标系和比例画在透明纸上，完成后将所有透明纸按同样的坐标重叠在一起，最终得到一幅完整的图形。当需要修改其中某一部分时，可以将要修改的透明纸抽取出来单独进行修改，而不会影响到其他部分。

Photoshop CS6 图层的概念，参照了用透明纸进行绘图的方法，各部分绘制在不同的图层上。透过这层纸，可以看到纸后面的东西，无论在这层纸上如何涂画，都不会影响 Photoshop CS6 其他图层中的图像，也就是说每个图层可以进行独立的编辑或修改。

图层承载了几乎所有的编辑操作。如果没有图层，所有的图像将处在同一个平面上，这对于图像的编辑来讲，简直是无法想象的。正是因为有了图层功能，Photoshop CS6 才变得如此强大。本节将讲解图层的3种特性，即透明性、独立性和遮盖性，如下图所示。

1. 透明性

透明性是图层的基本特性。图层就像是一层层透明的玻璃纸，在没有绘制色彩的部分，透过上面图层的透明部分，能够看到下面图层的图像效果。在 Photoshop CS6 中图层的透明部分表现为灰白相间的网格，如下图所示。

可以看到即使"图层1"上面有"图层2"，但是透过"图层2"仍然可以看到"图层1"中的内容，这说明"图层2"具备了图层的透明性。

2. 独立性

为了灵活处理一幅作品中的任何一部分内容，Photoshop CS6 可以将作品中的每一部分各放到一个图层中。图层与图层之间是相互独立的，在对其中的一个图层进行操作时，其他的图层不会受到干扰，图层调整前后对比效果如下图所示。

3. 遮盖性

图层之间的遮盖性是指上面当一个图层中有图像信息时，会遮盖住下层图像中的图像信息，如下图所示。

可以看到当改变其中一个对象的时候，其他的对象保持原状，这说明图层之间相互保持了一定的独立性。

10.2.2 【图层】面板

Photoshop CS6 中的所有图层都被保存在【图层】面板中，对图层的各种操作基本上都可以在【图层】面板中完成。使用【图层】面板可以创建、编辑和管理图层及为图层添加样式，还可以显示当前编辑的图层信息，使用户清楚地掌握当前图层操作的状态。

选择【窗口】→【图层】命令或按【F7】键，可以打开【图层】面板，如下图所示。

（1）图层混合模式：创建图层中图像的各种混合效果。

（2）【锁定】工具栏：4个按钮分别是【锁定透明像素】【锁定图像像素】【锁定位置】和【锁定全部】。

（3）显示或隐藏：显示或隐藏图层。当图层左侧显示眼睛图标 时，表示当前图层在图像窗口中显示，单击眼睛图标 ，图标消失并隐藏该图层中的图像。

（4）图层缩览图：该图层的显示效果预览图。

（5）图层不透明度：设置当前图层的不透明效果，值为 0%~100%，设置为 0% 表示完全透明，设置为 100% 表示不透明。

（6）图层填充不透明度：设置当前图层的填充百分比，值为 0%~100%。

（7）图层名称：图层的名称。

（8）当前图层：在【图层】面板中蓝色高亮显示的图层为当前图层。

（9）背景图层：在【图层】面板中，位于最下方的图层名称为"背景"的图层，即是背景图层。

（10）【链接图层】 ：在图层上显示图标 时，表示图层与图层之间是链接图层，在编辑图层时可以同时进行编辑。

（11）【添加图层样式】 ：单击该按钮，从弹出的菜单中选择相应选项，可以为当前图层添加图层样式效果。

（12）【添加图层蒙版】 ：单击该按钮，可以为当前图层添加图层蒙版效果。

（13）【创建新的填充或调整图层】 ：单击该按钮，从弹出的菜单中选择相应选项，可以创建新的填充图层或调整图层。

（14）【创建新组】 ：创建新的图层组。可以将多个图层归为一个组，这个组可以在不需要操作时折叠起来。无论组中有多少个图层，折叠后只占用相当于一个图层的空间，方便管理图层。

（15）【创建新图层】 ：单击该按钮，可以创建一个新的图层。

（16）【删除图层】 ：单击该按钮，可以删除当前图层。

10.2.3 图层类型

Photoshop CS6 的图层类型有多种，可以将图层分为普通图层、背景图层、文字图层、形状图层、蒙版图层和调整图层 6 种。

1. 普通图层

普通图层是一种常用的图层。在普通图层上用户可以进行各种图像编辑操作，如下图所示。

2. 背景图层

使用 Photoshop CS6 新建文件时，如果【背景内容】选择为白色或背景色，在新文件中就会自动创建一个背景图层，并且该图层还有一个锁定的标志。背景图层始终在最底层，就像一栋楼房的地基一样，不能与其他图层调整叠放顺序。

一个图像中可以没有背景图层，但最多只能有一个背景图层。

背景图层的不透明度不能更改，不能为背景图层添加图层蒙版，也不可以使用图层样式。如果要改变背景图层的不透明度，为其添加图层蒙版或者使用图层样式，可以先将背景图层转换为普通图层。

把背景图层转换为普通图层的具体操作步骤如下。

第1步 打开随书光盘中的"素材\ch10\10-1.jpg"文件，如下图所示。

第2步 选择【窗口】→【图层】命令，打开【图层】面板。在【图层】面板中选定背景图层，如下图所示。

第3步 选择【图层】→【新建】→【背景图层】命令，如下图所示。

第4步 弹出【新建图层】对话框，如下图所示。

第5步 单击【确定】按钮，背景图层即转换为普通图层。用户使用【背景橡皮擦工具】和【魔术橡皮擦工具】擦除背景图层时，背景图层便自动变成普通图层。直接在背景图层上双击，可以快速将背景图层转换为普通图层，如下图所示。

3. 文字图层

使用工具箱中的【文字工具】输入文本可以创建文字图层，文字图层是一种特殊的图层，用于存放文字信息。文字图层在【图层】面板中的缩览图与普通图层不同，如下图所示。

文字图层主要用于编辑图像中的文本内容。用户可以对文字图层进行移动、复制等操作，但是不能使用绘图和修饰工具来绘制和编辑文字图层中的文字，不能使用【滤镜】命令。如果需要编辑文字，则必须栅格化文字图层，被栅格化后的文字将变为位图图像，不能再修改其文字内容。

栅格化操作就是把矢量图转化为位图，

第10章
图层

在 Photoshop CS6 中有一些图是矢量图，例如，用【文字工具】输入的文字或用【钢笔工具】绘制的图形。如果想对这些矢量图形做进一步的处理，如使文字具有影印效果，就要使用【滤镜】→【素描】→【影印】命令，而该命令只能处理位图图像，不能处理矢量图。此时就需要先把矢量图栅格化，转化为位图，再进一步处理。矢量图经过栅格化处理变成位图后，就失去了矢量图的特性。

栅格化文字图层就是将文字图层转换为普通图层。

（1）普通方法

选中文字图层，选择【图层】→【栅格化】→【文字】命令，文字图层即转换为普通图层，如下图所示。

（2）快捷方法

在【图层】面板中的文字图层上右击，从弹出的快捷菜单中选择【栅格化文字】选项，可以将文字图层转换为普通图层，如下图所示。

4. 形状图层

形状图层一般是使用工具箱中的形状工具（【矩形工具】■、【圆角矩形工具】■、【椭圆工具】●、【多边形工具】●、【直线工具】\、【自定义形状工具】♦或【钢笔工具】♦）绘制图形后而自动创建的图层。形状是矢量对象，与分辨率无关。

形状图层包含定义形状颜色的填充图层和定义形状轮廓的矢量蒙版。形状轮廓是路径，显示在【路径】面板中。如果当前图层为形状图层，在【路径】面板中可以看到矢量蒙版的内容，如下图所示。

用户可以对形状图层进行修改和编辑，具体操作步骤如下。

第1步 打开随书光盘中的"素材\ch10\10-3.jpg"文件，如下图所示。

· 241 ·

第2步 创建一个形状图层,然后在【图层】面板中双击图层的缩览图,如下图所示。

第3步 打开【拾色器(纯色)】对话框。选择相应的颜色后单击【确定】按钮,即可重新设置填充颜色,如下图所示。

第4步 使用工具箱中的【直接选择工具】,即可修改或编辑形状中的路径,如下图所示。

如果要将形状图层转换为普通图层,需要栅格化形状图层,有以下3种方法。

(1)完全栅格化法

选择形状图层,选择【图层】→【栅格化】→【形状】命令,即可将形状图层转换为普通图层,同时不保留蒙版和路径,如下图所示。

(2)路径和蒙版栅格化

选择【图层】→【栅格化】→【填充内容】命令,对栅格化形状图层进行填充,同时保留矢量蒙版,如下图所示。

(3)蒙版栅格化法

在上一步操作的基础上,选择【图层】→【栅格化】→【矢量蒙版】命令,即可栅格化形状图层的矢量蒙版,同时将其转换为图层蒙版,丢失路径,如下图所示。

5. 蒙版图层

图层蒙版是一个很重要的功能，在处理图像时，经常会用到。图层蒙版的好处是不会破坏原图，并且 Photoshop CS6 在蒙版上处理的速度也比在图片上直接处理要快得多。一般来说，在抠图或者合成图像的时候，会经常用到图层蒙版。

蒙版图层是用来存放蒙版的一种特殊图层，依附于除背景图层以外的其他图层。蒙版的作用是显示或隐藏图层的部分图像，也可以保护区域内的图像，以免被编辑。用户可以创建的蒙版类型有图层蒙版和矢量蒙版两种。

（1）图层蒙版

图层蒙版是与分辨率有关的位图图像，由绘画或选择工具创建。创建图层蒙版的具体操作步骤如下。

第1步 打开随书光盘中的"素材\ch10\10-4.jpg"和"素材\ch10\10-5.jpg"文件，如下图所示。

第2步 使用工具箱中的【移动工具】，选择并拖曳"10-5.jpg"图片到"10-4.jpg"图片上，如下图所示。

第3步 按【Ctrl+T】组合键对翅膀图片进行变形并调整大小和位置，使其和女孩人物配合好（为了方便观察可以将该图层的不透明度值调低），如下图所示。

第4步　单击【图层】面板下方的【添加图层蒙版】按钮，为当前图层创建图层蒙版，如下图所示。

第5步　根据需要调整图片的位置，然后把前景色设置为黑色，选择【画笔工具】，开始涂抹直至两幅图片融合在一起，如下图所示。

这时，可以看到两幅图片已经融合在一起构成了一幅图片。

选定图层后选择【图层】→【图层蒙版】命令，在弹出的子菜单中选择合适的菜单命令，即可创建图层蒙版，如下图所示。

（2）矢量蒙版

矢量蒙版与分辨率无关，一般是使用工具箱中的【钢笔工具】、形状工具（【矩形工具】、【圆角矩形工具】、【椭圆工具】、【多边形工具】、【直线工具】和【自定义形状工具】）绘制图形后而创建的。

矢量蒙版可在图层上创建锐边形状。若需要添加边缘清晰的图像，可以使用矢量蒙版。

6. 调整图层

用户使用【调整图层】可以将颜色或色调调整应用于多个图层，而不会更改图像中的实际颜色或色调。颜色和色调调整信息存储在调整图层中，并且影响它下面的所有图层。这意味着操作一次即可调整多个图层，而不用分别调整每个图层。

使用【调整图层】调整图像色彩的具体操作步骤如下：

第1步　打开随书光盘中的"素材\ch10\10-6.jpg"文件，如下图所示。

第2步　单击【图层】面板下方的【创建新的填充或调整图层】按钮，在弹出的快捷菜单中选择【色相/饱和度】命令，可以创建一个调整图层，如下图所示。

第 10 章
图层

第4步 调整图层的【色相／饱和度】后的效果如下图所示。

第3步 创建图层的同时，软件打开了【属性】面板，可以调整图层【色相／饱和度】的相关参数，如下图所示。

| 提示 |

选择【图层】→【新建调整图层】命令，在弹出的子菜单中选择合适的菜单命令，即可创建一个调整图层，如下图所示。

10.3 图层的基本操作

本节主要学习如何选择和确定当前图层、图层上下位置关系的调整、图层的对齐与分布及图层编组等基本操作。

10.3.1 选择图层

在处理多个图层的文档时，需要选择相应的图层来做调整。在 Photoshop CS6 的【图层】面板上深颜色显示的图层为当前图层，大多数的操作都是针对当前图层进行的，因此，对当前图层的确定十分重要。选择图层的步骤如下。

第1步 打开随书光盘中的"素材 \ch10\ 招贴设计 .psd"文件，如下图所示。

第3步 还可以直接在图像中的"背景图片"上右击，然后在弹出的菜单中选择"图层1"图层，即可选中"背景图片"所在的图层，如下图所示。

第2步 在【图层】面板中选择"图层1"图层即可选择"背景图片"所在的图层，此时"背景图片"所在的图层为当前图层，如下图所示。

10.3.2 调整图层叠加顺序

改变图层的排列顺序就是改变图层像素之间的叠加次序，可以通过直接拖曳图层的方法来实现。

1. 调整图层位置

调整图层位置的步骤如下。

第1步 打开随书光盘中的"素材 \ch10\10-7.psd"文件，选中"巧克力"所在的"图层37"图层，如下图所示。

第2步 选择【图层】→【排列】→【后移一层】命令，如下图所示。

第3步 效果如下图所示。

第10章 图层

（1）【置为顶层】：将当前图层移到最上层，快捷键为【Shift+Ctrl+】】。

（2）【前移一层】：将当前图层向上移一层，快捷键为【Ctrl+】】。

（3）【后移一层】：将当前图层向下移一层，快捷键为【Ctrl+【】。

（4）【置为底层】：将当前图层移到最底层，快捷键为【Shift+Ctrl+【】。

（5）【反向】：将选中的图层顺序反转。

2. 调整图层位置的技巧

Photoshop CS6 提供了 5 种排列方式，如下图所示。

10.3.3 合并与拼合图层

合并图层即是将多个有联系的图层合并为一个图层，以便于进行整体操作。首先选择要合并的多个图层，然后选择【图层】→【合并图层】命令即可。也可以通过【Ctrl+E】组合键来完成。

1. 合并图层

合并图层的具体操作步骤如下。

第1步 打开随书光盘中的"素材\ch10\招贴设计.psd"文件，如下图所示。

第2步 在【图层】面板中按【Ctrl】键的同时单击所有图层，单击【图层】面板右上角的下三角按钮，在弹出的快捷菜单中选择【合并图层】命令，如下图所示。

第3步 最终效果如下图所示。

2. 合并图层的操作技巧

Photoshop CS6 提供了 3 种合并图层的

方式，如下图所示。

（1）【合并图层】：在没有选择多个图层的状态下，可以将当前图层与其下面的图层合并为一个图层，也可以通过【Ctrl+E】组合键来完成。

（2）【合并可见图层】：将所有的显示图层合并到背景图层中，隐藏图层被保留，也可以通过【Shift+Ctrl+E】组合键来完成。

（3）【拼合图像】：可以将图像中的所有可见图层都合并到背景图层中，隐藏图层则被删除。这样可以大大地降低文件的尺寸。

10.3.4 图层编组

【图层编组】命令用来创建图层组，如果当前选择了多个图层，则可以选择【图层】→【图层编组】命令（也可以通过【Ctrl+G】组合键来执行此命令），将选择的图层编为一个图层组。图层编组的具体操作步骤如下。

第1步 打开随书光盘中的"素材\ch10\招贴设计.psd"文件。

第2步 在【图层】面板中按【Ctrl】键的同时单击"图层1""图层9"和"图层4"图层，单击【图层】面板右上角的小三角按钮，在弹出的快捷菜单中选择【从图层新建组】命令，如下图所示。

第4步 如果当前文件中创建了图层编组，选择【图层】→【取消图层编组】命令可以取消选择的图层组的编组，如下图所示。

第3步 在弹出的【从图层新建组】对话框中设定名称等参数，然后单击【确定】按钮，如下图所示。

10.3.5 【图层】面板弹出菜单

单击【图层】面板右侧的下拉按钮，弹出命令菜单，如下图所示，从中可以完成新建图层、复制图层、删除图层、删除链接图层及删除隐藏图层等操作。

10.4 图层的对齐与分布

在 Photoshop CS6 中绘制图像时，有时需要对多个图像进行整齐排列，以达到美观的效果。在 Photoshop CS6 中提供了 6 种对齐方式，可以快速准确地排列图像。依据当前图层和链接图层的内容，可以进行图层之间的对齐操作。

1. 图层的对齐与分布操作

图层对齐与分布的具体操作步骤如下。

第1步 打开随书光盘中的"素材\ch10\10-8.psd"文件，如下图所示。

第2步 在【图层】面板中按住【Ctrl】键的同时单击"图层1"、"图层2"、"图层3"和"图层4"图层，如下图所示。

第3步 选择【图层】→【对齐】→【顶边】命令，如下图所示。

第4步 最终效果如下图所示。

2. 图层对齐的操作技巧

Photoshop CS6 提供了 6 种对齐方式，如下图所示。

```
顶边(T)
垂直居中(V)
底边(B)
左边(L)
水平居中(H)
右边(R)
```

（1）【顶边】：将链接图层顶端的像素对齐到当前工作图层顶端的像素或者选区边框的顶端，以此方式来排列链接图层的效果。

（2）【垂直居中】：将链接图层垂直中心的像素对齐到当前工作图层垂直中心的像素或者选区的垂直中心，以此方式来排列链接图层的效果，如下图所示。

（3）【底边】：将链接图层最下端的像素对齐到当前工作图层最下端的像素或者选区边框的最下端，以此方式来排列链接图层的效果，如下图所示。

（4）【左边】：将链接图层最左边的像素对齐到当前工作图层最左端的像素或者选区边框的最左端，以此方式来排列链接图层的效果，如下图所示。

（5）【水平居中】：将链接图层水平中心的像素对齐到当前工作图层水平中心的像素或者选区的水平中心，以此方式来排列链接图层的效果，如下图所示。

（6）【右边】：将链接图层最右端的像素对齐到当前工作图层最右端的像素或者选区边框的最右端，以此方式来排列链接图层的效果，如下图所示。

3. 分布的方式

"分布"是将选中图层或链接图层之间的间隔格均匀地分布。Photoshop CS6 提供了 6 种分布方式，如下图所示。

第 10 章
图层

（1）【顶边】：参照最上面和最下面两个图形的顶边，中间的每个图层以像素区域的最顶端为基础，在最上和最下的两个图形之间均匀地分布。

（2）【垂直居中】：参照每个图层垂直中心的像素均匀地分布链接图层。

（3）【底边】：参照每个图层最下端像素的位置均匀地分布链接图层。

（4）【左边】：参照每个图层最左端像素的位置均匀地分布链接图层。

（5）【水平居中】：参照每个图层水平中心像素的位置均匀地分布链接图层。

（6）【右边】：参照每个图层最右端像素的位置均匀地分布链接图层。

> **提示**
>
> 关于对齐、分布命令，也可以通过按钮来完成。首先要保证图层处于链接状态，当前工具为移动工具，这时在属性栏中就会出现相应的对齐、分布按钮，如下图所示。

10.5 使用图层组管理图层

在【图层】面板中，通常是将同一属性的图像和文字分别统一放在不同的图层组中，这样便于查找和编辑。

10.5.1 管理图层

打开随书光盘中的"素材\ch10\10-7.psd"图像，如下图所示。

图中"文字"统一放在【文字组】图层中，而所有的"图片"则放在【图片组】图层中。

10.5.2 图层组的嵌套

创建图层组后，在图层组内还可以继续创建新的图层组，这种多级结构图层组被称为"图层组的嵌套"。

创建图层组的嵌套可以更好地管理图层。按【Ctrl】键并单击【创建新组】按钮，可以实现图层组的嵌套，如下图所示。

10.5.3 图层组内图层位置的调整

用户可以通过拖曳实现不同图层组内图层位置的调整，如下图所示。调整图层的前后位置关系后，图像也将发生变化。

10.6 图层样式

利用 Photoshop CS6 "图层样式"可以对图层内容快速应用效果。图层样式是多种图层效果的组合，Photoshop CS6 提供了多种图像效果，如阴影、发光、浮雕和颜色叠加等。当图层具有样式时，"图层面板"中该图层名称的右边出现"图层样式"图标，将效果应用于图层的同时，也创建了相应的图层样式，在【图层样式】对话框中可以对创建的图层样式进行修改、保存和删除等操作。

10.6.1 使用图层样式

在 Photoshop CS6 中对图层样式进行管理是通过【图层样式】对话框来完成的。

1. 使用【图层样式】命令

使用【图层样式】命令进行操作的具体步骤如下。

第1步 选择【图层】→【图层样式】命令添加各种样式，如下图所示。

第2步 单击【图层】面板下方的【添加图层样式】按钮 ，也可以添加各种样式，如下图所示。

2.【图层样式】对话框参数设置

在【图层样式】对话框中可以对一系列的参数进行设定，实际上图层样式是一个集成的命令群，它是由一系列的效果集合而成的，其中包括如下样式，如下图所示。

（1）【填充不透明度】设置项：设置 Photoshop CS6 图像的透明度。当设置参数为 100% 时，图像为完全不透明状态，当设置参数为 0% 时，图像为完全透明状态。

（2）【通道】：可以将混合效果限制在指定的通道内。取消选中【R】复选框，这时"红色"通道将不会进行混合。在 3 个复选框中，可以选择参加高级混合的【R】【G】【B】通道中的任何一个或者多个。3 个选项都不选择也可以，但一般得不到理想的效果。

（3）【挖空】下拉列表：控制投影在半透明图层中的可视性或闭合。应用这个选项可以控制图层色调的深浅，有 3 个下拉菜单项，它们的效果各不相同。选择【挖空】为【深】，将【填充不透明度】数值设置为 0，挖空到背景图层效果。

（4）【将内部效果混合成组】复选框：选中这个复选框可将本次操作作用到图层的内部效果，然后合并到一个组中。这样下次出现在窗口的默认参数即为现在的参数。

（5）【将剪贴图层混合成组】复选框：将剪贴的图层合并到同一个组中。

（6）【混合颜色带】设置区：将图层与该颜色混合，它有 4 个选项，分别是【灰色】【红色】【绿色】和【蓝色】。可以根据需要选择适当的颜色，以达到意想不到的效果。

10.6.2 制作投影效果

应用【投影】选项可以在图层内容的背后添加阴影效果。

1. 应用【投影】效果

应用【投影】效果的具体操作步骤如下。

第1步 打开随书光盘中的"素材\ch10\10-9.psd"文件，如下图所示。

第2步 选择"图层1"，单击【添加图层样式】按钮 ，在弹出的【添加图层样式】菜单中选择【投影】选项，在弹出的【图层样式】对话框中进行参数设置，如下图所示。

第3步 单击【确定】按钮，最终效果如下图所示。

2. 【投影】选项的参数设置

（1）【角度】设置项：确定效果应用于图层时所采用的光照角度，下图分别是角度为 0°、90° 和 -90° 的效果。

（2）【使用全局光】复选框：选中该复选框，所产生的光源作用于同一个图像中的所有图层；取消选中该复选框，产生的光源只作用于当前编辑的图层。

（3）【距离】设置项：控制阴影离图层中图像的距离，如下图所示。

（4）【扩展】设置项：对阴影的宽度做适当细微的调整，可以用测试距离的方法检验，如下图所示。

（5）【大小】设置项：控制阴影的总长度。加上适当的 Spread 参数会产生一种逐渐从阴影色到透明的效果，就好像将固定量的墨水泼到固定面积的画布上，但不是均匀的，而是从全"黑"到透明的渐变，如下图所示。

（6）【消除锯齿】复选框：选中该复选框，在用固定的选区做一些变化时，变化的效果不至于显得很突然，可使效果过渡变得柔和。

（7）【杂色】设置项：输入数值或拖曳滑块时，可以改变发光不透明度或暗调不透明度中随机元素的数量，如下图所示。

（8）【等高线】设置项：应用这个选项可以使图像产生立体的效果。单击其下拉菜单按钮会弹出等高线窗口，从中可以根据图像选择适当的模式。

10.6.3 制作内阴影效果

应用【内阴影】选项可以围绕图层内容的边缘添加内阴影效果。使用【内阴影】命令制造投影效果的具体操作步骤如下。

第1步 打开随书光盘中的"素材\ch10\10-10.jpg"文件,双击背景图层使其转换成普通图层,如下图所示。

第2步 单击【添加图层样式】按钮 ,在弹出的【添加图层样式】菜单中选中【内阴影】复选框,在弹出的【图层样式】对话框中进行参数设置,如下图所示。

第3步 单击【确定】按钮后会产生一种立体化的内投影效果,如下图所示。

10.6.4 制作文字外发光效果

应用【外发光】选项可以围绕图层内容的边缘创建外部发光效果。本小节介绍使用【外发光】命令制作发光文字。

1. 使用【外发光】命令制作发光文字

使用【外发光】命令制作发光文字的具体操作步骤如下。

第1步 打开随书光盘中的"素材\ch10\10-11.psd"文件,如下图所示。

第2步 选择"图层1",单击【添加图层样式】按钮 ,在弹出的【添加图层样式】菜单中选中【外发光】复选框,在弹出的【图层样式】

对话框中进行参数设置，如下图所示。

第3步 单击【确定】按钮，最终效果如下图所示。

2.【外发光】选项参数设置

（1）【方法】下拉列表：即边缘元素的模型，有【柔和】和【精确】两种。柔和的边缘变化比较模糊，而精确的边缘变化则比较清晰，如下图所示。

（2）【扩展】设置项：即边缘向外边扩展。与前面介绍的【阴影】选项中的【扩展】设置项的用法类似。

（3）【大小】设置项：用以控制阴影面积的大小，变化范围为 0 ~ 250 像素，如下图所示。

（4）【等高线】设置项：应用这个选项可以使图像产生立体的效果。单击其下拉菜单按钮会弹出等高线窗口，从中可以根据图像选择适当的模式。

（5）【范围】设置项：等高线应用的范围，其数值越大效果越不明显。

（6）【抖动】设置项：控制光的渐变，数值越大图层阴影的效果越不清楚，且会变成有杂色的效果；数值越小就会越接近清楚的阴影效果。

10.6.5 制作内发光效果

应用【内发光】选项可以围绕图层内容的边缘创建内部发光效果。

【内发光】选项设置和【外发光】选项设置几乎一样。只是【外发光】选项卡中的【扩展】

第 10 章
图层

设置项变成了【内发光】中的【阻塞】设置项。外发光得到的阴影是在图层的边缘，在图层之间看不到效果的影响；而内发光得到的效果只在图层内部，得到的阴影只出现在图层的不透明的区域。

使用【内发光】命令制作发光文字效果的具体操作步骤如下。

第1步 打开随书光盘中的"素材 \ch10\10-10.jpg"文件，如下图所示。双击背景图层使其转换成普通图层。

第2步 单击【添加图层样式】按钮 fx.，在弹出的【添加图层样式】菜单中选中【内发光】复选框。在弹出的【图层样式】对话框中进行参数设置，如下图所示。

第3步 单击【确定】按钮，最终效果如下图所示。

> **提示**
>
> 【内发光】选项参数设置与【外发光】选项参数设置相似，此处不再赘述。

10.6.6 创建立体图标

应用【斜面和浮雕】选项可以为图层内容添加暗调和高光效果，使图层内容呈现凸起的立体效果。

1. 使用【斜面和浮雕】命令创建立体文字

使用【斜面和浮雕】命令创建立体文字的具体操作步骤如下。

第1步 打开随书光盘中的"素材 \ch10\10-12.psd"文件，如下图所示。

第2步 选择"图层1"，单击【添加图层样式】按钮 fx.，在弹出的【添加图层样式】菜单中选择【斜面和浮雕】选项，在弹出的【图层样式】对话框中进行参数设置，如下图所示。

第3步 最终形成的立体文字效果如下图所示。

2. 【斜面和浮雕】选项参数设置

（1）【样式】下拉列表：在此下拉列表中共有5种模式，分别是【内斜面】【外斜面】【浮雕效果】【枕状浮雕】和【描边浮雕】，效果如下图所示。

【雕刻清晰】：选择该选项可以得到边缘变化明显的效果，与【平滑】选项相比，它产生的效果立体感更强，如下图所示。

【雕刻柔和】：与【雕刻清晰】选项类似，但是它的边缘的色彩变化要稍微柔和一点，如下图所示。

（3）【深度】设置项：控制阴影的颜色深度，数值越大得到的阴影颜色越深，数值越小得到的阴影颜色越浅。

（4）【方向】设置项：用来切换亮部和阴影的方向。选中【上】单选按钮，则是亮部在上面；选中【下】单选按钮，则是亮部在下面，如下图所示。

（5）【大小】设置项：控制阴影面积的大小，拖动滑块或者直接更改右侧文本框中的数值可以得到合适的效果图。

（2）【方法】下拉列表：在此下拉列表中有3个选项，分别是【平滑】【雕刻清晰】和【雕刻柔和】。

【平滑】：选择该选项可以得到边缘过渡比较柔和的图层效果，也就是它得到的阴影边缘变化不尖锐，如下图所示。

（6）【软化】设置项：拖动滑块可以调节阴影的边缘过渡效果，数值越大边缘过渡越柔和。

（7）【角度】设置项：控制灯光在圆中的角度，如下图所示。圆中的【+】图标可以用鼠标移动。

（8）【使用全局光】复选框：决定应用于图层效果的光照角度。可以定义一个全角，应用到图像中所有的图层效果；也可以指定局部角度，仅应用于指定的图层效果。使用全角可以制造出一种连续光源照在图像上的效果。

（9）【高度】设置项：是指光源与水平面的夹角。

（10）【光泽等高线】设置项：这个选项的编辑和使用的方法和前面提到的【等高线】的编辑方法是一样的。

（11）【消除锯齿】复选框：选中该复选框，在使用固定的选区做一些变化时，变化的效果不至于显得太突然，可使效果过渡变得柔和。

（12）【高光模式】下拉列表：相当于在图层的上方有一个带色光源，光源的颜色可以通过右侧的颜色块来调整，它会使图层达到多种不同的效果。

（13）【阴影模式】下拉列表：可以调整阴影的颜色和模式。通过右侧的颜色块可以改变阴影的颜色，在下拉列表中可以选择阴影的模式。

10.6.7 为文字添加光泽度

应用【光泽】选项可以根据图层内容的形状在内部应用阴影，创建光滑的打磨效果。

1. 为文字添加光泽效果

为文字添加光泽效果的具体操作步骤如下。

第1步 打开随书光盘中的"素材\ch10\10-13.psd"文件，如下图所示。

第2步 选择"图层1"，单击【添加图层样式】按钮 fx，在弹出的【添加图层样式】菜单中选中【光泽】复选框，在弹出的【图层样式】对话框中进行参数设置，如下图所示。

第3步 单击【确定】按钮，形成的光泽效果如下图所示。

2. 【光泽】选项参数设置

（1）【混合模式】下拉列表：以图像和黑色为编辑对象，其模式与图层的混合模式一样，只是在这里 Photoshop CS6 将黑色当作一个图层来处理。

（2）【不透明度】设置项：调整混合模式中颜色图层的不透明度。

（3）【角度】设置项：即光照射的角度，它控制着阴影所在的方向。

（4）【距离】设置项：数值越小，图像上被效果覆盖的区域越大。其值控制着阴影的距离。

（5）【大小】设置项：控制实施效果的范围，范围越大，效果作用的区域越大。

（6）【等高线】设置项：应用这个选项可以使图像产生立体的效果。单击其下拉菜单按钮会弹出【等高线】窗口，从中可以根据图像选择适当的模式。

10.6.8 为图层内容套印颜色

应用【颜色叠加】选项可以为图层内容套印颜色，具体操作步骤如下。

第1步 打开随书光盘中的"素材\ch10\10-14.jpg"文件，双击背景图层使其转换成普通图层，如下图所示。

第2步 将背景图层转化为普通图层，然后单击【添加图层样式】按钮 fx.，在弹出的【添加图层样式】菜单中选中【颜色叠加】复选框，在弹出的【图层样式】对话框中为图像叠加橘红色（C：0；M：50；Y：100；K：0），并设置其他参数，如下图所示。

第3步 单击【确定】按钮，最终效果如下图所示。

10.6.9 实现图层内容套印渐变效果

应用【渐变叠加】选项可以为图层内容套印渐变效果。

1. 为图像添加渐变叠加效果

为图像添加渐变叠加效果的具体操作步骤如下。

第1步 打开随书光盘中的"素材 \ch10\10-15.psd"文件，如下图所示。

第2步 选择"图层1"，然后单击【添加图层样式】按钮 fx，在弹出的【添加图层样式】菜单中选中【渐变叠加】复选框，在弹出的【图层样式】对话框中为图像添加渐变效果，并设置其他参数，如下图所示。

第3步 单击【确定】按钮，最终效果如下图所示。

2.【渐变叠加】选项参数设置

（1）【混合模式】下拉列表：此下拉列表中的选项与【图层】面板中的混合模式类似。

（2）【不透明度】设置项：设定透明的程度。

（3）【渐变】设置项：使用这项功能可以对图像做一些渐变设置，【反向】复选框表示将渐变的方向反转。

（4）【角度】设置项：利用该选项可以对图像产生的效果做一些角度变化。

（5）【缩放】设置项：控制效果影响的范围，通过它可以调整产生效果的区域大小。

10.6.10 为图层内容套印图案混合效果

应用【图案叠加】选项可以为图层内容套印图案混合效果。在原来的图像上加上一个图层图案的效果，根据图案颜色的深浅在图像上表现为雕刻效果的深浅。使用中要注意调整图案的不透明度，否则得到的图像可能只是一个放大的图案。为图像叠加图案的具体操作步骤如下。

第1步 打开随书光盘中的"素材 \ch10\10-15.psd"文件，如下图所示。

第2步 选择"图层1",然后单击【添加图层样式】按钮 fx.,在弹出的【添加图层样式】菜单中选中【图案叠加】复选框,在弹出的【图层样式】对话框中为图像添加图案,并设置其他参数,如下图所示。

第3步 单击【确定】按钮,最终效果如下图所示。

10.6.11 为图标添加描边效果

用【描边】选项可以为图层内容创建边线颜色,也可以选择渐变或图案描边效果,这对轮廓分明的对象(如文字等)尤为适用。【描边】选项是用来给图像描上一个边框的。这个边框可以是一种颜色,也可以是渐变,还可以是另一种样式,在边框的下拉菜单中选择即可。

1. 为图标添加描边效果

为图标添加描边效果的具体操作步骤如下。

第1步 打开随书光盘中的"素材\ch10\10-15.psd"文件,如下图所示。

第2步 选择"图层1",单击【添加图层样式】

按钮 fx.,在弹出的【添加图层样式】菜单中选中【描边】复选框,在弹出的【图层样式】对话框中选中【描边】复选框,然后在【填充类型】下拉列表中选择【渐变】选项,并设置其他参数。

第3步 单击【确定】按钮,形成的描边效果如下图所示。

第 10 章 图层

2. 【描边】选项参数设置

（1）【大小】设置项：它的数值大小和边框的宽度成正比，数值越大，图像的边框就越大。

（2）【位置】下拉列表：决定着边框的位置，可以是外部、内部或者中心，这些模式是以图层不透明区域的边缘为相对位置的。【外部】表示描边时的边框在该区域的外边，默认的区域是图层中的不透明区域。

（3）【不透明度】设置项：控制制作边框的透明度。

（4）【填充类型】下拉列表：在下拉列表框中供选择的类型有 3 种：颜色、图案和渐变，不同类型的窗口中选框的选项会不同，效果如下图所示。

制作金属质感图标

本实例学习使用【形状工具】和【图层样式】命令制作一个金属质感图标，如下图所示。

1. 新建文件

新建文件的具体操作步骤如下。

第1步 选择【文件】→【新建】命令。

第2步 在弹出的【新建】对话框中的【名称】文本框中输入"金属图标"，设置【宽度】为15厘米，【高度】为15厘米，【分辨率】为150像素/英寸，【颜色模式】为RGB颜色、8位，【背景内容】为白色，如下图所示。

第3步 单击【确定】按钮，效果如下图所示。

2. 绘制金属图标

绘制金属图标的操作步骤如下。

第1步 新建"图层1"，选择【圆角矩形工具】，按住【Shift】键，在画布上绘制出一个方形的圆角矩形，这里将圆角半径设置为50像素，如下图所示。

第2步 双击圆角矩形图层，为其添加渐变图层样式。渐变样式选择【角度渐变】。渐变颜色使用深灰色与浅灰色相互交替（浅灰色RGB:241，241，241；深灰色RGB：178，178，178），具体参数设置如下图所示。这是做金属样式的常用手法。

第3步 再添加【描边】样式，此处填充类型选择【渐变】，渐变颜色使用深灰色到浅灰色（浅灰色RGB:216，216，216；深灰色RGB：96，96，96），具体参数设置如下图所示。

第4步 单击【确定】按钮，效果如下图所示。

3. 添加图标图案

添加图标图案的具体操作步骤如下。

第1步 新建"图层2"图层，选择【钢笔工具】，【像素】模式选择形状，在圆角矩形中心绘制出内部图案图形，效果如下图所示。

第2步 双击图案图层，为其添加内阴影样式，如下图所示。

第3步 继续添加描边样式，这里依然选择渐变描边，将默认的黑白渐变反向即可，如下图所示。

第 10 章
图层

第4步 单击【确定】按钮,完成的效果如下图所示。

◇ 如何为图像添加纹理效果

在为图像添加【斜面和浮雕】效果的过程中,如果选中【斜面和浮雕】选项参数设置框下的【纹理】复选框,则可以为图像添加纹理效果。具体操作步骤如下。

第1步 选择【文件】→【打开】命令。

第2步 打开随书光盘中的"素材\ch10\07.psd"图像文件,如下图所示。

第3步 选择"图层2",双击"图层2"图层或在【图层】面板中单击【添加图层样式】按钮,在弹出的快捷菜单中选择【斜面和浮雕】选项。

第4步 打开【图层样式】对话框,在其中选中【斜面和浮雕】选项参数设置框中的【纹理】复选框,在打开的设置界面中根据需要设置纹理参数,如下图所示。

· 265 ·

第5步 单击【确定】按钮，即可为图形添加相关的纹理效果，如下图所示。

【斜面和浮雕】样式中的【纹理】选项设置框中的参数含义如下。

（1）【图案】下拉列表：在这个下拉列表中可以选择合适的图案。浮雕的效果就是按照图案的颜色或者浮雕模式进行的。在预览图上可以看出待处理的图像的浮雕模式和所选图案的关系。

（2）【贴紧原点】按钮：单击此按钮可使图案的浮雕效果从图像或文档的角落开始。

（3）单击 图标，将图案创建为一个新的预置，这样下次使用时就可以从图案的下拉菜单中打开该图案。

（4）通过调节【缩放】设置项可将图案放大或缩小，即调节浮雕的密集程度。缩放的变化范围为 1% ~ 1000%，可以选择合适的比例对图像进行编辑。

（5）【深度】设置项所控制的是浮雕的深度，通过滑块可以控制浮雕的深浅，它的变化范围为 –1000% ~ +1000%，正负表示浮雕是凹进去还是凸出来。也可以选择适当的数值填入文本框中。

（6）选中【反相】复选框会将原来的浮雕效果反转，即原来凹进去的现在凸出来，原来凸出来的现在凹进去，以得到一种相反的效果。

◇ **用颜色标记图层**

"用颜色标记图层"是一个很好的识别方法。在图层操作面板右击，选择相应的颜色进行标记即可，如下图所示。相比图层名称，视觉编码更能引起人们的注意。这个方法特别适合于标记一些相同类型的图层。

第 11 章
图层混合技术

本章导读

图层混合模式是 Photoshop CS6 最核心的功能之一，也是图像处理最为常用的一种技术手段。使用图层混合模式可以创建各种图层特效，实现充满创意的平面设计作品。本章详细介绍了图层混合技术的相关知识，如盖印图层、图层混合模式、高级混合选项、自动对齐图层和自动混合图层等。

思维导图

11.1 盖印图层

在处理图像的过程中，使用图层可以对图像进行分级处理，从而减少图像处理的工作量并且降低图像处理的难度。图层的出现使复杂多变的图像处理变得简单明晰。

确定了图层的内容后，可以合并图层以创建复合图像的局部版本。这有助于管理图像文件的大小。在合并图层时，较高图层上的数据替换它所覆盖的较低图层上的数据。在合并后的图层中，所有透明区域的重叠部分都会保持透明。

盖印图层是一种特殊的合并图层方法，它可以将多个图层的内容合并为一个目标图层，同时使其他图层保持完好。

按【Ctrl+Alt+E】组合键可将当前图层中的图像盖印至下面的图层中，如下图所示。

创建一个包含合并内容的新图层，而原图层的内容保持不变，如下图所示。

按【Shift+Ctrl+Alt+E】组合键，所有可见图层将被盖印至一个新建图层中，原图层内容保持不变，如下图所示。

如果当前选择了多个图层，则按【Ctrl+Alt+E】组合键，Photoshop CS6 会

11.2 图层混合模式

在使用 Photoshop CS6 进行图像合成时，图层混合模式是使用最为频繁的技术之一，它通过控制当前图层和位于其下的图层之间的像素作用模式，从而使图像产生奇妙的效果。

Photoshop CS6 提供了 27 种图层混合模式，它们全部位于图层面板左上角的【正常】下拉列表中。图层的混合模式决定当前图层的像素如何与图像中的下层像素进行混合，使用混合模式可以创建各种特殊的效果。

第 11 章 图层混合技术

11.2.1 叠加模式

使用叠加模式创建图层混合效果的具体操作步骤如下。

第1步 打开随书光盘中的"素材 \ch11\11-1.jpg""素材 \ch11\11-2.jpg",如下图所示。

> **提示**
>
> 叠加模式：其效果相当于图层同时使用正片叠底模式和滤色模式两种操作。在这个模式下背景图层颜色的深度将被加深，并会覆盖掉背景图层上浅颜色的部分。

第2步 使用【移动工具】将"11-2.jpg"图片拖曳到"11-1.jpg"图片中,并调整大小,如下图所示。

第3步 在图层混合模式框中选择【叠加】模式,如下图所示。

第4步 在图层混合模式框中选择【柔光】模式,其效果如下图所示。

> **提示**
>
> 柔光模式：类似于将点光源发出的漫射光照到图像上。使用这种模式会在背景上形成一层淡淡的阴影，阴影的深浅与两个图层混合前颜色的深浅有关。

第5步 在图层混合模式框中选择【强光】模式,其效果如下图所示。

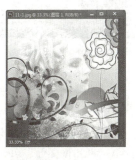

> **提示**
>
> 强光模式：强光模式下的颜色与在柔光模式下相比，或者更为浓重，或者更为浅淡，这取决于图层上颜色的亮度。

第6步 在图层混合模式框中选择【亮光】模式，其效果如下图所示。

| 提示 |

亮光模式：通过增加或减小下面图层的对比度来加深或减淡图像的颜色，具体取决于混合色。如果混合色（光源）比50%灰色亮，则通过减小对比度使图像变亮；如果混合色比50%灰色暗，则通过增加对比度使图像变暗。

第7步 在图层混合模式框中选择【线性光】模式，其效果如下图所示。

| 提示 |

线性光模式：通过减小或增加亮度来加深或减淡图像的颜色，具体取决于混合色。如果混合色（光源）比50%灰色亮，则通过增加亮度使图像变亮；如果混合色比50%灰色暗，则通过减小亮度使图像变暗。

第8步 在图层混合模式框中选择【点光】模式，其效果如下图所示。

| 提示 |

点光模式：根据混合色的亮度来替换颜色。如果混合色（光源）比50%灰色亮，则替换比混合色暗的像素，而不改变比混合色亮的像素；如果混合色比50%灰色暗，则替换比混合色亮的像素，而不改变比混合色暗的像素。这对于向图像中添加特殊效果非常有用。

第9步 在图层混合模式框中选择【实色混合】模式，其效果如下图所示。

| 提示 |

实色混合模式：将混合颜色的红色、绿色和蓝色通道值添加到基色的RGB值中。如果通道的结果总和大于或等于255，则值为255；如果小于255，则值为0。因此，所有混合像素的红色、绿色和蓝色通道值要么是0，要么是255。这会将所有像素更改为原色（红色、绿色、蓝色、青色、黄色、洋红、白色或黑色）。

11.2.2 差值与排除模式

使用差值与排除模式创建图层混合效果的具体操作步骤如下。

第1步 打开随书光盘中的"素材\ch11\11-3.jpg"和"素材\ch11\11-4.jpg"文件，如下图所示。

第2步 使用【移动工具】将"11-3.jpg"图片拖曳到"11-4.jpg"图片中，并调整大小，如下图所示。

第3步 在图层混合模式框中选择【差值】模式，如下图所示。

> **提示**
>
> 差值模式：将图层和背景层的颜色相互抵消，以产生一种新的颜色效果。

第4步 在图层混合模式框中选择【排除】模式，效果如下图所示。

> **提示**
>
> 排除模式：使用这种模式会产生一种图像反相的效果。

11.2.3 颜色模式

使用颜色模式创建图层混合效果的具体操作步骤如下。

第1步 打开随书光盘中的"素材\ch11\11-5.jpg"和"素材\ch11\11-6.jpg"文件，如下图所示。

> **提示**
>
> 色相模式：该模式只对灰阶的图层有效，对彩色图层无效。

第4步 在图层混合模式框中选择【饱和度】模式，效果如下图所示。

第2步 使用【移动工具】将"11-6.jpg"图片拖曳到"11-5.jpg"图片中，如下图所示。

> **提示**
>
> 饱和度模式：当图层为浅色时，会得到该模式的最大效果。

第5步 在图层混合模式框中选择【颜色】模式，效果如下图所示。

第3步 在图层混合模式框中选择【色相】模式，如下图所示。

> **提示**
>
> 颜色模式：用基色的亮度以及混合色的色相和饱和度创建结果色，这样可以保留图像中的灰阶，并且对于给单色图像上色和给彩色图像着色都非常有用。

第6步 在图层混合模式框中选择【明度】模式，效果如下图所示。

第 11 章
图层混合技术

> **提示**
>
> 明度模式：用基色的色相和饱和度以及混合色的亮度创建结果色。此模式创建与颜色模式相反的效果。

11.3 高级混合选项

混合选项用来控制图层的透明度及当前图层与其他图层的像素混合效果，选择【图层】→【图层样式】→【混合选项】命令或者在【图层】面板中双击图层，都可以打开【图层样式】对话框，并进入【混合选项】设置面板。

【混合选项】设置面板中的【混合模式】【不透明度】和【填充不透明度】设置项的作用与【图层】面板中相应的选项的作用是一样的。

1. 高级混合选项操作

第1步 打开随书光盘中的"素材\ch11\11-7.psd"文件，如下图所示。

第2步 在"图层1"图层上双击，弹出【图层样式】对话框，在【混合选项】设置面板中进行设置，如下图所示。

第3步 单击【确定】按钮，效果如下图所示。

2. 高级混合选项参数设置

（1）【挖空】下拉列表：在其下拉列表中可以指定一种挖空方式，包括【无】【浅】

· 273 ·

和【深】，设置挖空后，可以透过当前图层显示出下面图层的内容。

（2）【将内部效果混合成组】复选框：在对添加了【内发光】【颜色叠加】【渐变叠加】和【图案叠加】样式的图层设置挖空时，如果选中【将内部效果混合成组】复选框，则添加的样式不会显示，以上样式将作为整个图层的一部分参与到混合中。

（3）【将剪贴图层混合成组】复选框：可以控制剪切蒙版中的基底图层混合模式。

（4）【透明形状图层】复选框：可以限制样式或挖空的效果范围。

（5）【图层蒙版隐藏效果】复选框：用来定义图层效果在图层蒙版中的应用范围。

（6）【矢量蒙版隐藏效果】复选框：用来定义图层效果在矢量蒙版中的应用范围。

（7）【混合颜色带】下拉列表：可以控制当前图层和下面图层在混合结果中显示的像素。

11.4 自动对齐图层和自动混合图层

Photoshop CS6 新增了【自动对齐图层】和【自动混合图层】命令。

【自动对齐图层】命令可以根据不同图层中的相似内容自动对齐图层。可以指定一个图层作为参考图层，也可以让 Photoshop CS6 自动选择参考图层。其他图层将与参考图层对齐，以便匹配的内容能够自行叠加。

使用【自动混合图层】命令可缝合或组合图像，从而在最终复合图像中获得平滑的过渡效果。【自动混合图层】命令将根据需要对每个图层应用图层蒙版，以遮盖过度曝光或曝光不足的区域或内容差异。该功能仅适用于 RGB 或灰度图像，不适用于智能对象、视频图层、3D 图层或背景图层。

11.4.1 自动对齐图层

选择【编辑】→【自动对齐图层】命令，即可打开【自动对齐图层】对话框，如下图所示。

下面使用自动对齐图层功能来制作一张全景图。

第1步 选择【文件】→【新建】命令，在弹出的【新建】对话框中设置【宽度】为"21厘米"，【高度】为"7厘米"，【分辨率】为"72像素／英寸"的文档，如下图所示。

第2步 选择【文件】→【打开】命令，打开随书光盘中的"素材\ch11\11-8.jpg"和"素材\ch11\11-9.jpg"文件，如下图所示。

第 11 章
图层混合技术

第3步 使用移动工具将"11-8.jpg"和"11-9.jpg"图片拖曳到"新建"文档中,如下图所示。

第4步 选择新建的两个图层,选择【编辑】→【自动对齐图层】命令。在弹出的【自动对齐图层】对话框中选中【调整位置】单选按钮,然后单击【确定】按钮,如下图所示。

第5步 将拼贴在一起的图像中不能对齐的部分进行裁切,完成图像的拼接,效果如下图所示。

11.4.2 自动混合图层

【自动混合图层】命令将根据需要对每个图层应用图层蒙版,以遮盖过度曝光或曝光不足的区域或内容差异,并创建无缝复合。

选择【编辑】→【自动混合图层】命令,即可打开【自动混合图层】对话框,如下图所示。

下面通过使用【自动混合图层】命令来调整照片。

第1步 选择【文件】→【打开】命令,打开随书光盘中"素材\ch11\11-10.jpg"文件,如下图所示。

第2步 选择【背景】图层,进行复制,复制出【背景 拷贝】图层,如下图所示。

· 275 ·

第5步 选中【背景】和【背景 拷贝】图层，然后选择【编辑】→【自动混合图层】命令，在弹出的【自动混合图层】对话框中选中【堆叠图像】单选按钮，如下图所示。

第3步 选择【背景 拷贝】图层，按【Ctrl+T】组合键。然后在图像上右击，在弹出的快捷菜单中选择【水平翻转】命令，如下图所示。

第6步 单击【确定】按钮后得到的最终效果图如下图所示。

第4步 按【Enter】键确认操作，效果如下图所示。

制作景中景创意图片

本实例主要使用图层的混合模式、【自由变换】命令和滤镜等制作景中景创意图片。制作前后效果如下图所示。

第 11 章
图层混合技术

1. 打开文件

第1步 选择【文件】→【打开】命令，打开随书光盘中的"素材\ch11\11-11.jpg"和"素材\ch11\11-12.jpg"文件，如下图所示。

2. 调整照片

第1步 将"手"的图层隐藏，拖曳一个照片的选区，按【Ctrl+J】组合键复制一张街景图形，如下图所示。

第2步 使用【移动工具】将手拿纸片的素材图片拖曳到街景照片中，然后调整其大小和位置，如下图所示。

第2步 按【Shift+Ctrl+U】组合键，执行【去色】命令，为复制的图像去色，变成黑白效果，如下图所示。

·277·

第3步 按【Ctrl+M】组合键,使用【曲线】命令调整老照片的对比度,使亮的部分更亮、暗的部分更暗,如下图所示。

第4步 选择【图像】→【调整】→【照片滤镜】命令为其添加一个照片加温滤镜,模拟老照片发黄的效果,如下图所示。

第5步 选择【滤镜】→【模糊】→【高斯模糊】命令添加一点模糊效果,如下图所示。

第6步 继续添加"胶片颗粒"效果,参数设置如下图所示。

第 11 章
图层混合技术

3. 制作特效

第1步 在老照片上新建一个图层，选择【滤镜】→【渲染】→【云彩】命令，然后剪贴蒙版到老照片，如下图所示。

第2步 将云彩图层的混合模式改为"柔光"，像处理老照片一样，调整对比度，使照片看起来像放久了之后有些地方会褪色一样，然后把云彩跟老照片合并起来，如下图所示。

第3步 用【变形工具】把老照片中的建筑物跟现在场景做些偏移，如下图所示。

> **提示**
>
> 因为是手拿着的照片，所以图像跟现在的场景重合程度肯定不会天衣无缝，会有些偏差，这样才会更加逼真。

第4步 显示"手"的图层，使用钢笔工具抠出手的路径，如下图所示。

第5步 结合老照片的选区给手添加一个蒙版，这样就有了一个手捏着照片的雏形，如下图所示。

第2步 新建一个图层，用黑色的画笔点一下，用变形工具制作一个大拇指投射在照片上的阴影，注意阴影的长度要同画面里的阴影方向强度一致，如下图所示。

4. 制作照片效果

第1步 选择【编辑】→【描边】命令给老照片添加描边并进行参数设置，如下图所示。

第3步 给手添加加温滤镜，剪切蒙版在手上，模拟初晨的阳光那种暖暖的感觉。添加滤镜之前需要栅格化图层，如下图所示。

第 11 章
图层混合技术

5. 制作细节效果

第1步 选择【文件】→【打开】命令，打开随书光盘中的"素材\ch11\11-13.jpg"文件（一张划痕的素材），如下图所示。

第2步 剪切蒙版在老照片上，如下图所示。

第4步 将背景图层的饱和度调高点，形成对比，最终效果如下图所示。

第3步 将划痕的混合模式改为【滤色】，新建一个图层，继续使用画笔工具修整图片，让照片看起来像有些霉斑，并设置图层混合模式为【正片叠底】，如下图所示。

· 281 ·

◇ 复制智能滤镜

在【图层】面板中，按住【Alt】键将智能滤镜从一个智能对象拖曳到另一个智能对象上，即可复制智能滤镜，或者将其拖曳到智能滤镜列表中的新位置，也可复制智能滤镜。

复制所有智能滤镜，可按住【Alt】键并拖曳到智能对象图层旁边出现的智能滤镜图标 上，即可复制所有滤镜。

◇ 删除智能滤镜

用户如果要删除单个智能滤镜，可将该滤镜拖曳到【图层】面板中的【删除图层】按钮 上；如果要删除应用于智能对象图层的所有智能滤镜，可选择该智能对象图层，然后选择【图层】→【智能滤镜】→【清除智能滤镜】命令，即可将所有智能滤镜删除。

第 12 章
通道与蒙版

本章导读

本章首先讲解【通道】面板、通道的类型、编辑通道和通道的计算,然后讲解一个特殊的图层——蒙版。在 Photoshop CS6 中有一些具有特殊功能的图层,使用这些图层可以在不改变图层中原有图像的基础上制作出多种特殊的效果。

思维导图

12.1 通道概述

在 Photoshop CS6 中，通道是图像文件的一种颜色数据信息储存形式，它与 Photoshop CS6 图像文件的颜色模式密切关联，多个分色通道叠加在一起可以组成一幅具有颜色层次的图像。如果用户只是简单地应用 Photoshop CS6 来处理图片，有时可能用不到通道，但是有经验的用户却离不开通道。

在通道中，每一个通道都会以一种灰度的模式来存储颜色，其中白色代表"有"，黑色代表"无"。不同程度的灰度，代表颜色的多少。越是偏白，就代表这种颜色在图像中越多；越是偏黑，就代表这种颜色在图像中越少。例如，一个 RGB 模式的图像，它的每一个像素的颜色数据是由红（R）、绿（G）、蓝（B）这 3 个通道来记录的，而这 3 个色彩通道组合定义后合成了一个 RGB 主通道。

通道的另外一个常用的功能就是用来存放和编辑选区，也就是 Alpha 通道的功能。在 Photoshop CS6 中，当选取范围被保存后，就会自动成为一个蒙版保存在一个新增的通道中，该通道会自动被命名为 Alpha。

通道要求的文件大小取决于通道中的像素信息。例如，如果图像没有 Alpha 通道，复制 RGB 图像中的一个颜色通道增加约 1/3 的文件大小，在 CMYK 图像中则增加约 1/4 的文件大小。每个 Alpha 通道和专色通道也会增加文件大小。某些文件格式，包括 TIFF 格式和 PSD 格式，会压缩通道信息并节省磁盘的存储空间。当选择【文档大小】命令时，窗口左下角的第二个值显示的是包括了 Alpha 通道和图层的文件大小，对比效果如下图所示。通道可以存储选区，便于更精确地抠取图像。

同时，通道也用于印刷制版，即专色通道，如下图所示。

殊效果的制作，灵活地使用通道可以自由地调整图像的色彩信息，为印刷制版、制作分色片提供方便，如下图所示。

利用通道可以完成图像色彩的调整和特

12.2 【通道】面板

在 Photoshop CS6 菜单栏选择【窗口】→【通道】命令，即可打开【通道】面板，如下图所示。在面板中将根据图像文件的颜色模式显示通道数量。【通道】面板用来创建、保存和管理通道。打开一个 RGB 模式的图像，Photoshop CS6 会在【通道】面板中自动创建该图像的颜色信息通道，面板中包含了图像所有的通道，通道名称的左侧显示了通道内容的缩览图，在编辑通道时缩览图通常会自动更新。

> **提示**
>
> 由于复合通道（即 RGB 通道）是由各原色通道组成的，因此在选中隐藏面板中的某一个原色通道时，复合通道将会自动隐藏。如果选择显示复合通道，那么组成它的原色通道将自动显示。

1. 查看与隐藏通道

单击 👁 图标可以使通道在显示和隐藏之间切换，用于查看某一颜色在图像中的分布情况。例如，在 RGB 模式下的图像，如果选择显示 RGB 通道，则红通道、绿通道和蓝通道都自动显示，但选择其中任意原色通道，其他通道则会自动隐藏。

2. 通道缩览图调整

单击【通道】面板右上角的黑三角，在弹出的菜单中选择【面板选项】命令，打开【通道面板选项】对话框，如下图所示，从中可以设定通道缩览图的大小，以便对缩览图进行观察。

> **提示**
>
> 若按下某一通道的快捷键（红通道为【Ctrl+3】，绿通道为【Ctrl+4】，蓝通道为【Ctrl+5】，复合通道为【Ctrl+2】），此时打开的通道将成为当前通道。在面板中按住【Shift】键并且单击某个通道，可以选择或者取消多个通道。

3. 通道的名称

通道的名称能帮助用户很快识别各种通道的颜色信息。各原色通道和复合通道的名称是不能改变的，Alpha 通道的名称可以通过双击通道名称进行任意修改。

4. 将通道作为选区载入

单击 按钮，可以将通道中的图像内容转换为选区；按住【Ctrl】键并单击通道缩览图也可将通道作为选区载入。

5. 将选区存储为通道

如果当前图像中存在选区，那么可以通过单击 按钮，将当前图像中的选区以图像方式存储在自动创建的 Alpha 通道中，以便修改和以后使用。在按住【Alt】键的同时单击 按钮，可以新建一个通道并且能为该通道设置参数。

6. 新建通道

单击 按钮即可在【通道】面板中创建一个新通道，按住【Alt】键并单击【新建】按钮 可以设置新建 Alpha 通道的参数。如果按住【Ctrl】键并单击 按钮，可以创建新的专色通道。

通过【创建新通道】按钮 所创建的通道均为 Alpha 通道，颜色通道无法使用【创建新通道】按钮 创建。

> **提示**
>
> 将颜色通道删除后会改变图像的色彩模式。例如，原色彩为 RGB 模式时，删除其中的红通道，剩余的通道为洋红和黄色通道，那么色彩模式将变化为多通道模式。

7. 删除通道

单击 按钮可以删除当前编辑的通道。

12.3 通道的类型

每一种模式的图像，都会有对应的通道。一般常见的图像模式有 RGB、CMYK、Lab、索引颜色、灰度等。通道主要包括颜色通道、Alpha 通道和专色通道。

12.3.1 颜色通道

在 Photoshop CS6 中颜色通道的作用非常重要，颜色通道用于保存和管理图像中的颜色信息，每幅图像都有自己单独的一套颜色通道，在打开新图像时会自动进行创建。图像的颜色模式决定创建颜色通道的数量。

颜色通道是在打开新图像时自动创建的通道，它们记录了图像的颜色信息。图像的颜色模式不同，颜色通道的数量也不相同。RGB 图像中包含红、绿、蓝通道和一个用于编辑图像的复合通道，CMYK 图像包含青色、洋红、黄色、黑色通道和一个复合通道，Lab 图像包含明度、a、b 通道和一个复合通道，位图、灰度、双色调和索引颜色图像都只有一个通道。下图分别是不同的颜色通道。

12.3.2 Alpha 通道

在 Photoshop CS6 中 Alpha 通道有 3 种用途：一是用于保存选区；二是可以将选区存储为灰度图像，这样就能够用画笔、加深、减淡等工具以及各种滤镜，通过编辑 Alpha 通道来修改选区；

第12章 通道与蒙版

三是可以从 Alpha 通道中载入选区。

在 Alpha 通道中，白色代表了可以被选择的区域，黑色代表了不能被选择的区域，灰色代表了可以被部分选择的区域（即羽化区域）。用白色涂抹 Alpha 通道可以扩大选区范围；用黑色涂抹 Alpha 通道可以收缩选区；用灰色涂抹 Alpha 通道可以增加羽化范围。

Alpha 通道是用来保存选区的，它可以将选区存储为灰度图像，用户可以通过添加 Alpha 通道来创建和存储蒙版，这些蒙版用于处理或保护图像的某些部分，Alpha 通道与颜色通道不同，它不会直接影响图像的颜色。

在 Alpha 通道中，默认情况下，白色代表选区，黑色代表非选区，灰色代表被部分选择的区域，即羽化的区域。

新建 Alpha 通道有以下两种方法。

（1）如果在 Photoshop CS6 图像中创建了选区，单击【通道】面板中的【将选区存储为通道】按钮 可将选区保存在 Alpha 通道中，如下图所示。

（2）用户也可以在按【Alt】键的同时单击【新建】按钮，弹出【新建通道】对话框，如下图所示。

在【新建通道】对话框中可以对新建的通道命名，还可以调整色彩指示类型。各个选项的说明如下。

（1）【被蒙版区域】单选按钮：选中此单选按钮，在新建的通道中，黑色的区域代表被蒙版的范围，白色区域则是选取的范围，下图为在选中【被蒙版区域】单选按钮的情况下创建的 Alpha 通道。

（2）【所选区域】单选按钮：选中此单选按钮，可得到与【被蒙版区域】单选按钮刚好相反的结果，白色的区域表示被蒙版的范围，黑色的区域则代表选取的范围，下图为选中【所选区域】单选按钮情况下创建的 Alpha 通道。

（3）【不透明度】设置框：用于设置颜色的透明程度。

单击【颜色】颜色框后，可以选择合适的色彩，这时蒙版颜色的选择对图像的编辑没有影响，它只是用来区别选区和非选区的，使用户可以更方便地选取范围。【不透明度】的参数不影响图像的色彩，它只对蒙版起作用。【颜色】和【不透明度】参数的设定只是为了更好地区别选取范围和非选取范围，以便精确选取。

只有在同时选中当前的 Alpha 通道和另外一个通道的情况下才能看到蒙版的颜色。

12.3.3 专色通道

Photoshop CS6 中专色通道用来存储印刷用的专色。专色是特殊的预混油墨，如金属金银色油墨、荧光油墨等，它们用于替代或补充普通的印刷色 CMYK 油墨。通常情况下，专色通道都是以专色的名称来命名的。

专色印刷是指采用黄、品红、青、黑四色墨以外的其他色油墨来复制原稿颜色的印刷工艺。当用户要将带有专色的图像进行印刷时，需要用专色通道来存储专色。每个专色通道都有属于自己的印板，在对一张含有专色通道的图像进行印刷输出时，专色通道会作为一个单独的页被打印出来。

要新建专色通道，可从面板的下拉菜单中选择【新建专色通道】命令或者按住【Ctrl】键并单击 按钮，即可弹出【新建专色通道】对话框，设定后单击【确定】按钮，如下图所示。

（1）【名称】文本框：可以给新建的专色通道命名。默认的情况下将自动命名为【专色1】【专色2】等。在【油墨特性】选项组中可以设定颜色和密度。

（2）【颜色】设置项：用于设定专色通道的颜色。

（3）【密度】参数框：可以设定专色通道的密度，其范围为 0%～100%。这个选项的功能对实际的打印效果没有影响，只是在编辑图像时可以模拟打印的效果。这个选项类似于蒙版颜色的透明度。

选择专色通道后，可以用绘画或编辑工具在图像中绘画，从而编辑专色。用黑色绘画可添加更多不透明度为 100% 的专色；用灰色绘画可添加不透明度较低的专色；用白色涂抹的区域无专色。绘画或编辑工具选项中的"不透明度"选项决定了用于打印输出的实际油墨浓度。

12.4 编辑通道

本节主要讲述使用分离通道和合并通道的方法对通道进行编辑。

12.4.1 分离通道

为了便于编辑图像，在 Photoshop CS6 中有时需要将一个图像文件的各个通道分开，使其成为拥有独立文档窗口和通道面板的文件，用户可以根据需要对各个通道文件进行编辑，编辑完成后，再将通道文件合成到一个图像文件中，这就是通道的分离与合并。

选择【通道】面板菜单中的【分离通道】命令，可以将通道分离成为单独的灰度图像，其标题栏中的文件名为原文件的名称加上该通道名称的缩写，而原文件则被关闭。当需要在不能保留通道的文件格式中保留单个通道信息时，分离通道是非常有用的。

分离通道后主通道会自动消失。例如，RGB 模式的图像分离通道后只得到 R、G 和 B 3 个通道。分离后的通道相互独立，被置于不同的文档窗口中，但是它们共存于一个文档，可以分别进行修改和编辑。在制作出满意的效果后还可以再将通道合并。

分离通道的具体操作步骤如下。

第1步 打开随书光盘中的"素材\ch12\12-1.jpg"文件，在 Photoshop CS6 中的【通道】面板查看图像文件的通道信息，如下图所示。

第2步 单击【通道】面板右上角的 按钮，在弹出的下拉菜单中选择【分离通道】命令，如下图所示。

第3步 执行【分离通道】命令后，图像将分为 3 个重叠的灰色图像窗口，下图所示为分离通道后的各个通道。

第4步 分离通道后的【通道】面板如下图所示。

12.4.2 合并通道

在完成了对各个原色通道的编辑之后，还可以合并通道。在选择【合并通道】命令时会弹出【合并通道】对话框。合并通道的具体操作步骤如下。

第1步 使用 12.4.1 小节中分离的通道文件，如下图所示。

第2步 单击工具箱中的【自定义形状工具】，在红通道所对应的文档窗口中创建自定义形状，并合并图层，如下图所示。

第3步 单击【通道】面板右侧的小三角按钮，在弹出的下拉菜单中选择【合并通道】命令，弹出【合并通道】对话框。在【模式】下拉列表中选择【多通道】选项，单击【确定】按钮，如下图所示。

第4步 在弹出的【合并多通道】对话框中，分别进行如下图所示的设置。

第5步 单击【下一步】按钮，将它们合并成一个 RGB 图像，最终效果如下图所示。

12.5 通道计算

【应用图像】命令可以将图像的图层和通道（源）与现用图像（目标）的图层和通道混合。通道在 Photoshop CS6 中是一个极有表现力的平台，通道计算实际上就是通道的混合，通过通道的混合可以制作出一些特殊的效果。

如果两个图像的颜色模式不同（例如，一个图像是 RGB 模式，另一个图像是 CMYK 模式），

第 12 章
通道与蒙版

则在图像之间可以将单个通道复制到其他通道，但不能将复合通道复制到其他图像中的复合通道。

12.5.1 应用图像

【应用图像】命令可以将图像的图层和通道（源）与现用图像（目标）的图层和通道混合。打开源图像和目标图像，并在目标图像中选择所需图层和通道。图像的像素尺寸必须与【应用图像】对话框中出现的图像名称匹配。

使用【应用图像】命令调整图像的具体操作步骤如下。

1. 打开素材文件

第1步 选择【文件】→【打开】命令。
第2步 打开随书光盘中的"素材\ch12\12-2.jpg"文件，如下图所示。

2. 创建 Alpha 通道

第1步 选择【窗口】→【通道】命令，打开【通道】面板，单击【通道】面板下方的【新建】按钮。
第2步 新建"Alpha1"通道，如下图所示。

第3步 使用自定义形状工具绘制斜的条状图形，填充白色，如下图所示。

3. 应用图像

第1步 选择 RGB 通道，并取消"Alpha1"通道的显示，如下图所示。

第2步 选择【图像】→【应用图像】命令，在弹出的【应用图像】对话框中设置【通道】为"Alpha1"，【混合】设置为"叠加"，如下图所示。

· 291 ·

第3步 单击【确定】按钮，得到如下图所示的效果。

12.5.2 计算

【计算】命令和【应用图像】命令的使用方法类似，也只有像素尺寸相同的文件夹才可以参与运算。区别是：【运算】命令可以选择两个源图像的图层和通道，结果可以是一个新图像、新通道或选区。此外，【运算】命令中不能选择复合通道，因此只能产生灰度效果。【计算】命令中有两种混合模式是图层和编辑工具所没有的，即"相加"和"相减"，可以得到一种特殊的合成图片。

【计算】命令用于混合两个来自一个或多个源图像的单个通道，然后将结果应用到新图像或新通道中。

下面通过使用【计算】命令制作玄妙色彩图像。

1. 打开文件

第1步 选择【文件】→【打开】命令。
第2步 打开随书光盘中的"素材\ch12\12-3.jpg"文件，如下图所示。

2. 应用【计算】命令

第1步 选择【图像】→【计算】命令，如下图所示。

第2步 在打开的【计算】对话框中设置相应的参数，如下图所示。

第 12 章
通道与蒙版

第3步 单击【确定】按钮后,将新建一个"Alpha1"通道,如下图所示。

3. 调整图像

第1步 选择【绿】通道,然后按住【Ctrl】键并单击"Alpha1"通道的缩略图,得到选区,效果如下图所示。

第2步 设置前景色为白色,按【Alt+Delete】组合键填充选区,然后按【Ctrl+D】组合键取消选区,效果如下图所示。

第3步 选中 RGB 通道查看效果,并保存文件,效果如下图所示。

12.6 矢量蒙版

有蒙版的图层称为蒙版层。通过调整蒙版可以对图层应用各种特殊效果,但不会实际影响该图层上的像素。应用蒙版可以使这些更改永久生效,或者删除蒙版而不应用更改。

矢量蒙版是由钢笔或者形状工具创建的,与分辨率无关的蒙版。它通过路径和矢量形状来控制图像显示区域,常用来创建 Logo、按钮、面板或其他的 Web 设计元素。

下面来讲解使用【矢量蒙版】为图像添加心形的方法。

第1步 打开随书光盘中的"素材\ch12\01.psd"文件,选择"图层2"图层,如下图所示。

第2步 选择【自定形状工具】，并在属性栏中选择【路径】，单击【点按可打开"自定形状"拾色器】按钮，在弹出的下拉列表中选择"心形"，如下图所示。

第3步 在画面中拖动鼠标绘制"心形"，如下图所示。

第4步 选择【图层】→【矢量蒙版】→【当前路径】命令，基于当前路径创建矢量蒙版，路径区域外的图像即被蒙版遮盖，效果如下图所示。

12.7 蒙版的应用

下面来学习蒙版的基本操作，主要包括创建蒙版、删除蒙版和停用蒙版等。

12.7.1 创建蒙版

单击【图层】面板下面的【添加图层蒙版】按钮，可以添加一个【显示全部】的蒙版。其蒙版内为白色填充，表示图层内的像素信息全部显示，如下图所示。

也可以选择【图层】→【图层蒙版】→【显示全部】命令来完成此次操作。

选择【图层】→【图层蒙版】→【隐藏全部】命令可以添加一个【隐藏全部】的蒙版。其蒙版内填充为黑色，表示图层内的像素信息全部被隐藏，如下图所示。

12.7.2 删除蒙版与停用蒙版

删除蒙版与停用蒙版各有多种方法，下面分别进行介绍。

1. 删除蒙版

删除蒙版的方法有3种。

（1）选中图层蒙版，然后拖曳到【删除】按钮上则会弹出删除蒙版对话框，如下图所示。

单击【删除】按钮时，蒙版被删除；单击【应用】按钮时，蒙版被删除，但是蒙版效果会被保留在图层上；单击【取消】按钮时，将取消这次删除命令。

（2）选择【图层】→【图层蒙版】→【删除】命令可删除图层蒙版；选择【图层】→【图层蒙版】→【应用】命令，蒙版将被删除，但是蒙版效果会被保留在图层上。

（3）选中图层蒙版，按住【Alt】键，然后单击【删除】按钮，可以将图层蒙版直接删除。

2. 停用蒙版

选择【图层】→【图层蒙版】→【停用】命令，蒙版缩览图上将出现红色叉号，表示蒙版被暂时停止使用，如下图所示。

12.8 快速蒙版

应用快速蒙版后，会创建一个暂时的图像上的屏蔽，同时也会在通道浮动窗口中产生一个暂时的 Alpha 通道。它是对所选区域进行保护，让其免于被操作，而处于蒙版范围外的地方则可以进行编辑与处理。

1. 创建快速蒙版

第1步 打开随书光盘中的"素材\ch12\图05.jpg"文件，如下图所示。

第2步　单击工具箱中的【以快速蒙版模式编辑】按钮█，切换到快速蒙版状态下，如下图所示。

第3步　选择【椭圆选框工具】█，将前景色设置为黑色，然后选择盘子的图形，如下图所示。

第4步　选择【油漆桶工具】█填充，使蒙版覆盖整个要选择的图像，如下图所示。

2. 快速应用蒙版

（1）修改蒙版

将前景色设定为白色，用画笔修改可以擦除蒙版（添加选区）；将前景色设置为黑色，用画笔修改可以添加蒙版（删除选区）。

（2）修改蒙版选项

双击【以快速蒙版模式编辑】按钮█，弹出【快速蒙版选项】对话框，从中可以对快速蒙版的各种属性进行设置，如下图所示。

> **提示**
>
> 【颜色】和【不透明度】设置都只影响蒙版的外观，对如何保护蒙版下面的区域没有影响。更改这些设置能使蒙版与图像中的颜色对比更加鲜明，从而具有更好的可视性。

①【被蒙版区域】：可使被蒙版区域显示为50%的红色，使选中的区域显示为透明。用黑色绘画可以扩大被蒙版区域，用白色绘画可扩大选中区域。选中该单选按钮时，工具箱中的【以快速蒙版模式编辑】按钮显示为实线圆圈█。

②【所选区域】：可使被蒙版区域显示为透明，使选中区域显示为50%的红色。用白色绘画可以扩大被蒙版区域，用黑色绘画可以扩大选中区域。选中该单选按钮时，工具箱中的【以快速蒙版模式编辑】按钮显示为虚线圆圈█。

③【颜色】：用于选取新的蒙版颜色，单击颜色框可选取新颜色。

④【不透明度】：用于更改不透明度，可在【不透明度】文本框中输入一个0%～100%的数值。

第 12 章 通道与蒙版

12.9 剪切蒙版

剪切蒙版是一种非常灵活的蒙版,它可以使用下层图层中图像的形状来限制上层图像的显示范围,因此可以通过一个图层来控制多个图层的显示区域。剪切蒙版的创建和修改方法都非常简单。

下面使用自定义形状工具制作剪切蒙版特效。

第1步 打开随书光盘中的"素材\ch12\图02.psd"文件,如下图所示。

第2步 设置前景色为黑色,新建一个图层,选择【自定形状工具】,并在属性栏上选择【像素】选项,再单击【点按可打开"自定形状"拾色器】按钮,在弹出的下拉列表中选择图形,如下图所示。

第3步 将新建的图层放到最上方,然后在画面中拖动鼠标绘制该形状,如下图所示。

第4步 选择【横排文字蒙版工具】,在画面中输入文字,设置字体和字号,并创建文字选区。按【Alt+Delete】组合键填充前景色,再按【Ctrl+D】组合键取消选区,如下图所示。

第5步 在【图层】面板上,将新建的图层移至人物图层的下方,如下图所示。

第6步 选择人物图层,选择【图层】→【创建剪切蒙版】命令,为其创建一个剪切蒙版,如下图所示。

· 297 ·

12.10 图层蒙版

Photoshop CS6 中的蒙版是用于控制用户需要显示或者影响的图像区域，或者说是用于控制需要隐藏或不受影响的图像区域。它是加在图层上的一个遮盖，通过创建图层蒙版来隐藏或显示图像中的部分或全部。蒙版是进行图像合成的重要手段，也是 Photoshop CS6 中极富魅力的功能之一，通过蒙版可以非破坏性地合成图像。

在图层蒙版中，纯白色区域可以遮罩下面的图像中的内容，显示当前图层中的图像；纯黑色区域可以遮罩当前图层中的图像，显示出下面图层的内容；灰色区域会根据其灰度值使当前图层中的图像呈现出不同层次的透明效果。

如果要隐藏当前图层中的图像，可以使用黑色涂抹蒙版，如果要显示当前图层中的图像，可以使用白色涂抹蒙版，如果要使当前图层中的图像呈现半透明效果，则可以使用灰色涂抹蒙版。

下面通过两幅图片的拼合来讲解图层蒙版的使用方法。

第1步 打开随书光盘中的"素材\ch12\12-4.jpg"和"素材\ch12\12-5.jpg"文件，如下图所示。

第2步 选择【移动工具】，将"12-5.jpg"图片拖曳到"12-4.jpg"图片中，新建"图层1"图层，如下图所示。

第3步 单击【图层】面板中的【添加图层蒙版】按钮，为"图层1"添加蒙版，选择【画笔工具】，设置画笔的大小和硬度，如下图所示。

第4步 将前景色设置为黑色，在画面上方进行涂抹，如下图所示。

第5步 设置"图层1"的【图层混合模式】为【叠加】，如下图所示。

彩色文字招贴

本实例主要利用【移动工具】【图层】命令和【渐变工具】等来制作一个彩色文字人像图片。制作前后效果如下图所示。

1. 打开文件

第1步 单击【文件】→【打开】命令。

第2步 打开随书光盘中的"素材\ch12\12-6.jpg"文件，如下图所示。

2. 调整图像

第1步 选择【图像】→【调整】→【色阶】命令（或者按【Ctrl+L】组合键）打开【色阶】对话框调整人物的明暗度，参数的设置如下图所示。

第4步 选择【文本工具】输入文字，这里输入的内容比较多，可以根据自己需要，分两个图层来进行输入文字，并设置文字的字体、字号，如"小字体""大字体"，如下图所示。

第2步 选择【滤镜】→【素描】→【便条纸】命令，参数的设置如下图所示（人物颜色是根据用户设置的当前前景色而定的，这里使用了蓝色）。

第3步 单击【确定】按钮后，按【Ctrl+Alt+2】组合键把人物高光部分提取出来，按【Ctrl+Shift+I】组合键反选一下，再按【Ctrl+J】组合键创建一个图层（下图中关闭"背景"图层显示）。

| 提示 |

"大字体"图层中输入自己想要的文字，调整字体大小，然后对文字更换字体，字体别太细，种类也不用很多，几种就够了。排版完成之后把那些大字体合并成一个图层并命名为"大字体"。

第 12 章
通道与蒙版

第5步 继续输入"小字体"。主要是把文字围绕在大字身边,其他地方用小字填充,尽量别复制,否则复制的地方会出现平铺一样的纹理效果,如下图所示。

第6步 按【Ctrl】键的同时单击"图层1"图层,然后反选,再使用【自由套索】工具,按住【Alt】键圈选人物边缘的字并保留边缘有完整的一个字,这样在删除的时候会保留一些字,不会因为轮廓太圆滑把字都切掉,也可以适当羽化一下边缘,如下图所示。

第7步 删除字体图层的图形,在"图层1"图层的上面新建"图层2"图层,填充白色,然后隐藏"图层1"图层,可以看到处理好之后的效果,如下图所示。

第8步 在"大字体"图层上右击,然后在弹出的快捷菜单中选择【混合选项】命令,在弹出的【图层样式】对话框中选中【渐变叠加】复选框,同样设置【渐变颜色】为【色谱】,如下图所示。

第9步 在"小字体"图层上右击,然后在弹出的快捷菜单中选择【混合选项】命令,在

· 301 ·

弹出的【图层样式】对话框中选中【渐变叠加】复选框,然后设置【渐变颜色】为【色谱】,效果如下图所示。

第2步 将该图层【不透明度】改为 10%,如下图所示。

3. 添加滤镜特效

第1步 在"图层2"图层上面新建一个空白图层,按【Ctrl】键的同时单击"图层1"图层载入选区,然后给这个新图层设置一个渐变,渐变颜色选用人物用的颜色。完成之后选择【滤镜】→【模糊】→【高斯模糊】命令来添加模糊效果,参数设置如下图所示。

◇ **如何在通道中改变图像的色彩**

用户除了用【图像】中的【调整】命令以外,还可以使用通道来改变图像的色彩。原色通道中存储着图像的颜色信息。图像色彩调整命令主要是通过对通道的调整来起作用的,其原理就是通过改变不同色彩模式下原色通道的明暗分布来调整图像的色彩。

利用颜色通道调整图像色彩的具体操作步骤如下。

第 12 章
通道与蒙版

第1步 打开随书光盘中的"素材\ch12\12-7.jpg"图像文件，如下图所示。

第2步 选择【窗口】→【通道】命令，打开【通道】面板，如下图所示。

第3步 选择蓝色通道，然后选择【图像】→【调整】→【色阶】命令，打开【色阶】对话框，设置其中的参数，如下图所示。

第4步 单击【确定】按钮，选择【RGB】通道，即可看到如下图所示的图像调整色彩后的效果。

◇ **快速查看蒙版**

用户在【图层】面板中可以快速地查看蒙版效果，具体操作步骤如下。

第1步 单击【文件】→【打开】命令。

第2步 打开随书光盘中的"素材\ch12\12-8.psd"图像文件，如下图所示。

第3步 在【图层】面板中，按【Shift】键的同时单击蒙版缩览图，可以在画布中快速停用蒙版的状态，再次执行该操作启用，如下图所示。

第4步 在【图层】面板中，按【Ctrl】键的同时单击蒙版缩览图，可以快速建立蒙版选区，效果如下图所示。

第 4 篇

实战篇

第 13 章　照片处理
第 14 章　艺术设计
第 15 章　网页设计
第 16 章　动画设计

　　本篇主要介绍 Photoshop CS6 中的各种操作，通过本篇的学习，读者可以掌握照片处理、艺术设计、网页设计、动画设计等操作。

第 13 章

照片处理

本章导读

本章主要介绍使用 Photoshop CS6 的各种工具处理各类照片的方法，如翻新旧照片、修复模糊照片等；更换发色、美白牙齿、手臂瘦身等人物肌肤美白瘦身的方法；光晕梦幻、浪漫雪景、电影胶片等特效制作方法；生活照片处理和照片合成的操作等。

思维导图

第 13 章
照片处理

13.1 照片处理

本节主要学习如何综合运用各种工具来处理照片，下面介绍一些照片处理的方法和思路，以及通常使用的工具等。

实例名称：照片的处理	
实例目的：学习如何综合运用各种工具处理照片	
素材	素材 \ch13\ 旧照片 .jpg、畸变矫正 .jpg 等
结果	结果 \ch13\ 修复旧照片 .jpg、畸变矫正 .jpg 等
录像	视频教学录像 \13 第 13 章

13.1.1 案例概述

本案例主要是通过综合运用 Photoshop CS6 各种工具来完成照片的处理。主要讲解人像修片的一些常规实用方式和方法，对于刚刚接触修片的用户来说非常实用。

13.1.2 设计思路

用 Photoshop CS6 处理图片的教程非常多，本章主要介绍照片的处理、照片的恢复、人物肌肤美白和瘦身，还有照片的后期处理等相关内容。

本章以案例的方式讲述相关理论知识，解决用户心中"为什么要处理照片""怎么处理"的疑惑。每个案例既介绍理论，又说明具体的方法和技巧，并针对每个问题详细地列出所有处理步骤和具体的设置。

13.1.3 涉及知识点与命令

1. 有效剔除人像照片"穿帮"

本案例主要针对照片中"穿帮"的剔除修饰来学习常用的修饰"穿帮"所用到的工具、命令，真正做到学以致用。

处理前后效果如下图所示。

2. 影响皮肤修饰的因素

本案例主要讲解几种影响人像皮肤修饰的因素，让大家了解这些因素，能够将这些因素运用到人像皮肤的修饰中，从而学好皮肤的修饰。修饰前后效果如下图所示。

3. 精雕细琢美化五官

本案例主要针对五官的修饰展开讲解，首先了解五官的结构，再结合结构与修饰技巧来完成整个人像的修饰。案例中会涉及嘴巴眼睛的修饰方法，大家学习后可以更有效地修饰好人像照片。美化前后效果如下图所示。

4. 人物形体曲线的塑造

在本案例中可以了解到人物形体修饰的一些曲线标准，如何使用【液化】命令去修饰曲线。了解人物形体比例，如何利用【自由变化】等命令来调整比例达到美观效果，如下图所示。

5. 照片色调明暗的调整方法

在本案例中主要针对照片曝光问题及对比度问题，通过不同的修饰调整命令及手法来还原曝光和对比度，如下图所示。其中既使用到了【调色】【曲线】和【色阶】命令，也涉及了图层混合模式，这几个都可以对画面的曝光和对比度进行调整，学会以后可根据自己的习惯和爱好适当选择调整方法。

第 13 章
照片处理

6. 人像照片修饰流程解析

本案例主要是将人像照片修饰的整个流程做一个详细的介绍，并且针对每一个步骤来介绍所涉及的知识点。让大家熟悉人像照片的修饰流程，这样在以后的人像照片修饰中不至于打开照片以后不知道从何入手。修饰前后效果如下图所示。

7. 人像照片特效制作特辑

本案例主要针对人像照片的特效制作展开讲解与演示，在整个过程中以素描效果、手绘效果、油画效果为例。制作特效不但可以为照片增添美观性和艺术气息，还能锻炼用户熟悉滤镜的使用。制作特效前后效果，如下图所示。

8. 人像照片色调风格

本案例主要针对人像照片风格色调的分析及各种风格的特色来展开讲解与实例演示。案例中会对多种风格进行详细介绍，并列出详细调整步骤。调整色调风格前后效果如下图所示。

13.2 照片的修复

本节学习使用 Photoshop CS6 处理一些工作中经常使用的图像，如修复模糊的照片、修复曝光问题、调整偏色图像和调整照片暗部等。

13.2.1 将旧照片翻新

家里总有一些泛黄的旧照片，大家可以通过 Photoshop CS6 来修复这些旧照片。本实例主要使用【污点修复画笔工具】【色相/饱和度】命令、【亮度/对比度】命令和【自然饱和度】命令等处理老照片。处理前后效果如下图所示。

1. 打开文件

第1步 选择【文件】→【打开】命令。

第2步 打开随书光盘中的"素材\ch13\旧照片.jpg"图片，如下图所示。

2. 修复划痕

第1步 选择【污点修复画笔工具】，并在参数设置栏中进行如下图所示的参数设置。

第2步 将鼠标指针移动到需要修复的位置，然后在需要修复的位置单击即可修复划痕，如下图所示。

第3步 对于背景大面积的污渍，可以选择【修复画笔工具】，将鼠标指针移到需要修复的位置，按住【Alt】键，在需要修复的附近单击进行取样，然后在需要修复的位置单击即可修复划痕，如下图所示。

3. 调整色彩

第1步 选择【图像】→【调整】→【色相/饱和度】命令，调整图像色彩，如下图所示。

第2步 在弹出的【色相/饱和度】对话框中依次输入【色相】值为"5"，【饱和度】值为"30"，如下图所示。

第3步 单击【确定】按钮，效果如下图所示。

4. 调整图像亮度和对比度

第1步 选择【图像】→【调整】→【亮度/对比度】命令，如下图所示。

第2步 在弹出的【亮度/对比度】对话框中，拖动滑块来调整图像的亮度和对比度（或者设置【亮度】为"8"，【对比度】为"62"），如下图所示。

第3步 单击【确定】按钮，效果如下图所示。

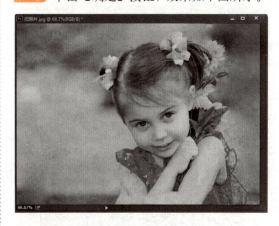

5. 调整图像饱和度

第1步 选择【图像】→【调整】→【自然饱和度】命令。

第2步 在弹出的【自然饱和度】对话框中，调整图像的【自然饱和度】为"100"，如下图所示。

第 3 步　单击【确定】按钮，效果如下图所示。

第 6 步　单击【确定】按钮，最终效果如下图所示。

第 4 步　选择【图像】→【调整】→【色阶】命令。
第 5 步　在弹出的【色阶】对话框中，调整色阶参数如下图所示。

13.2.2 修复模糊的照片

本案例教大家如何修复模糊的照片，使之变得清晰。修复前后效果如下图所示。

1. 打开文件

第 1 步　选择【文件】→【打开】命令。
第 2 步　打开随书光盘中的"素材\ch13\模糊照片.jpg"图片，如下图所示。

2. 修复模糊效果

第 1 步　选择【锐化工具】，并在参数设置栏中进行如下图所示的参数设置。

第 13 章
照片处理

第2步 在眼睛部位涂抹，可以看到，笔头所过之处，图像会慢慢变得清晰起来，慢慢涂抹，让图像的清晰度达到理想即可，千万不要涂过头，那样就会出现难看的杂色和斑点了，如下图所示。

3. 使用 USM 锐化调整

使用锐化工具，好处是可以按需要进行锐化，如果要对整幅照片进行快速修复，就显得太麻烦，那么使用【USM 锐化】滤镜，它是专为模糊照片准备的一款滤镜，适合对整幅照片进行调整。

第1步 选择【滤镜】→【锐化】→【USM 锐化】命令，如下图所示。

第2步 弹出【USM 锐化】对话框，在本案例中设置较大的数量值，以取得更加清晰的效果；设置较小的半径值，以防止损失图片质量；设置最小的阈值，以确定需要锐化的边缘区域，如下图所示。

第3步 单击【确定】按钮，最终效果如下图所示。

13.2.3 修复曝光问题

本实例主要讲解使用【自动对比度】【自动色调】和【色彩平衡】等命令来修复曝光过度的照片。修复前后效果如下图所示。

1. 打开文件

第1步 选择【文件】→【打开】命令。
第2步 打开随书光盘中的"素材 \ch13\ 曝光过度.jpg"图片，如下图所示。

2. 调整颜色和对比度

第1步 选择【图像】→【自动色调】命令，调整图像颜色。
第2步 选择【图像】→【自动对比度】命令，调整图像对比度，如下图所示。

> **提示**
> 【自动色调】命令可以增强图像的对比度，在像素平均分布并且需要以简单的方式增强对比度的特定图像中，该命令可以提供较好的结果。在使用 Photoshop CS6 修复照片的第一步就可以使用此命令来调整图像。

3. 调整亮度

第1步 选择【图像】→【调整】→【曲线】命令，如下图所示。

第2步 在弹出的【曲线】对话框中，拖动曲线来调整图像的亮度，如下图所示。

第3步 单击【确定】按钮，效果如下图所示。

4. 调整色彩平衡

第1步 选择【图像】→【调整】→【色彩平衡】命令，如下图所示。

第2步 在弹出的【色彩平衡】对话框中，设置【色阶】分别为"0""-22""-22"，如下图所示。

第3步 单击【确定】按钮，调整后的效果如下图所示。

| 提示 |

处理旧照片主要是修复划痕和调整颜色，因为旧照片通常都泛黄，所以在使用【色彩平衡】命令时应该相应地降低黄色成分，以恢复照片本来的黑白效果。

13.2.4 调整偏色图像

造成彩色照片偏色的主要原因是拍摄和采光问题，对于这些问题可以用 Photoshop CS6 的【匹配颜色】【色彩平衡】和【亮度/对比度】命令轻松地修复严重偏色的照片。修复前后效果如下图所示。

2. 复制图层

第1步 在【图层】面板中，选中【背景】图层并将其拖至面板下方的【创建新图层】按钮 上。

第2步 创建【背景 拷贝】图层，如下图所示。

1. 打开数码照片

第1步 选择【文件】→【打开】命令。

第2步 打开"素材\ch13\偏色照片.jpg"文件，如下图所示。

3. 使用【匹配颜色】命令

第1步 选择【图像】→【调整】→【匹配颜色】命令，如下图所示。

第2步 在弹出的【匹配颜色】对话框中的【图像选项】栏中选中【中和】复选框,如下图所示。

第3步 单击【按钮】按钮,效果如下图所示。

| 提示 |

使用【匹配颜色】命令能够使一幅图像的色调与另一幅图像的色调自动匹配,这样就可以使不同图像拼合时达到色调统一的效果,或者对照其他图像的色调修改自己的图像色调。

4. 调整色彩平衡

第1步 选择【图像】→【调整】→【色彩平衡】命令,如下图所示。

第2步 在弹出的【色彩平衡】对话框中,设置【色阶】分别为"43""-13""-43",如下图所示。

第3步 单击【确定】按钮,调整后的效果如下图所示。

5. 调整亮度/对比度

第1步 选择【图像】→【调整】→【亮度/对比度】命令,如下图所示。

第2步 在弹出的【亮度/对比度】对话框中,

拖动滑块来调整图像的亮度和对比度（或者设置【亮度】为"-41"、【对比度】为"100"），如下图所示。

第3步　单击【确定】按钮，效果如下图所示。

13.2.5 调整照片暗部

在拍摄的时候，会因为光线不足或者角度的问题使拍摄出的图像偏暗。本实例主要使用【曲线】和【色阶】命令处理拍摄出的图像偏暗问题。处理前后效果如下图所示。

1. 打开文件

第1步　选择【文件】→【打开】命令。
第2步　打开随书光盘中的"素材\ch13\暗部照片.jpg"图片，如下图所示。

2. 调整亮度

第1步　选择【图像】→【调整】→【曲线】命令，如下图所示。

第2步　将鼠标指针放置在曲线需要移动的位置，然后按住鼠标左键向上拖动以调整亮度（或者在【曲线】对话框中设置【输入】为"101"，【输出】为"148"），如下图所示。

第3步 单击【确定】按钮，完成图像的调整，效果如下图所示。

3. 调整色阶

第1步 选择【图像】→【调整】→【色阶】命令，如下图所示。

第2步 在弹出的【色阶】对话框中的【输入色阶】选项中，依次输入"0""1.63"和"255"，如下图所示。

第3步 单击【确定】按钮，效果如下图所示。

13.2.6 畸变矫正

使用广角镜头拍摄建筑物，通过倾斜相机使所有建筑物出现在照片中，结果就会产生扭曲、畸变，从镜头上看上去像是向后倒，使用【镜头矫正】命令可修复此类图像。制作前后效果如下图所示。

1. 打开文件

第1步 选择【文件】→【打开】命令。
第2步 打开随书光盘中的"素材\ch13\畸变矫正.jpg"图片，如下图所示。

2. 镜头矫正

第1步 选择【滤镜】→【镜头矫正】命令，弹出【镜头矫正】对话框，如下图所示。

第 13 章
照片处理

第 2 步 在【镜头矫正】对话框中设置各项参数直到垂直地平线的线条与垂直网格平行，如下图所示。

第 3 步 单击【确定】按钮，效果如下图所示。

3. 修剪图像

第 1 步 选择【裁剪工具】，对画面进行修剪。

第 2 步 确定修剪区域后，按【Enter】键确认，效果如下图所示。

| 提示 |

【镜头矫正】命令还可以矫正桶形和枕形失真及色差等，也可以用来旋转图像或修复由于相机垂直或水平倾斜而导致的图像透视问题。

13.2.7 去除照片上的多余物

在拍照的时候，照片上难免会出现一些自己不想要的人或物体，下面使用【仿制图章工具】和【曲线】等命令清除照片上多余的人或物。制作前后效果如下图所示。

1. 打开文件

第1步 选择【文件】→【打开】命令。

第2步 打开随书光盘中的"素材\ch13\多余物.jpg"图片，如下图所示。

2. 使用【仿制图章工具】

第1步 选择【仿制图章工具】，并在其参数设置栏中设置参数。

第2步 在需要去除物体的边缘按住【Alt】键吸取相近的颜色，在去除物上拖曳去除，如下图所示。

3. 调整亮度

第1步 多余物全部去除后，选择【图像】→【调整】→【曲线】命令，如下图所示。

第2步 在弹出的【曲线】对话框中拖曳曲线以调整图像亮度（或者在【输出】文本框中输入"142"，【输入】文本框中输入"121"），如下图所示。

第3步 单击【确定】按钮，完成图像的修饰，效果如下图所示。

13.3 人物肌肤美白瘦身

本节主要介绍如何处理人物肌肤美白瘦身效果，包括更换发色、美化双瞳、美白牙齿、打造V字脸、手臂瘦身等。

13.3.1 更换发色

本节教大家如何改变头发的颜色。本实例效果前后对比如下图所示。

第 13 章
照片处理

更换发色的具体操作步骤如下。

第1步 选择【文件】→【打开】命令，打开随书光盘中的"素材\ch13\更换发色.jpg"图片，如下图所示。

第2步 打开图片后，复制【背景】图层，得到【背景 拷贝】图层，如下图所示。

第3步 选择【磁性套索】工具，在选项栏中，接受【羽化】的默认值为0，并接受默认的【消除锯齿】选项，如下图所示。使用工具创建

选区时，一般都不羽化选区。如果需要，可在完成选区后使用【羽化】命令羽化选区。

第4步 拖动想要选择的区域，拖动时 Photoshop CS6 会创建锚点，如下图所示。

第5步 单击【属性】面板右侧的【调整边缘】按钮，即可打开类似抽出滤镜的面板，在打开【调整边缘】窗口后，利用【属性】面板中的【画笔】和【橡皮擦】来调整抠图区域，同时可以设置【画笔】及【橡皮擦】的大小，如下图所示。

第6步 在调整过程中，适当地增大"边缘检测"半径，以达到更加理想的抠图效果，单击【确定】按钮，发现人物头发被完全抠取出来，如下图所示。

第7步 新建图层，将前景色设置为想要的头

发颜色，用【油漆桶工具】填充到选区内。按【Ctrl+D】组合键取消选择，如下图所示。

第8步 将发色图层的混合模式改为【柔光】，选择【橡皮擦工具】对边缘部分多出的颜色涂抹，这样效果就出来了，如下图所示。

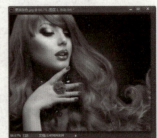

13.3.2 美化双瞳

本实例介绍使用 Photoshop CS6 中的【液化】命令和【向前变形工具】快速地将小眼睛变为迷人的大眼睛的方法。制作前后效果如下图所示。

1. 打开数码照片

第1步 选择【文件】→【打开】命令。
第2步 打开随书光盘中的"素材\ch13\小眼睛.jpg"图片，如下图所示。

2. 使用【液化】滤镜

第1步 选择【滤镜】→【液化】命令。
第2步 在弹出的【液化】对话框中设置【画笔大小】为"50"，【画笔密度】为"50"，【画笔压力】为"100"，【模式】为"平滑"。
第3步 单击左侧的【向前变形工具】按钮 。
第4步 使用鼠标在右眼的位置从中间向外拉伸，如下图所示。

第5步 修改完成右眼后继续修改左眼，如下

第 13 章
照片处理

图所示。

第6步 单击【确定】按钮。修改完成后,小眼睛变成迷人大眼睛的最终效果如下图所示。

13.3.3 美白牙齿

在 Phtotoshop CS6 中应用几个步骤就可以轻松地对人像照片中的牙齿进行美白。如果对象的牙齿有均匀的色斑,应用此技术可以使最终的人像照片看上去好得多。美白牙齿的前后对比效果如下图所示。

美白牙齿的具体操作步骤如下。

第1步 选择【文件】→【打开】命令,打开随书光盘中的"素材\ch13\美白牙齿.jpg"图像,如下图所示。

第2步 使用【套索】工具在对象的牙齿周围创建选区,如下图所示。

第3步 选择【选择】→【修改】→【羽化】命令,打开【羽化选区】对话框,设置【羽化半径】为"1"像素,如下图所示。羽化选区可以避免美白的牙齿与周围区域之间出现锐化边缘。

第4步 选择【图像】→【调整】→【曲线】命令,如下图所示。

> **提示**
> 如果要润色的照片中对象的牙齿具有不均匀的色斑，可以减淡深色色斑或加深浅色色斑使其与牙齿的一般颜色匹配。

第 5 步　在【曲线】对话框中，对曲线进行调整，如下图所示。

第 6 步　绘制完成后的最终效果如下图所示。

13.3.4 打造 V 字脸

利用 Photoshop CS6 的【液化】命令和【向前变形工具】，可以非常轻松地修改脸型。制作前后效果如下图所示。

第 2 步　复制"背景"图层，一定要养成这个习惯，以免因操作不当，而损坏原图层，如下图所示。

打造 V 字脸的具体操作步骤如下。

第 1 步　打开随书光盘中的"素材 \ch13\V 字脸 .jpg"图片，如下图所示。

第 3 步　选择新图层，再选择【滤镜】→【液化】

命令，如下图所示。

第4步 在弹出的【液化】对话框中单击左上角第一个【向前变形工具】按钮，并在右侧工具选项栏中调整画笔大小，选择合适的画笔，如下图所示。

第6步 细心调整并得到自己想要的脸型，最终效果如下图所示。

第5步 按【Ctrl++】组合键放大图片，以便进行细节调整，用画笔选择需要调整的位置，小幅度拖曳，如下图所示。

13.3.5 手臂瘦身

利用Photoshop CS6的【液化】命令和【向前变形工具】，可以非常轻松地修改较粗手臂。制作前后效果如下图所示。

手臂瘦身的具体操作步骤如下。

第1步　打开随书光盘中的"素材 \ch13\ 手臂瘦身 .jpg"图像，如下图所示。

第2步　复制"背景"图层，如下图所示。

第3步　选择新图层，选择【滤镜】→【液化】命令，如下图所示。

第4步　在弹出的【液化】对话框中单击左上角第一个【向前变形工具】按钮，并在右侧工具选项栏中调整画笔大小，选择合适的画笔，如下图所示。

第5步　按【Ctrl++】组合键放大图片，以便进行细节调整，用画笔选择需要调整的位置，小幅度拖曳，如下图所示。

第6步　细心调整使图像达到需要的效果，最终效果如下图所示。

13.4 特效制作

本节主要介绍如何制作一些图像特效，特效的制作方法非常多，这里只是画龙点睛，大家可以根据自己的创意想法制作出许多不同的图像特效。

13.4.1 制作光晕梦幻效果

本实例介绍非常实用的光晕梦幻画面的制作方法。主要用到的是【定义画笔预设】命令和【画笔工具】，制作之前需要先做出一些简单的图形。定义成画笔后就可以添加到图片上，适当改变图层混合模式及颜色即可，也可以多复制几层用模糊滤镜来增强层次感。制作前后效果如下图所示。

制作光晕梦幻效果的具体操作步骤如下。

第1步 打开随书光盘中的"素材 \ch13\ 梦幻效果 .jpg"图片，创建一个新图层，如下图所示。

第2步 下面制作所需的笔刷，隐藏背景图层，使用【椭圆工具】的同时按住【Shift】键画一个黑色的圆形，【填充】设置为"50%"，如下图所示。

第3步 然后添加一个黑色描边，选择【图层】→【图层样式】→【描边】命令，在打开的【图层样式】对话框中设置参数如下图所示。

第6步 显示"背景"图层，新建"图层2"，把"图层1"隐藏，用刚设置好的画笔在"图层2"中绘制几个光斑（在绘制的时候，画笔大小按情况而变动），画笔颜色可以使用自己喜欢的颜色，本实例使用白色，效果如下图所示。

第4步 选择【编辑】→【定义画笔预设】命令，在弹出的【画笔名称】对话框中的【名称】文本框中输入"光斑"，单击【确定】按钮，这样就制作好笔刷了，如下图所示。

第7步 光斑还是很生硬，为了使光斑梦幻，层次丰富，可以选择【滤镜】→【模糊】→【高斯模糊】命令，设置【半径】为"1"像素，如下图所示。

第5步 选择【画笔工具】，按【F5】键调出【画笔】调板，对画笔进行设置，如下图所示。

第8步 再新建两个图层，按照同样的方法在"图层3"中画出光斑（画笔比第一次小一些，【模糊半径】为"0.3"像素），"图层4"画笔再小一点，不需要模糊，效果如下图所示。

第 13 章
照片处理

13.4.2 制作浪漫雪景效果

本节介绍非常实用的浪漫雪景效果的制作方法。精湛的摄影技术，再加上后期的修饰点缀，才算是一幅完整的作品，下面来学习如何打造朦胧的浪漫冬季雪景。制作前后效果如下图所示。

制作浪漫雪景效果的具体操作步骤如下。

第1步 打开随书光盘中的"素材\ch13\雪景效果.jpg"图片，创建一个新图层，如下图所示。

第2步 选择【画笔工具】，按【F5】键调出【画笔】调板，对画笔进行设置，如下图所示。

第4步 到了上面一步其实已经算是完成了，但由于雪是反光的，还可以给镜头再加上光斑效果，光斑效果依照 13.4.1 小节制作，效果如下图所示。

第5步 最后选择【滤镜】→【渲染】→【镜头光晕】命令来添加镜头的光晕效果，最终效果如下图所示。

第3步 用刚设置好的画笔在"图层 1"中绘制几个雪点（在绘制的时候，画笔大小按情况而变动），画笔颜色使用白色，效果如下图所示。

13.4.3 制作电影胶片效果

下面学习如何制作电影胶片味十足的文艺相片效果。制作前后效果如下图所示。

第13章
照片处理

制作电影胶片效果的具体操作步骤如下。

第1步 打开随书光盘中的"素材\ch13\电影胶片效果.jpg"图片,复制"背景"图层,如下图所示。

第2步 选择【图像】→【调整】→【色相/饱和度】命令,如下图所示。

第3步 参照下图的【色相】【饱和度】和【明度】的参数进行调节,如下图所示。

第4步 选择【图像】→【调整】→【色相/饱和度】命令,在打开的【色相/饱和度】对话框中选择"蓝色",并用【吸管工具】选取天空蓝色的颜色,参照下图的【色相】【饱和度】和【明度】的参数进行调节,如下图所示。

· 331 ·

第5步 在【图层】面板上为图像添加【照片滤镜】效果，选择黄色的滤镜，效果如下图所示。

第7步 如果有合适的划痕画笔可以添加适当的划痕效果，最终效果如下图所示。

第6步 选择【滤镜】→【杂色】→【添加杂色】命令，添加杂色效果，如下图所示。

13.4.4 制作秋色调效果

深邃幽蓝的天空、悄无声息的马路、黄灿灿的法国梧桐树，无论从什么角度，取景框里永远是一幅绝美的图画。但如果天气不给力，树叶不够黄，如何使拍摄的照片更加充满秋天的色彩呢？下面为大家介绍一个简单易学的摄影后期处理方法。制作前后效果如下图所示。

第 13 章
照片处理

制作秋色调效果的具体操作步骤如下。

第 1 步 打开随书光盘中的"素材\ch13\秋色调效果.jpg"图片,在"图像"中把图片颜色模式由【RGB 颜色】模式改为【Lab 颜色】模式,如下图所示。

第 2 步 复制"背景"图层,把图层改成【正片叠底】模式,并把图层【不透明度】调为"50%",如下图所示。

第 3 步 颜色模式改为【RGB 颜色】模式,并合并图层,如下图所示。

第 4 步 再次复制图层,并把图层混合模式改为【滤色】,并把【不透明度】调到"60%",如下图所示。

第 5 步 在图层中选择【通道混合器】调整图层,调整参数如下图所示。

终效果如下图所示。

第6步 最后根据图像需要调整【曲线】，最

13.5 生活照片的处理

本节主要介绍生活照片和工作照片的处理技巧。

13.5.1 风景照片的处理

本实例主要使用【复制图层】【亮度和对比度】【曲线】和【叠加模式】等命令处理一张带有雾蒙蒙效果的风景图，通过处理，让照片重新显示明亮、清晰的效果。制作前后效果如下图所示。

第 13 章 照片处理

1. 复制图层

第1步 打开随书光盘中的"素材 \ch13\ 雾蒙蒙照片 .jpg"图片，如下图所示。

第2步 选择【图层】→【复制图层】命令，如下图所示。

第3步 在弹出的【复制图层】对话框中，单击【确定】按钮，如下图所示。

2. 添加【高反差保留】效果

第1步 选择【滤镜】→【其他】→【高反差保留】命令，如下图所示。

第2步 在弹出的【高反差保留】对话框中的【半径】文本框中输入"5"像素，单击【确定】按钮，如下图所示。

3. 调整亮度和对比度

第1步 选择【图像】→【调整】→【亮度/对比度】命令，如下图所示。

第2步 在弹出的【亮度/对比度】对话框中设置【亮度】为"-10"，【对比度】为"30"，单击【确定】按钮，如下图所示。

4. 设置叠加模式和曲线

第1步 在【图层】面板中，设置图层模式为【叠加】，设置【不透明度】为"80%"，如下图所示。

第2步 选择【图像】→【调整】→【曲线】命令，如下图所示。

第3步 在弹出的【曲线】对话框中，设置输入和输出参数。可以根据预览的效果调整不同的参数，直到效果满意为止，如下图所示。

第4步 单击【确定】按钮，完成设置，最终效果如下图所示。

13.5.2 婚纱照片的处理

本实例主要使用 Photoshop CS6【动作】面板中自带的命令为古装婚纱照添加木质画框的效果。制作前后效果如下图所示。

1. 打开素材

第1步 选择【文件】→【打开】命令。

第2步 打开随书光盘中的"素材\ch13\婚纱照.jpg"图片，如下图所示。

第 13 章
照片处理

2. 使用【动作】面板

第1步 选择【窗口】→【动作】命令,打开【动作】面板,如下图所示。

第2步 在【动作】面板中选择【木质画框】,然后单击面板下方的【播放选定动作】按钮▶,如下图所示。

第3步 制作完毕的效果如下图所示。

> **提示**
>
> 在使用【木质画框】动作时,所选图片的宽度和高度均不能低于100像素,否则此动作将不可用。

13.5.3 写真照片的处理

本实例主要使用 Photoshop CS6【动作】面板中自带的命令将艺术照快速设置为棕褐色照片。制作前后效果如下图所示。

1. 打开素材

第1步 选择【文件】→【打开】命令，如下图所示。

第2步 打开随书光盘中的"素材\ch13\艺术照.jpg"图片，如下图所示。

2. 使用【动作】面板

第1步 选择【窗口】→【动作】命令，打开【动作】面板，如下图所示。

第2步 在【动作】面板中选择【棕褐色调（图层）】，然后单击面板下方的【播放选定动作】按钮，如下图所示。

第3步 播放完毕的效果如下图所示。

> **提示**
>
> 在 Photoshop CS6 中，【动作】面板可以快速为照片设置理想的效果，用户也可以新建【动作】，为以后快速处理照片准备条件。

13.5.4 儿童照片的处理

本实例主要使用【标尺工具】将儿童照片调整为有趣的倾斜照片效果。制作前后效果如下图所示。

第 13 章
照片处理

1. 打开素材

第1步 选择【文件】→【打开】命令，如下图所示。

第2步 打开随书光盘中的"素材\ch13\倾斜照片.jpg"图片，如下图所示。

2. 选择【标尺工具】

第1步 选择【标尺工具】 ，如下图所示。

第2步 在画面的底部拖曳出一条倾斜的度量线，如下图所示。

第3步 选择【窗口】→【信息】命令，打开【信息】面板，如下图所示。

3. 调整参数

第1步 选择【图像】→【图像旋转】→【任意角度】命令，如下图所示，弹出【旋转画布】对话框。

第2步 在弹出的【旋转画布】对话框中设置【角度】为"20.1"，然后单击【确定】按钮，如下图所示。

4. 修剪图像

第1步 选择【裁剪工具】 ，修剪图像，如下图所示。

效果如下图所示。

第 2 步 修剪完毕后按【Enter】键确定，最终

13.5.5 工作照片的处理

本实例主要使用【移动工具】和【磁性套索工具】等将一张普通的照片调整为一张证件照片。制作前后效果如下图所示。

第 3 步 单击【确定】按钮，效果如下图所示。

1. 新建文件

第 1 步 选择【文件】→【新建】命令，如下图所示。

第 2 步 在弹出的【新建】对话框中创建一个【宽度】为"2.7"厘米，【高度】为"3.8"厘米，【分辨率】为"200"像素/英寸，【颜色模式】为"CMYK 颜色"的新文件，如下图所示。

2. 填充背景色

第 1 步 在工具箱中单击【设置背景色】方块。

第 2 步 在弹出的【拾色器（背景色）】对话框中设置颜色（C：100；M：0；Y：0；K：0），单击【确定】按钮，保存文件，该文件将作为证件照片的背景，如下图所示。

第 13 章
照片处理

第3步 按【Ctrl+Delete】组合键填充颜色，如下图所示。

3. 使用素材

第1步 打开随书光盘中的"素材\ch13\大头.jpg"图片，如下图所示。

第2步 在【图层】面板中的"背景"图层上双击，为图层解锁，变成"图层0"，如下图所示。

4. 创建选区

第1步 选择【磁性套索工具】，在人物背景上建立选区，如下图所示。

第2步 选择【选择】→【反向】命令，反选选区，如下图所示。

5. 移动素材并调整大小

第1步 选择【选择】→【修改】→【羽化】命令，在弹出的【羽化选区】对话框中设置【羽化半径】为"1"像素，单击【确定】按钮，如下图所示。

第2步 使用【移动工具】，将素材图片拖入前面制作的证件照片的背景图中。

第3步 按【Ctrl+T】组合键执行【自由变换】命令，调整大小及位置，如下图所示。

> **提示**
>
> 一寸照片的标准尺寸是25毫米×36毫米（误差±1毫米），外边的白框不算，大小在2毫米左右。

13.6 照片合成

本节主要介绍如何将多张图像进行合成的效果。

13.6.1 制作大头贴效果

本实例主要使用了【画笔工具】【渐变工具】和【移动工具】等来制作大头贴的效果。制作前后效果如下图所示。

1. 新建文件

第1步 选择【文件】→【新建】命令，如下图所示。

第2步 在弹出的【新建】对话框中创建一个【宽度】为"12"厘米，【高度】为"12"厘米，【分辨率】为"72"像素／英寸，【颜色模式】为"RGB 颜色"的新文件，如下图所示。

第3步 单击【确定】按钮，效果如下图所示。

2. 使用渐变工具

第1步 单击工具箱中的【渐变工具】 。
第2步 单击工具属性栏中的【点按可编辑渐变】按钮 ，如下图所示。

3. 设置渐变颜色

第1步 在弹出的【渐变编辑器】对话框中的【预设】设置区选择【橙色、蓝色、洋红、黄色】的渐变色。

第2步 单击【确定】按钮，如下图所示。

第3步 选择【角度渐变】命令，然后在画面中使用鼠标由画面中心向外拖曳，填充渐变，效果如下图所示。

4. 使用自定形状

第1步 设置前景色为白色，选择【自定形状工具】。

第2步 在属性栏中单击【像素】和【点按可打开"自定形状"拾色器】按钮，在下拉列表框中选择"花6"图案，如下图所示。

第3步 新建一个图层，在画布中用鼠标拖曳出花形形状，效果如下图所示。

第4步 按【Ctrl+T】组合键来调整花形的位置和大小，效果如下图所示。

5. 使用素材

第1步 打开随书光盘中的"素材\ch13\花边.psd"图片。使用【移动工具】将花边图像拖曳到文档中，效果如下图所示。

第2步 按【Ctrl+T】组合键调整"花边"的

位置和大小，并调整图层顺序，效果如下图所示。

6. 绘制细节

第1步 设置前景色为粉色（C：0；M：11；Y：0；K：0），选择【画笔工具】，并在属性栏中进行如下图所示的参数设置。

第2步 新建一个图层，拖动鼠标在图层上进行如下图所示的绘制，在绘制时可不断更换画笔使画面更加丰富。

7. 导入图片

第1步 打开随书光盘中的"素材\ch13\大头贴.jpg"图片。使用【移动工具】将大头贴图片拖曳到文档中，效果如下图所示。

第2步 按【Ctrl+T】组合键调整"大头贴"的位置和大小，并调整图层的顺序，效果如下图所示。

8. 合成大头贴

第1步 在【图层】面板中按【Ctrl】键并单击花形图层前的【图层缩览图】，将花形载入选区，如下图所示。

第2步 按【Ctrl+Shift+I】组合键反选选区，然后选择大头贴图像所在的图层，按【Delete】键删除，如下图所示。

> **提示**
>
> 制作大头贴的时候，读者可根据自己的审美和喜好设计模板，也可以直接从网上下载自己喜欢的模板，然后直接把照片套进去即可。

第3步 按【Ctrl+D】组合键取消选区，最终效果如下图所示。

13.6.2 全景图像合成

下面通过【Photomerge】命令来学习将多张照片拼接成全景图的使用方法，制作前后效果如下图所示。

具体操作步骤如下。

第1步 打开随书光盘中的"素材\ch13\q1.jpg""素材\ch13\q2.jpg"和"素材\ch13\q3.jpg"文件，如下图所示。

第2步 选择【文件】→【自动】→【Photomerge】命令,如下图所示,弹出【Photomerge】对话框。

第3步 在【版面】中选中【自动】单选按钮,然后单击【添加打开的文件】按钮,选中【混合图像】复选框,让 Photoshop CS6 自动调整图像曝光并拼合图像,如下图所示。

第4步 单击【确定】按钮,然后对图像进行裁剪处理,使图像边缘整齐,最终效果如下图所示。

在拍摄人物照片的过程中经常会遇到曝光过度、图像变暗等问题,这是由于天气或拍摄方法不当所引起的,那么在拍摄人物照片时应该注意哪些问题呢?

◇ 照相空间的设置

不要留太多的头部空间。如果人物头部上方留太多空间会给人拥挤的、不舒展的感觉,一般情况下,被摄体的眼睛在景框上方 1/3 的地方。也就是说,人的头部一定要放在景框的上 1/3 部分,这样就可以避免"头部空间太大"的问题。这个问题非常简单,但往往被人忽略。

◇ 如何在户外拍摄人物

在户外拍摄人物时,一般不要到阳光直射的地方,特别是在光线很强的夏天。但是,如果由于条件所限必须在这样的情况下拍摄时,则需要让被摄体背对阳光,这就是人们常说的"肩膀上的太阳"规则。这样被摄体的肩膀和头发上就会留下不错的边缘光效果(轮廓光),然后再用闪光灯略微(较低亮度)给被摄体的面部补充足够的光线,就可以得到一张与周围自然光融为一体的完美照片了。

◇ 如何在室内拍摄

人们看照片时,首先被照片中最明亮的景物所吸引,所以要把最亮的光投射到你希望的位置。室内人物摄影,毫无疑问被摄体的脸是最引人注目的,那么最明亮的光线应该在脸上,然后逐渐沿着身体往下而变暗,这样就可增加趣味性、生动性和立体感。

第 14 章
艺术设计

本章导读

本章学习使用 Photoshop CS6 解决我们身边所遇到的问题，如房地产广告设计、海报设计和包装设计等。

思维导图

14.1 广告设计

本节主要学习如何综合运用各种工具来设计一张房地产广告，下面介绍广告设计处理的方法和思路，以及通常使用的工具等。

14.1.1 案例概述

本实例主要使用【矩形选框工具】【移动工具】和【自由变换】命令等来设计一张整体要求大气高雅、符合成功人士喜好的房地产广告，如下图所示。

14.1.2 设计思路

本房地产广告设计采用了三段式版式设计，上部分主要表现房地产项目的广告策划文案；中间部分表现房地产项目的预期建设效果；下部分表现房地产项目的具体地址、公司和内容等相关信息。

歆碧御水山庄（概念＋情节演绎，像一本言情小说）

（1）属性定位：国境，歆碧御水山庄。

（2）广告语：生活因云山而愉悦，居家因园境而尊贵。

（3）国境文案。

（4）小户型楼书，也是"生存态"读本。

14.1.3 涉及知识点与命令

房地产开发商要加强广告意识，不仅广告发布的内容和行为符合有关法律、法规的要求，而且要合理控制广告费用的投入，使广告能起到有效的促销作用。这就要求开发商和代理商重视和加强房地产广告策划。但实际上，不少开发商在营销策划时，只考虑具体的广告的实施计划，如广告的媒体、投入力度、频度等，而没有深入、系统地进行广告策划。因而有些房地产广告的效果不尽如人意，难以取得营销佳绩。随着房地产市场竞争日趋激烈，代理公司和广告公司的深层次介入，广告策划已成为房地产市场营销的客观要求。

房地产广告从内容上有以下 3 种。

（1）商誉广告。它强调树立开发商或代理商的形象。

（2）项目广告。它树立开发地区、开发项目的信誉。

（3）产品广告。它是为某个房地产项目的推销而做的广告。

14.1.4 广告设计步骤

通过本实例的学习，将使读者学习如何运用 Photoshop CS6 软件，来完成此类平面广告设计的绘制方法。下面将向读者详细介绍平面广告的绘制过程。

1. 新建文件

第1步 选择【文件】→【新建】命令，如下图所示。

第2步 在弹出的【新建】对话框中输入名称为"房地产广告"，设置【宽度】为"28.9"厘米，【高度】为"42.4"厘米，【分辨率】为"300"像素/英寸，【颜色模式】为"CMYK颜色"，单击【确定】按钮，如下图所示。

第3步 单击【确定】按钮后的效果如下图所示。

2. 使用背景色填充

第1步 在工具箱中单击【设置背景色】按钮。

第2步 在弹出的【拾色器（背景色）】对话框中设置颜色（C：50；M：100；Y：100；K：0），如下图所示。

第3步 单击【确定】按钮，并按【Ctrl+Delete】

组合键填充，效果如下图所示。

图所示。

第3步 单击"图层1"前面的缩览图创建选区，然后反选删除不需要的天空图像，如下图所示。

第4步 新建一个图层，单击工具箱中的【矩形选框工具】，创建一个矩形选区并填充土黄色（C：25；M：15；Y：45；K：0），如下图所示。

3. 使用素材文件修饰背景

第1步 打开随书光盘中的"素材\ch14\天空.jpg"图片，如下图所示。

第2步 使用【移动工具】将天空素材图片拖入背景中，按【Ctrl+T】组合键执行【自由变换】命令，并调整到合适的位置，如下

第4步 单击工具箱中的【矩形选框工具】，在下方创建一个矩形选区并删除天空图像，如下图所示。

4. 调整色调

第1步 选择【图像】→【调整】→【曲线】命令，

第14章 艺术设计

调整天空图层的色调，如下图所示。

第2步 使用【移动工具】将别墅素材图片拖入背景中，按【Ctrl+T】组合键执行【自由变换】命令，并调整到合适的位置，如下图所示。

第3步 打开随书光盘中的"素材\ch14\鸽子.psd"图片，如下图所示。

第2步 单击工具箱中的【加深工具】按钮，对天空上部分图像进行加深处理，效果如下图所示。

第4步 使用【移动工具】将鸽子素材图片拖入背景中，按【Ctrl+T】组合键执行【自由变换】命令，并调整到合适的位置，如下

5. 设计页面内容

第1步 打开随书光盘中的"素材\ch14\别墅.psd"图片，如下图所示。

· 351 ·

图所示。

第5步 将该别墅和鸽子图层的图层【不透明度】设置为"95%"和"90%",使图像和背景有一定的融合,如下图所示。

6. 添加广告文字

第1步 打开随书光盘中的"素材\ch14\文字01.psd 和文字02.psd"图片,如下图所示。

第2步 使用【移动工具】将"文字01.psd"和"文字02.psd"素材图片拖入背景中,按【Ctrl+T】组合键执行【自由变换】命令,并

调整到合适的位置,如下图所示。

7. 添加广告标志

第1步 打开随书光盘中的"素材\ch14\标志2.psd"图片,如下图所示。

第2步 使用【移动工具】将"标志2.psd"素材图片拖曳到背景中,然后按【Ctrl+T】组合键执行【自由变换】命令,并调整到合适的位置,如下图所示。

第 14 章
艺术设计

8. 添加公司地址和宣传图片

第1步 打开随书光盘中的"素材\ch14\宣传图.psd、交通图.psd和公司地址.psd"图片，如下图所示。

第2步 使用【移动工具】 将"宣传图.psd""交通图.psd"和"公司地址.psd"素材图片拖入背景中，然后按【Ctrl+T】组合键执行【自由变换】命令，并调整到合适的位置，至此一幅完整的房地产广告就做好了，效果如下图所示。

14.2 海报设计

本节主要学习如何综合运用各种工具来设计一张海报，下面介绍海报设计处理的方法和思路，以及通常使用的工具等。

14.2.1 案例概述

本实例主要使用【移动工具】【钢笔工具】和【渐变工具】来制作一张具有时尚感的饮料海报。效果如下图所示。

· 353 ·

14.2.2 设计思路

饮料是属于大众的消费品，以儿童喜爱居多，所以饮料海报的设计定位为大众消费群体，也适合不同层次的消费群体。

饮料海报在设计风格上，运用诱人的真实橙子照片和鲜艳的颜色及醒目的商标相结合的手法，既突出了主题，又表现出其品牌固有的文化理念。

在色彩运用上，以橙色效果为主，突出该产品的"天然"特点。图片上运用白色，在橙色背景下更好地呼应了时尚感。

14.2.3 涉及知识点与命令

在本节所讲述的饮料海报的设计过程中，首先应清楚该海报所表达的意图，认真地构思定位；然后再仔细绘制出效果图。

1. 设计表达

在整个设计中，充分考虑到文字、色彩与图形的完美结合，相信在同类产品海报中，浓烈的体现季节性色彩效果是非常有吸引力的。

2. 材料工艺

此包装材料采用 175 克铜版纸不干胶印刷，方便粘贴。

3. 设计重点

在进行海报的设计过程中，运用到 Photoshop CS6 软件中的图层及文字等命令。

14.2.4 海报设计步骤

下面介绍此海报设计效果的绘制过程。

1. 新建文件

第1步 选择【文件】→【新建】命令，如下图所示。

第2步 在弹出的【新建】对话框中创建一个【宽度】为"28.9"厘米，【高度】为"42.4"厘米，【分辨率】为"300"像素/英寸，【颜色模式】为"CMYK 颜色"的新文件，单击【确定】按钮。

第14章 艺术设计

第3步 单击【确定】按钮后的效果如下图所示。

2. 使用渐变工具

第1步 单击工具箱中的【渐变工具】 。

第2步 单击工具选项栏中的【点按可编辑渐变】按钮 ，如下图所示。

3. 设置渐变颜色

第1步 在弹出的【渐变编辑器】对话框中单击颜色条右端下方的【色标】按钮，添加从橙色（C：0；M：55；Y：90；K：0）到白色的渐变颜色，单击【确定】按钮，如下图所示。

第2步 在画面中使用鼠标由上至下拖曳，进行从橙色到白色的渐变填充，如下图所示。

4. 使用素材

第1步 打开随书光盘中的"素材 \ch14\ 橙子图片.psd"图片，如下图所示。

第2步 使用【移动工具】 将"橙子图片.psd"素材图片拖入背景中，按【Ctrl+T】组合键执行【自由变换】命令调整到合适的位置，并调整图层顺序，如下图所示。

第3步 打开随书光盘中的"素材 \ch14\ 耳机.psd"图片，如下图所示。

· 355 ·

第4步 使用【移动工具】将"耳机.psd"素材图片拖入背景中,按【Ctrl+T】组合键执行【自由变换】命令,并调整到合适的位置,同时调整图层顺序,如下图所示。

第5步 单击【耳机】图层前面的缩览图创建选区,然后填充为白色,如下图所示。

5. 添加素材图片

第1步 打开随书光盘中的"素材\ch14\饮料盒.psd"图片,如下图所示。

第2步 使用【移动工具】将"饮料盒.psd"素材图片拖入背景中,按【Ctrl+T】组合键执行【自由变换】命令,并调整到合适的位置,同时调整图层顺序,如下图所示。

第3步 打开随书光盘中的"素材\ch14\商标.psd"图片,如下图所示。

第4步 使用【移动工具】将"商标.psd"素材图片拖入背景中,按【Ctrl+T】组合键执行【自由变换】命令,并调整到合适的位置,

第 14 章 艺术设计

同时调整图层顺序，如下图所示。

料盒之间绘制一根耳机线，如下图所示。

6. 绘制细节

第1步 新建一个图层。

第2步 选择【钢笔工具】，设置画笔【大小】为"5像素"，【硬度】为"100%"，如下图所示。

第4步 将橙子图像调大一些，然后单击【耳机】图层前面的缩览图创建选区，删除选区内橙子的图像，最终的效果如下图所示。

第3步 设置前景色为白色，然后在耳机和饮

14.3 包装设计

本节主要学习如何综合运用各种工具来设计一张包装图片，下面介绍包装设计处理的方法和思路，以及通常使用的工具等。

14.3.1 案例概述

本实例主要使用了各类命令来制作一个整体要求色彩清新亮丽、图片清晰的食品包装图片，效果如下图所示。

14.3.2 设计思路

包装设计在风格上，运用诱人的真实糖果照片和鲜艳的水果及醒目的字体相结合手法，既突出了主题，又表现出其品牌固有的文化理念。

在色彩运用上，以水果的橙色效果为主，突出该产品的"味道"特点。字体上运用蓝色和红色，在橙色背景下更好地呼应了产品的美感和口感。

14.3.3 涉及知识点与命令

在本节所讲述的包装设计的过程中，首先应认真地构思定位；然后再仔细地绘制出效果图。主要使用到以下工具。

（1）横排文字工具。
（2）钢笔工具。
（3）渐变填充工具。

14.3.4 包装设计步骤

下面详细介绍包装设计的绘制过程。

1. 新建文件

第1步 选择【文件】→【新建】命令来新建一个名称为"正面展开图"，大小为140毫米×220毫米，【颜色模式】为"CMYK颜色"的文件，如下图所示。

第2步 单击【确定】按钮，效果如下图所示。

第 14 章
艺术设计

第3步 在新建文件中，创建4条离边缘距离为"1厘米"的辅助线，选择【视图】→【新建参考线】命令。分别在水平1厘米和21厘米与垂直1厘米和13厘米位置新建参考线，效果如下图所示。

第4步 在【图层】面板上单击【创建新图层】按钮，新建一个图层，如下图所示。

第5步 为该图层填充一个从淡绿色到白色的渐变色，应用填充后的效果如下图所示。

2. 使用素材文件并输入文字

第1步 打开随书光盘中的"素材\ch14\水果.psd"文件，将其复制至"包装效果"文件中，文件将自动生成"图层2"。按【Ctrl+T】组合键执行【自由变换】命令，并调整图案到适当的大小和位置，如下图所示。

第2步 选择【横排文字工具】，分别在不同的图层中输入英文字母"FRUCDY"，再进行【字符】设置，将字体颜色设置为"白色"，效果如下图所示。

· 359 ·

第3步 选择【移动工具】调整各个字母的位置,选取字母"F"然后在【字符】面板中设置其大小为"196.7",用相同的方法设置其他字母的大小,效果如下图所示。

第4步 按住【Ctrl】键,并在【图层】面板上选择所有的字母图层,再按【Ctrl+E】组合键执行【合并图层】命令合并所有字母图层,效果如下图所示。

第5步 按住【Ctrl】键,并在【图层】面板上单击字母图层上的【图层缩览图】选取字母,为其填充一个从红色到黄色的渐变色,应用填充后的效果如下图所示。

第6步 扩大字母选框制作字母底纹,选取字母后,选择【选择】→【修改】→【扩展】命令,在弹出的【扩展选区】对话框中设置【扩展量】为"20"像素,单击【确定】按钮,效果如下图所示。

第7步 选择【矩形选框工具】,并在属性栏中单击【添加到选区】按钮,将没有选中的区域加选进去,效果如下图所示。

第 14 章
艺术设计

第 8 步 然后在【图层】面板上新建一个图层，并填充为"蓝色"，效果如下图所示。

第 9 步 选择蓝色底纹图层，为其描上白色的边框，选择【编辑】→【描边】命令，打开【描边】对话框，设置颜色为"白色"，其他的参数设置如下图所示。

第 10 步 用同样的方式为字母也描上白色的边框，【宽度】设置为"3"像素，效果如下图所示。

3. 调入商标素材

第 1 步 将底纹和字母图层进行合并，然后选择【文字工具】输入英文字母"FRUITCANDR"，

再进行【字符】设置，字体颜色设置为"白色"，如下图所示。

第 2 步 在【图层】面板将两个字母图层同时选中来调整方向，使主体更加具有冲击力，效果如下图所示。

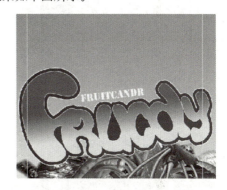

第 3 步 打开随书光盘中的"素材 \ch14\ 标志 .psd"文件，如下图所示。

第 4 步 将其拖动到包装文件中，调整到适当的大小和位置，如下图所示。

· 361 ·

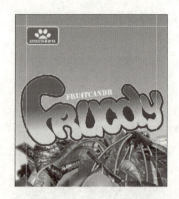

第 5 步 打开随书光盘中的"素材 \ch14\ 果汁 .psd"文件,将其复制到效果文件中,调整到适当的大小和位置后,然后调整果汁的颜色,来呼应主题,如下图所示。

第 6 步 选择【图像】→【调整】→【色相/饱和度】命令来调整颜色,参数设置如下图所示。

第 7 步 选择【横排文字工具】，输入"超级水果糖"等字体,中文字字体为"幼圆",字体大小设置为"20 点",英文字体大小为"9 点",颜色均为"红色",其他参数设置如下图所示。

第 8 步 继续使用【文字工具】来输入其他的文字内容,设置"NET"等文字,字体为"黑体",字体大小为"10 点"、颜色为"黄色";"THE TRAD"等字体颜色为"红色",英文字体大小为"12 点"。

第 9 步 在【图层样式】对话框中添加【描边】效果,具体参数设置如下图所示。

第 14 章
艺术设计

第10步 打开随书光盘中的"素材\ch14\奶糖.psd"文件,将其复制到效果文件中,调整到适当的大小和位置,然后调整奶糖的不透明度,使主次分明,在【图层】面板中设置其不透明度为"74%",效果如下图所示。

4. 制作立体效果

第1步 按【Ctrl+S】组合键,保存绘制好的正面包装效果文件。

第2步 打开前面绘制的正面平面展开图,选择【图像】→【复制】命令对图像进行复制,按【Shift+Ctrl+E】组合键,合并复制图像中的可见图层,如下图所示。

第3步 选择【文件】→【新建】命令,新建一个大小为270毫米×220毫米,【分辨率】为"300"像素\英寸,【颜色模式】为"CMYK

颜色"的文件,单击【确定】按钮,如下图所示。

第4步 将包装的正面效果图像复制到新建文件中,调整到适当的大小,如下图所示。

第5步 制作出包装袋上的撕口,选择【矩形选框工具】,在包装袋的左上侧选择撕口部分,再按【Delete】键删除选区部分,同理绘制右侧撕口如下图所示。

第6步 在【图层】面板上单击【创建新图层】按钮,新建一个图层,使用【钢笔工具】

· 363 ·

绘制一个工作路径并转化为选区,将其填充为黑色,如下图所示。

第7步 在【图层】面板中设置该图层的不透明度为"20%"。使用【橡皮擦工具】，在图像左下方进行涂抹,如下图所示。

第8步 使用同样的操作方法绘制包装袋其他位置上的明暗效果,如下图所示。

5. 制作投影效果

第1步 选择背景图层,为其填充【渐变编辑器】对话框中预设中的【透明彩虹渐变】,并使用【角度渐变】方式进行填充,效果如下图所示。

第2步 新建一个图层,复制一个绘制好的包装,使用黑色进行填充,对其应用半径为"3"的羽化效果,将图层不透明度设置为"50%",并调整图层位置,如下图所示。

第3步 完成所有操作后,保存图像。

◇ 了解海报设计所遵循的原则

对于每一个平面设计师来说,海报设计都是一个挑战。作为在二维平面空间中的海报,它的用途数不胜数,其表现题材从广告到公共服务公告等无所不包。设计师的挑战是要使设计出来的海报能够吸引人,而且能传播特定信息,从而最终激发观看人的共鸣。

因此,在创作广告、海报和包装设计时,就需要遵循一些创作的基本原则,这些原则能对设计者在设计海报时有所帮助。

(1)图片的选择。图片的作用是简化信息,因此应避免过于复杂的构图。图片通常说明所要表现的产品是什么、由谁提供或谁要用它。

(2)排版的能力。由于海报上的文字非常精炼,因此海报文字的排版非常重要。

(3)字体的设计。设计师选择的字体样式、文字版面,以及文字与图片之间的比例,将决定所要传达的信息是否能够让人易读易记。

◇ 广告设计术语

广告设计术语是人们在日常的工作中经常遇到的一些名词。掌握这些术语有助于同行之间的交流与沟通,规范行业的流程。

1. 设计

设计(Design)是指美术指导和平面设计师如何选择和配置一条广告的美术元素。设计师选择特定的美术元素并以其独特的方式对它们加以组合,以此定下设计的风格,即某个想法或形象的表现方式。在美术指导下,几位美工制作出广告概念的初步构图,然后再与文案配合,拿出自己的平面设计专长(包括摄影、排版和绘图),创作出最有效的广告或手册。

2. 布局图

布局图(Layout)是指一条广告所有组成部分的整体安排,如图像、标题、副标题、正文、口号、印签、标志和签名等。

布局图有以下几个作用。

首先,布局图有助于广告公司和客户预先制作并测评广告的最终形象和感觉,为客户(他们通常都不是艺术家)提供修正、更改、评判和认可的有形依据。

其次,布局图有助于创意小组设计广告的心理成分,即非文字和符号元素。精明的广告主不仅希望广告给自己带来客源,还希望(如果可能的话)广告为自己的产品树立某种个性——形象,在消费者心目中建立品牌(或企业)资产。要做到这一点,广告的"模样"必须明确表现出某种形象或氛围,反映或加强产品的优点。因此在设计广告布局初稿时,创意小组必须对产品或企业的预期形象有很强的意识。

最后,挑选出最佳设计之后,布局图便发挥蓝图的作用,显示各个广告元素所占的比例和位置。一旦制作部经理了解了某条广告的大小、图片数量、排字量及颜色和插图等这些美术元素的运用,他们便可以判断出制作该广告的成本。

3. 小样

小样(Thumbnail)是指美工用来具体表现布局方式的大致效果图。小样通常很小(大约为3英寸×4英寸),省略了细节,比较粗糙,是最基本的东西。直线或水波纹表示正文的位置,方框表示图形的位置。

4. 大样

在大样中,美工画出实际大小的广告,提出候选标题和副标题的最终字样,安排插图和照片，用横线表示正文。广告公司可以向客户，尤其是在乎成本的客户提交大样，以征得他们的认可。

5. 末稿

到了末稿（Comprehensive Layout/Comp）这一步，制作已经非常精细，几乎和成品一样。末稿一般都很详尽，有彩色照片、确定好的字体风格、大小和配合用的小图像，再加上一张光喷纸封套。现在，末稿的文案排版及图像元素的搭配等都是由计算机来执行的，打印出来的广告如同四色清样一般。到了这一阶段，所有的图像元素都应当最后落实。

6. 样本

样本应体现手册、多页材料或售点陈列被拿在手上的样子和感觉。美工借助彩色记号笔和计算机清样，用手把样本放在硬纸上，然后按照尺寸进行剪裁和折叠。例如，手册的样本是逐页装订起来的，看起来同真的成品一模一样。

7. 版面组合

交给印刷厂复制的末稿，必须把字样和图形都放在准确的位置上。现在，大部分设计人员都采用计算机来完成这一部分工作，完全不需要拼版这道工序。但有些广告主仍保留着传统的版面组合方式，在一张空白版（又称为拼版 pasteup）上按照各自应处的位置标出黑色字体和美术元素，再用一张透明纸覆盖在上面，标出颜色的色调和位置。由于印刷厂在着手复制之前要用一部大型制版照相机对拼版进行照相，设定广告的基本色调、复制件和胶片，因此印刷厂常把拼版称为照相制版。

设计过程中的任何环节，直至油墨落到纸上之前，都有可能对广告的美术元素进行更改。当然这样一来，费用也会随着环节的进展而成倍地增长，越往后更改的代价就越高，甚至可能高达 10 倍。

8. 认可

文案人员和美术指导的作品始终面临着"认可"这个问题。广告公司越大，客户越大，这道手续就越复杂。一个新的广告概念首先要经过广告公司创意总监的认可，然后交由客户部审核，再交由客户方的产品经理和营销人员审核，他们往往会改动一两个字，有时甚至推翻整个的表现方式。双方的法律部可再对文案和美术元素进行严格的审查，以免发生问题，最后企业的高层主管对选定的概念和正文进行审核。

在"认可"中面对的最大困难是：如何避免让决策人打破广告原有的风格。创意小组花费了大量的心血才找到有亲和力的广告风格，但一群不是文案、不是美工的人却有权全盘改动它。保持艺术上的纯洁相当困难，需要耐心、灵活、成熟及明确有力地表达重要观点、解释美工选择的理由的能力。

第 15 章
网页设计

本章导读

Photoshop CS6 不仅可以处理图片，还可以设计网页，本章主要介绍汽车网页设计和房地产网页设计的具体操作步骤。

思维导图

15.1 汽车网页设计

本节主要学习如何综合运用各种工具来设计一张汽车网页界面，下面介绍汽车网页界面设计处理的方法和思路，以及通常使用的工具等。

实例名称：	汽车网页设计	
实例目的：	学习如何综合运用各种工具来设计一张汽车网页界面	
	素材	素材\ch15\"汽车"和"房地产"文件夹
	结果	结果\ch15\"汽车"和"房地产"文件夹
	录像	视频教学录像\15 第 15 章

15.1.1 案例概述

网页设计是 Photoshop CS6 的一种拓展功能，是网站程序设计的好搭档，本实例主要使用【横排文字工具】、【移动工具】和【渐变工具】来制作一个汽车网页。制作前后的效果如下图所示。

15.1.2 设计思路

网页设计作为一种视觉语言，特别讲究编排和布局，虽然主页的设计不同于平面设计，但它们有许多相近之处。版式设计通过文字、图形及色彩的空间组合，表达出和谐与美。本实例主要采用灰色系，表达网站的科技感。另外，网页的布局采用"三"型布局。这种布局是在页面上横向设置两条色块，将整个页面分割为 4 个部分，色块中大多放广告条。

15.1.3 涉及知识点与命令

对于网页设计，首先需要明确建立网站的目标和用户需求。Web 站点的设计是展现企业形象、介绍产品和服务、体现企业发展战略的重要途径，因此，必须明确设计站点的目的和用户需求，从而做出切实可行的设计计划。根据消费者的需求、市场的状况、企业自身的情况等进行综合分析，以"消费者（Customer）"为中心，而不是以"美术"为中心进行设计规划。

在设计规划时应考虑以下几点。

（1）建设网站的目的是什么？

（2）为谁提供服务和产品？
（3）企业能提供什么样的产品和服务？
（4）网站的目标消费者和受众的特点是什么？
（5）企业产品和服务适合什么样的表现方式（风格）？

15.1.4 汽车网页设计步骤

下面详细介绍汽车网页设计的制作过程。

1. 制作公司标志

第1步 选择【文件】→【新建】命令，打开【新建】对话框，在【名称】文本框中输入"公司标志"，将【高度】设置为"250"像素，【宽度】设置为"250"像素，【分辨率】设置为"72"像素／英寸，如下图所示。

第2步 单击【确定】按钮，新建一个空白文档，在其中输入英文字母"ADEE"，并设置字母的颜色为"黑色"。其中字母的大小为"100点"，字体为"LilyUPC Regular"，如下图所示。

第3步 在【图层】面板中选中【文字】图层并右击，在弹出的快捷菜单中选择【栅格化文字】命令，即可将该文字转化为图层，如下图所示。

第4步 在【图层】面板中选中文字图层，单击【添加图层样式】按钮 fx.，添加【渐变叠加】图层样式，然后设置参数，如下图所示。

第5步 单击渐变颜色，打开【渐变编辑器】对话框，设置浅灰色到深灰色的金属渐变颜色如下，效果如下图所示。

位置0："C:47；M:39；Y:37；K:0"。
位置15："C:78；M:72；Y:69；K:38"。
位置30："C:20；M:15；Y:14；K:0"。
位置57："C:78；M:72；Y:69；K:38"。
位置77："C:65；M:57；Y:54；K:3"。
位置100："C:16；M:13；Y:13；K:0"。

第6步 在【图层样式】对话框中继续添加【投影】图层样式，参数设置如下图所示。

第7步 在工具箱中选择【自定形状工具】按钮，再在属性栏中单击【单击可打开"自定形状"拾色器】按钮，打开系统预设的形状，在其中选择需要的形状样式，如下图所示。

第 15 章
网页设计

第8步 在【图层】面板中单击【新建图层】按钮,新建一个图层,然后在该图层中绘制形状,如下图所示。

第9步 在【图层】面板中选中"文字"图层,按【Ctrl】键,单击"文字"图层和"图层1",选中这两个图层并右击,从弹出的快捷菜单中选择【合并图层】选项,将两个图层合并成一个,如下图所示。

第10步 双击【背景】图层后面的锁图标 ,弹出【新建图层】对话框,单击【确定】按钮,将背景图层转化为普通图层,如下图所示。然后使用【魔棒工具】选择白色背景,按【Delete】键删除背景。

2. 制作公司导航栏

第1步 选择【文件】→【新建】命令,打开【新建】对话框,在【名称】文本框中输入"网页导航栏",将【高度】设置为"800"像素,【宽度】设置为"100"像素,【分辨率】设置为"72"像素/英寸,如下图所示。

第2步 单击【确定】按钮,新建一个空白文档,在工具箱中单击【圆角矩形工具】 ,然后在属性栏中选择【路径】选项,选中【固定大小】复选框,设置【W】为"550像素",【H】为"40像素",【半径】设置为"50像素",如下图所示。

第3步 在"网页导航栏"文件中单击,绘制出路径图形,效果如下图所示。

第4步 新建一个"图层1"图层,设置前景色的颜色为白色,在【路径】面板中单击【用前景色填充路径】按钮 为路径填充颜色,如下图所示。

· 371 ·

棒工具】选择白色背景，按【Delete】键删除背景，如下图所示。

3. 制作按钮

第1步 选择【文件】→【新建】命令，打开【新建】对话框，在【名称】文本框中输入"按钮"，将【高度】设置为"25"像素，【宽度】设置为"100"像素，【分辨率】设置为"72"像素／英寸，如下图所示。

第2步 单击【确定】按钮，新建一个空白文档，然后填充灰色，如下图所示。

第3步 单击工具箱中的【渐变工具】■，设置渐变颜色为浅灰色到白色到浅灰色的渐变色，如下图所示。

位置0："C:27；M:21；Y:20；K:0"。
位置38："C:0；M:0；Y:0；K:0"。
位置30："C:52；M:44；Y:41；K:0"。

第5步 新建一个"图层1"图层，设置前景色的颜色为蓝色（C:75；M:40；Y:22；K:0），然后设置画笔参数，在【路径】面板中单击【用画笔描边路径】按钮●，为路径填充颜色，如下图所示。

第6步 单击工具箱中的【横排文字工具】按钮 T，在其中输入文字，并设置文字的颜色为蓝色（C:75；M:40；Y:22；K:0），字体大小为"16点"，字体为"黑体"，如下图所示。

第7步 参照第6步，输入网页导航栏中的其他文字信息，不同的是将其他的文字位置排列整齐，效果如下图所示。

第8步 双击【背景】图层后面的锁图标 ，弹出【新建图层】对话框，单击【确定】按钮，将背景图层转化为普通图层。然后使用【魔

第15章 网页设计

4. 制作公司状态栏

第1步 选择【文件】→【新建】命令，弹出【新建】对话框，在【名称】文本框中输入"状态栏"，将【高度】设置为"1024"像素，【宽度】设置为"100"像素，【分辨率】设置为"72"像素/英寸，如下图所示。

第4步 填充线性渐变颜色效果如下图所示。

第2步 单击【确定】按钮，即可创建一个空白文档，如下图所示。

第5步 单击工具箱中的【横排文字工具】按钮 T，在其中输入文字，并设置文字的颜色为深灰色（C:75；M:68；Y:65；K:26），字体大小为"12点"，字体为"黑体"，如下图所示。

第3步 设置前景色为黑色，然后填充到图像上，效果如下图所示。

第4步 单击工具箱中的【横排文字工具】按钮 T，在其中输入"版权信息、地址、电话"等相关文字信息，设置文字的字体为"黑体"，字号为"12"，颜色为"白色"，如下图所示。

第6步 将图像保存为"新闻按钮.jpg"，然后参照第5步，输入另外两个按钮中的其他文字信息，分别进行保存，如下图所示。

5. 设计汽车网页

（1）新建文件

第1步 选择【文件】→【新建】命令，如下图所示。

第2步 在弹出的【新建】对话框中创建一个【名称】为"汽车网页"、【宽度】为"1024"像素、【高度】为"768"像素、【分辨率】为"72"像素/英寸、【颜色模式】为"RGB颜色"的新文件，如下图所示。

第3步 单击【确定】按钮，创建一个"汽车网页"空白文档，如下图所示。

（2）使用素材

第1步 单击工具箱中的【渐变工具】■，设置渐变颜色为浅灰色到白色到浅灰色的渐变色，如下图所示。
位置0："C:13；M:10；Y:10；K:0"。
位置38："C:2；M:2；Y:2；K:0"。
位置30："C:14；M:11；Y:10；K:0"。

第2步 为图像填充线性渐变颜色，效果如下图所示。

第3步 打开随书光盘中的"素材\ch15\汽车\公司标志.psd"和"素材\ch15\汽车\网页导航栏.psd"图片。使用【移动工具】，将素材拖曳到新建文档中。

第4步 按【Ctrl+T】组合键调整适当的位置和大小，并调整图层顺序，如下图所示。

第 15 章
网页设计

第 5 步 打开随书光盘中的"素材 \ch15\ 汽车 \ 新闻按钮 .jpg""素材 \ch15\ 汽车 \ 维修按钮 .jpg""素材 \ch15\ 汽车 \ 车型按钮 .jpg"和"素材 \ch15\ 汽车 \ 状态栏 .jpg"图片,使用【移动工具】将素材文字拖曳到新建文档中,并调整位置和顺序。

第 6 步 按【Ctrl+T】组合键调整适当的位置和大小,并调整图层顺序,如下图所示。

第 7 步 打开随书光盘中的"素材 \ch15\ 汽车 \ 公司 .jpg"图像,使用【移动工具】将公司图片拖至"汽车网页 .psd"文件中,按【Ctrl+T】组合键,自由变换图片至合适的大小和位置,效果如下图所示。

(3)输入文字

第 1 步 单击工具箱中的【横排文字工具】按钮,在文档中输入文字"企业介绍",并设置文字的字体为"深黑体"、字体大小为"12 点",并设置文本颜色为"深绿色"(C:73;M:0;Y:100;K:0),效果如下图所示。

第 2 步 继续在文档中输入文字"服务宗旨",并设置文字的字体为"黑体"、字体大小为"10 点",并设置文本颜色为"深灰色"(C:75;M:68;Y:65;K:26),效果如下图所示。

第 3 步 单击工具箱中的【横排文字工具】按钮,在文档中输入有关该企业的相关介绍性信息,并设置字体为"黑体"、字体大小为"8 点",效果如下图所示。

第 4 步 再次使用【横排文字工具】,在文档中输入英文字母"Read More",并设置文字的字体为"黑体"、字体大小为"8 点",

并设置文本颜色为"深绿色"（C:73；M:0；Y:100；K:0），效果如下图所示。

第5步 在【Read More】图层下新建一个图层，使用【矩形工具】绘制【Read More】图层下的矩形图标，颜色设置为"深灰色"，效果如下图所示。

（4）绘制图形

第1步 新建一个图层，单击工具箱中的【钢笔工具】，绘制如下图所示的图形，并填充为"深灰色"（C:73；M:66；Y:63；K:20），效果如下图所示。

第2步 使用第1步的方法继续在不同的图层创建图形，如下图所示。

第3步 使用第1步的方法继续在新的图层创建图形，如下图所示，这里填充的颜色为白色。

第4步 使用第1步的方法继续在新的图层创建图形，如下图所示，这里填充的颜色为"浅灰色"（C:39；M:31；Y:30；K:0），把这个图形图层放置到上面图形图层的下方。

第5步 在【图层】面板中选中【深灰色图形】图层，单击【添加图层样式】按钮 fx，添加【投影】图层样式，然后设置参数，如下图所示。

第 15 章
网页设计

第6步 单击【确定】按钮,设置后的效果如下图所示。

第7步 在该图层上右击,在弹出的快捷菜单中选择【拷贝图层样式】命令,然后选择第6步绘制的图形图层,粘贴图层样式效果,效果如下图所示。

第8步 在浅灰色垂直图层上新建一个图层,使用【画笔工具】绘制分割线,前景色设置为白色,效果如下图所示。

第9步 将白色条状图层的图层样式栅格化,使用【多边形套索工具】选中不合理的投影部分,然后删除,效果如下图所示。

第10步 同理删除其他不合理的投影部分，效果如下图所示。

第2步 创建【厂房】图像下深灰色色块的图层选区，然后反选删除图像，效果如下图所示。

（5）使用素材文件

第1步 打开随书光盘中的"素材 \ch15\ 汽车 \厂房 .jpg"图像，使用【移动工具】将"厂房 .jpg"图像拖至"汽车网页 .psd"文件中，按【Ctrl+T】组合键，自由变换图片至合适的大小和位置，效果如下图所示。

第3步 打开随书光盘中的"素材 \ch15\ 汽车 \ 维修 .jpg"和"素材 \ch15\ 汽车 \ 汽车 .jpg"图像，使用【移动工具】将"维修 .jpg"和"汽车 .jpg"图像拖至"汽车网页 .psd"文件中，按【Ctrl+T】组合键，自由变换图片至合适的大小和位置，效果如下图所示。

第 15 章
网页设计

第4步 使用第2步的方法创建选区，删除多余的图像，如下图所示。

第5步 为维修图像图层添加【投影】图层样式效果，如下图所示。

第6步 使用【横排文字工具】在文档中输入广告词，并设置文字的字体为"楷体"、字体大小为"30点"，并设置文本颜色为"深灰色"，调整文字位置，效果如下图所示。

第7步 单击工具箱中的【横排文字工具】按钮T，在其中输入相关文字信息，如下图所示。

（6）保存"汽车网页"

第1步 选择【文件】→【导出】→【存储为Web所用格式】命令，如下图所示。

第2步 在弹出的【存储为Web所用格式】对

· 379 ·

话框中，根据需要设置相关参数，如下图所示。

图所示。

第3步　单击【存储】按钮，在弹出的【将优化结果存储为】对话框中设置文件保存的位置。单击【格式】右侧的下拉按钮，从弹出的菜单中选择【HTML 和图像】选项，如下图所示。

第5步　双击其中的"汽车网页.html"文件，即可在IE浏览器中打开汽车网页，如下图所示。

第4步　单击【保存】按钮，即可将"汽车网页"以"HTML 和图像"的格式保存起来，如下

| 提示 |

在设计网页时应根据网站类型来决定整体的色调、画面布局及字体的类型。由于上述网页是一个汽车网页，因此，网页的基本色调确定为金属灰色，其中文字也多用比较简单规整的字体样式。

15.2 房地产网页设计

本节主要学习如何综合运用各种工具来设计一张房地产网页界面，下面介绍房地产网页界面设计处理的方法和思路，以及通常使用的工具等。

15.2.1 案例概述

房地产网页的设计主要以精美的楼盘实景图片、人性化的设计来突出显示房地产项目。本实例主要使用了【横排文字工具】【移动工具】和【自定形状工具】来制作一个房地产网页。效果如下图所示。

15.2.2 设计思路

网页建立之初，策划是必需的，策划期间主要的重点工作在于网站建站的目的和主题定位，以企业网站为例子，建立网站是为了提升企业品牌、销售公司产品、获得有价值的流量、提升网站转化率等细节因素，在设计主题明确定位之后，就要在计算机或者纸质介质上绘制设计草图。

网页设计作为一种视觉语言，特别讲究编排和布局，虽然主页的设计不同于平面设计，但它们有许多相近之处。网页设计中的导航使用超文本链接或图片链接，使用户能够在网站上自由前进或后退，而不用使用浏览器上的前进或后退。在所有的图片上使用"ALT"标识符注明图片名称或解释，以便那些不愿意自动加载图片的用户能够了解图片的含义。本实例主要采用蓝色系，达到一种高贵感和唯美感，另外网页的布局采用"POP"布局。页面布局是一张宣传海报，以一张精美图片作为页面的设计中心，非常吸引人。

（1）网站总体设计与策划。

① 明确网站主题。

② 网站风格创意设计（色彩与整体视觉效果）。

③ 网站结构设计（页面结构与链接结构）。

④ 网站内容组织。

（2）HTML语言的应用，熟练使用HTML语言编写网页。

① 能够熟练控制网页中的文字、图片、表格、超链接、框架、表单等对象的相关属性。

② 能够熟练地在页面中插入各种多媒体对象（Flash动画或视频音频对象），并能够对其属性、显示效果进行控制。

15.2.3 涉及知识点与命令

在目标明确的基础上，完成网站的构思创意即总体设计方案。对网站的整体风格和特色做出定位，规划网站的组织结构。

Web站点应针对所服务对象（机构或人）的不同而具有不同的形式。有些站点只提供简洁文本信息；有些则采用多媒体表现手法，提供华丽的图像、闪烁的灯光、复杂的页面布置，甚至可以下载声音和录像片段。好的Web站点把图形表现手法和有效的组织与通信结合起来。

为了做到主题鲜明突出，要点明确，我们将按照客户的要求，以简单明确的语言和画面体现站点的主题；调动一切手段充分表现站点的个性和情趣，突出网站的特色。

Web站点主页应具备的基本成分包括页头（准确无误地标识你的站点和企业标志）、E-mail地址（用来接收用户垂询）、联系信息（如普通邮件地址或电话）、版权信息（声明版权所有者）等。

充分利用已有信息，如客户手册、公共关系文档、技术手册和数据库等。

15.2.4 房地产网页设计步骤

下面详细介绍房地产网页的设计过程。

1. 新建文件并设置辅助线

第1步 选择【文件】→【新建】命令，如下图所示。

第2步 在弹出的【新建】对话框中创建一个名称为"房地产网页"、【宽度】为"1024"像素、【高度】为"560"像素、【分辨率】为"72"像素/英寸，【颜色模式】为"RGB颜色"的新文件，如下图所示。

第3步 单击【确定】按钮，创建一个"房地产网页"空白文档，如下图所示。

第4步 选择【视图】→【新建参考线】命令，在弹出的【新建参考线】对话框中设置参数，如下图所示。

第5步 同理，设置水平方向18厘米处的参考线，如下图所示。

第6步 设置前景色为深灰色，然后填充到背景图层，效果如下图所示。

2. 使用素材

第1步 打开随书光盘中的"素材\ch15\房产\背景.jpg"和"素材\ch15\房产\公司Logo.jpg"图片，如下图所示。

第 15 章
网页设计

第2步 使用【移动工具】将"房产.jpg"和"公司Logo.jpg"图片拖曳到"背景"文档中,按【Ctrl+T】组合键调整适当的位置和大小,并调整图层顺序,如下图所示。

第3步 单击工具箱中的【横排文字工具】按钮 T,在其中输入广告文字信息,设置文字的字体为"方正粗倩简体",字体大小为"30点",文字颜色为"白色",如下图所示。

第4步 继续输入广告文字信息,设置文字的字体为"黑体",字体大小为"12点",文字颜色为"黑色",如下图所示。

第5步 继续输入广告文字信息,设置文字的字体为"黑体",字体大小为"10点",文字颜色为"黑色",如下图所示。

第6步 继续在状态栏输入以下文字"版权所有:汇成房地产开发有限责任公司　地址:北京市惠济区天明路2号　E-mail:123@163.com　联系电话:010-123456　13012345678　联系人:王某",设置文字的字体为"黑体",字体大小为"10点",文字颜色为"白色",效果如下图所示。

3. 制作导航栏

第1步 在工具箱上单击【横排文字工具】按钮，在文档中输入导航栏信息。字体设置为"黑体"、字体大小设置为"12点"、颜色设置为"白色"，效果如下图所示。

第2步 在工具箱中单击【画笔工具】按钮，设置画笔【大小】为"1"像素，【硬度】为"100%"。新建一个图层，在网页导航栏中绘制分割线条，并设置线条的颜色为"白色"，如下图所示。

第3步 新建一个图层，在工具箱中单击【自定形状工具】按钮，再在属性栏中单击【单击可打开"自定形状"拾色器】按钮，打开系统预设的形状，在其中选择所需要的形状样式，在导航栏文字上方绘制一个形状，如下图所示。

第4步 继续绘制导航栏文字上方的形状，效果如下图所示。

第5步 在工具箱中单击【自定形状工具】按钮，再在属性栏中单击【单击可打开"自定形状"拾色器】按钮，打开系统预设的形状，在其中选择所需要的形状样式，在导航栏文字上方绘制一个形状，如下图所示。

第 15 章
网页设计

第6步 打开随书光盘中的"素材\ch15\房产\户型图-1.jpg、户型图-2.jpg、户型图-3.jpg和户型图-4.jpg"图片,如下图所示。

第7步 使用【移动工具】将"户型图-1.jpg"~"户型图-4.jpg"图片拖曳到"背景"文档中,按【Ctrl+T】组合键来调整适当的位置和大小,并调整图层顺序,如下图所示。

第8步 双击户型图所在图层,打开【图层样式】对话框,在其中选择【投影】【描边】选项,设置投影及描边的相关参数如下图所示。

第9步 单击【确定】按钮,即可应用图层样式,效果如下图所示。

第10步 继续为其他户型图添加图层样式。至此,一个房地产网页就设计完成了,选择【视图】→【清除参考线】命令,即可清除文件中的参考线,按【Ctrl+R】组合键取消显示标尺,如下图所示。

· 385 ·

4. 保存"房地产网页"

第1步 选择【文件】→【存储为Web所用格式】命令，如下图所示。

第2步 在弹出的【存储为Web所用格式】对话框中，根据需要设置相关参数，如下图所示。

第3步 单击【存储】按钮，在弹出的【将优化结果存储为】对话框中设置文件保存的位置，单击【格式】右侧的下拉按钮，从弹出的菜单中选择【HTML 和图像】选项，如下图所示。

第4步 单击【保存】按钮，即可将"房地产网页"以"HTML 和图像"的格式保存起来，如下图所示。

第5步 双击其中的"房地产网页.html"文件，即可在 IE 浏览器中打开房地产网页，效果如下图所示。

第15章
网页设计

◇ 如何对网页进行切片

在 Photoshop CS6 中设计好的网页素材，一般还需要将其应用到 Dreamweaver 中才能发布，为了符合网站的结构，就需要将设计好的网页进行切片，然后存储为 Web 所用格式。对设计好的网页进行切片的操作步骤如下。

第1步 选择【文件】→【打开】命令。
第2步 打开随书光盘中的"结果\ch15\汽车网页.psd"图片，如下图所示。

第3步 在工具箱中单击【切片工具】，根据需要在网页中选择需要切割的图片，如下图所示。

第4步 选择【文件】→【存储为Web所用格式】命令，打开【存储为Web所用格式】对话框，在其中选中切片3中的图像，如下图所示。

第5步 单击【存储】按钮，即可打开【将优化结果存储为】对话框，单击【切片】后面的下拉菜单按钮，从弹出的下拉菜单中选择【选中的切片】选项，如下图所示。

第6步 单击【保存】按钮，即可将切片3中的图像保存起来，如下图所示。

表现为网站的三要素，低保真原型解决了基础内容层面的问题，而高保真线框图规划了网站的功能和表现；内容是网站最基本最重要的核心，因此高保真原型必须建立在低保真原型的基础上，直接进行页面的细节规划是一种本末倒置的错误行为。

第7步 采用保存切片3的方法将其他切片图像也保存起来。

◇ **网页设计要素**

网站的本质就是形式主义，内容、功能、

第 16 章
动画设计

本章导读

使用 Photoshop CS6 不仅可以处理图像，而且还可以设计简单的动画。通过本章的学习，读者可以掌握简单的动画制作。

思维导图

16.1 制作飞舞动画效果

本节主要学习如何运用【时间轴】面板和【变形工具】来制作蝴蝶飞舞的动画效果。

实例名称：制作飞舞动画效果	
实例目的：学习如何运用动画面板和变形工具	
素材	素材\ch16\02.psd、咖啡店.jpg
结果	结果\ch16\02.gif、招牌闪烁.gif
录像	视频教学录像\16 第 16 章

16.1.1 案例概述

本实例主要使用 Photoshop CS6 软件的动画功能制作一个蝴蝶飞舞的广告动画，效果如下图所示。

16.1.2 设计思路

本实例主要使用【变形工具】创建蝴蝶不同的运动效果，然后利用【添加动画帧】和【时间轴】面板等来制作一个蝴蝶飞舞的动画效果。

16.1.3 涉及知识点与命令

逐帧动画（Frame By Frame）是一种常见的动画形式，其原理是在"连续的关键帧"中分解动画动作，也就是在时间轴的每帧上逐帧绘制不同的内容，使其连续播放而成动画。因为逐帧动画的帧序列内容不一样，不但给制作增加了负担而且最终输出的文件也很大，但它的优势也很明显。逐帧动画具有非常大的灵活性，几乎可以表现任何想表现的内容，而它类似于电影的播放模式，很适合于表演细腻的动画。例如，人物或动物急剧转身、头发及衣服的飘动、走路、说话，以及精致的 3D 效果等。

第 16 章
动画设计

16.1.4 飞舞动画效果步骤

下面详细介绍飞舞动画的绘制过程。

第1步 打开随书光盘中的"素材\ch16\02.psd"文件，如下图所示。

第2步 打开帧模式【时间轴】面板，在帧延迟时间下拉列表中选择"0.2"秒，将循环次数设置为"永远"，单击【复制所选帧】按钮，添加一个动画帧，如下图所示。

第3步 将"图层1"拖至【创建新图层】按钮上复制，然后隐藏该图层，如下图所示。

第4步 按【Ctrl+T】组合键显示定界框，按【Shift+Alt】组合键拖动中间的控制点，将蝴蝶向中间压扁；再按住【Ctrl】键拖动左上角和右下角的控制点，调整蝴蝶的透视角度，如下图所示，然后按【Enter】键确认。

第5步 选择【时间轴】面板上的第1帧，然后将图层面板中的【图层1拷贝】图层隐藏，如下图所示。

第6步 单击【播放动画】按钮▶，播放动画，画面中的蝴蝶会不停地扇动翅膀，如下图所示。再次单击该按钮可停止播放，也可以按【Space】键切换。

第7步 动画文件制作完成后，选择【文件】→【存储为Web所用格式】命令，将它存储为GIF格式，并进行适当的优化，如下图所示。

第8步 单击【存储】按钮将文件保存，然后在浏览器窗口中查看图像效果，如下图所示。

16.2 制作闪烁动画效果的招牌

本实例主要运用动画制作的相关命令来制作一个闪烁动画效果的招牌。

第 16 章
动画设计

16.2.1 案例概述

本实例主要运用【横排文字工具】【移动工具】和【曲线】命令来制作一个招牌闪烁动画。效果如下图所示。

16.2.2 设计思路

本实例主要使用【横排文字工具】【移动工具】和【曲线】命令来制作一个咖啡店招牌闪烁动画。

16.2.3 涉及知识点与命令

创建逐帧动画有以下几种方法。

（1）用导入的静态图片建立逐帧动画。用 JPG、PNG 等格式的静态图片连续导入 Flash 中，就会建立一段逐帧动画。

（2）绘制矢量逐帧动画。用鼠标或压感笔在场景中一帧帧地画出帧内容。

（3）文字逐帧动画。用文字作帧中的元件，实现文字跳跃、旋转等特效。

（4）导入序列图像。可以导入 GIF 序列图像、SWF 动画文件或者利用第三方软件（如 Swish、Swift 3D 等）产生的动画序列。

16.2.4 招牌闪烁动画效果操作步骤

下面详细介绍招牌闪烁动画的绘制过程。

1. 打开文件

第1步 打开随书光盘中的"素材 /ch16/ 咖啡店 .jpg"图像文件，如下图所示。

第2步 单击工具箱中的【横排文字工具】按钮 T，输入英文字母"G COFFEE"，设置文字字体大小为"72点"、字体为"Arial Bold"、颜色为"白色"，如下图所示。

第3步 让每个字母单独成为一个图层。输入一个字母，再复制修改，然后使用【移动工具】把它们均匀地排列开来，如下图所示。

第4步 单击最上面的图层，按【Shift】键的同时再单击最下面的字母图层，然后右击，在弹出的快捷菜单中选择【栅格化文字】命令，把全部字母栅格化，如下图所示。

第5步 下面要把这些字母处理一下，让它们尖锐的直角变得圆滑一些。选中第一个字母"G"，选择【滤镜】→【模糊】→【高斯模糊】命令，添加【半径】为"3"像素的高斯模糊效果，如下图所示。

第6步 然后逐个按【Ctrl+F】组合键为其他字母添加同样的处理效果，如下图所示。

第 16 章
动画设计

第7步 字母的边缘应该非常清晰，因为需要用它们的选框来描边做霓虹灯的灯管。选择【滤镜】→【锐化】→【USM 锐化】命令，添加锐化效果，如下图所示。

2. 制作灯管效果

第1步 下面开始制作霓虹灯的灯管。首先建立7个组，把字母放入各个组里，重新按字母排列顺序命名组的名称，再把填充值降低，如下图所示。

第8步 如果字母的边缘还是有点虚，继续锐化一次，然后把全部字母都处理一遍，每个字母按两次【Ctrl+F】组合键，效果如下图所示。

第2步 按【Ctrl】键的同时单击"G"字母图层前的缩览图获取选框，然后在字母组里新建图层，添加3个像素的描边，颜色为白色，

· 395 ·

每个字母都要操作一次，如下图所示。

第3步　接着处理这些灯管，霓虹灯不是封闭的，它有开始和结尾的地方，就是说有空隙。用橡皮擦工具擦一下就行了。但是开始和结尾的地方要稍微粗点。擦出一个口子，然后用画笔把灯管头描粗点，效果如下图所示。

第5步　按【Ctrl】键的同时单击字母图层的缩览图获取灯管选区，在对应的组里新建一个图层并填充为淡蓝色，然后每个字母都要操作一次，如下图所示。

第4步　为字母图层添加【内阴影】和【浮雕】图层样式，模拟熄灭时的灯管效果，如下图所示。

第 16 章
动画设计

第6步 继续深化效果,复制每一个蓝色的字母。按【Ctrl】键的同时单击新建的每个字母图层的缩览图得到选区,收缩2个像素,羽化1个像素,填充为白色,模拟灯管的高光,如下图所示。

| 提示 |

由于素材图片像素比较低,因此这步需要将字母图层放大后操作,否则选区范围不够收缩。

第7步 现在整理图层栏。选择那些加了图层样式的图层,也就是准备用来做熄灭时的灯管的图层全部放在一个单独的组内,效果如下图所示。

3. 制作光晕效果

第1步 光晕效果的制作,单击【蓝色描边】图层,高斯模糊4个像素,感觉有点淡,复制一个图层。合并之后将模式改为"滤色",如下图所示。

第2步 中间的白色灯管不是很明显,选择该图层后,使用【曲线】命令来调整,如下图所示。

第3步 制作投射到墙上的亮光,打开隐藏的白色字母,按【Ctrl】键的同时单击所有的白色字母图层,往下边稍稍移动一些距离。霓虹灯和墙之间还有一定的距离。所以墙上的光和霓虹灯会有些透视效果,如下图所示。

第4步 开始制作墙上的光。选择白色字母,按【Ctrl】键的同时单击缩览图得到选区,填充和发光灯管一样的蓝色。取消选中选区,高斯模糊25个像素,将图层模式改为"颜色减淡",如下图所示。

第5步 将这些经过高斯模糊的光晕图层移到最上面,效果更逼真,如下图所示。

4. 制作动画效果

第1步 静态图制作完成后打开时间轴,让它们以这样的次序开闭:G字母、E字母还有F字母运转正常;C字母偶尔会亮一下,而且亮度会经常变化;O字母闪个不停;最后一个E字母亮的时间比较长,偶尔会闪一下。

第2步 除了C字母以外全部点亮,因为它只是偶尔亮一下。复制一帧,单击下面的【过渡动画帧】按钮 ▭ 增加到25帧。现在一共有27帧,如下图所示。

第 16 章
动画设计

第 4 步　动画文件制作完成后，执行【文件】→【存储为 Web 所用格式】命令，将它存储为 GIF 格式，并进行适当的优化，如下图所示。

第 5 步　单击【存储】按钮，将文件保存，然后双击图片查看图像效果，如下图所示。

第 3 步　接下来只要按着思路来开关各个帧就行了。例如，要在第二帧里让 C 字母闪一下，就要单击图层栏的眼睛状图标。单击第三帧的时候它会自动亮起来。最后导出 GIF 动画格式图片，完成最终效果，如下图所示。

◇ 在视频图层中替换素材

如果由于某种原因导致视频图层和源文件之间的链接断开，【图层】面板中的视频图层上就会显示出一个警告图标。出现这种情况时，可在【时间轴】或【图层】面板中选择要重新链接到源文件或替换内容的视频图层，选择【图层】→【视频图层】→【替换素材】命令，在打

·399·

开的【替换素材】对话框中选择视频或图像序列文件，单击【打开】按钮，重新建立链接。

选择【替换素材】命令还可以将视频图层中的视频或图像序列帧替换为不同的视频或图像序列源中的帧。

◇ **动画总体设计阶段**

（1）剧本。任何影片生产的第一步都是创作剧本，但动画片的剧本与真人表演的故事片剧本有很大不同。一般影片中的对话，演员的表演是很重要的，而在动画片中则应尽可能避免复杂的对话。在这里最重要的是用画面表现视觉动作，最好的动画是通过滑稽的动作获得的，其中没有对话，而是由视觉创作激发人们的想象。

（2）故事板。根据剧本，导演要绘制出类似连环画的故事草图（分镜头绘图剧本），将剧本描述的动作表现出来。故事板由若干片段组成，每一片段由系列场景组成，一个场景一般被限定在某一地点和一组人物内，而场景又可以分为一系列被视为图片单位的镜头，由此构造出一部动画片的整体结构。故事板在绘制各个分镜头的同时，作为其内容的动作、道白的时间、摄影指示、画面连接等都要有相应的说明。一般 30 分钟的动画剧本，若设置 400 个左右的分镜头，将要绘制约 800 幅图画的图画剧本——故事板。

（3）摄制表。摄制表是导演编制的整个动画片制作的进度规划表，以指导动画创作集体各方人员统一协调地工作。

第 5 篇

高手秘籍篇

第 17 章　自动处理图像

第 18 章　打造强大的 Photoshop

本篇主要介绍自动处理图像及打造强大的 Photoshop 等操作。通过对本篇的学习可以大大提高工作效率，节省时间。

第 17 章

自动处理图像

本章导读

程序是将实现的功能编成代码，Photoshop CS6 同样可以将各种功能录制为动作，这样就可以重复使用。另外 Photoshop CS6 还提供了各种自动处理的命令，令你的工作更加高效快捷。

思维导图

17.1 使用动作快速应用效果

Photoshop CS6 不仅是一个功能强大的图像设计、制作工具，而且也是一个具有强大图像处理功能的工具。使用者如果要对成百上千乃至上万的图像进行处理，而这些图像的处理过程如果基本一致，如调整图像的尺寸和转换格式、转换色彩模式，是否需要一张一张打开，一张一张调整转换，再一张一张选择路径保存呢？常规的操作很枯燥，而且难免出错。Photoshop CS6 中内建的【动作】命令，将会高效、准确地处理一系列重复工作。"动作"可以将用户对图像的多数操作记录下来，生成一个后缀为".Atn"的文件，保存在 Photoshop 安装目录里。当用户需要再次进行同样的操作时，可以调用它，而不需要一步一步地重复前面的操作。用户只需要对一张图片进行操作，将操作过程录制下来，然后通过另外一个程序就可以对成千上万张的图片进行同样的处理，它提高了用户的工作效率，减轻了用户的负担。

动作是指在单个文件或一批文件上执行的一系列任务，如菜单命令、面板选项、工具动作等。例如，可以创建这样一个动作，首先更改图像大小，对图像应用效果，然后按照所需格式存储文件，这样就加快了图像处理的速度，快速应用效果。

17.1.1 认识【动作】面板

Photoshop CS6 中的大多数命令和工具操作都可以记录在动作之中，动作可以包含停止，可以执行无法记录的任务，如使用绘画动作。动作也可以包含模态控制，可以在执行动作时在对话框中输入参数，增加动作的灵活性。

在 Photoshop CS6 窗口中选择【窗口】→【动作】命令或按【Alt+F9】组合键，可以显示或隐藏【动作】面板。使用【动作】面板可以记录、播放、编辑和删除个别动作，还可以存储和载入动作文件，下面来认识一下【动作】面板。

（1）动作组。默认动作是系统预定义的工作，用户也可以创建动作组。

（2）动作。系统预定义的工作包括多个，如淡出效果、木质画框等。

（3）动作命令。在一个预定义动作中，包括已记录的多个动作命令。

（4）切换项目开 / 关。如果动作组、动作和命令前显示有该图标，表示这个动作组、动作和命令可以执行；如果动作组、动作前没有该图标，表示该动作组或动作不能被执行；如果某一命令前没有该图标，则表示该命令不能被执行。

（5）切换对话开 / 关。如果命令前显示该图标，表示动作执行到该命令时会暂停，并打开相应命令的对话框，此时可以修改命令的参数，单击【确定】按钮可以继续执行后面的动作；如果动作组和动作前出现该图标，则表示该动作中有部分命令设置了暂停。

（6）【停止播放 / 记录】按钮。单击该按钮，用来停止播放动作和停止记录动作。

（7）【开始记录】按钮。单击该按钮，可以记录动作。

（8）【播放选定的动作】按钮。选择一个动作后，单击该按钮可播放该动作。

（9）【创建新组】按钮。单击该按钮，可以创建一个新的动作组，以保存新建的动作。

（10）【创建新动作】按钮。单击该按钮，可以创建一个新的动作。

（11）【删除】按钮。选择动作组、动作命令后，单击该按钮，可以将其删除。

另外，单击【动作】面板右上角的下拉按钮，在弹出的【动作】快捷菜单中用户可以选择相应的菜单命令对动作进行操作，如新建动作、新建组、复制、删除等。

17.1.2 应用预设动作

Photoshop CS6 附带了许多预定义的动作，可以按原样使用这些预定义的动作，这些预设动作包括淡出效果、画框通道、木质画框、投影、水中倒影、自定义 RGB 到灰度、溶化的铅块、制作粘贴路径、棕褐色调、四分颜色、存储为 Photoshop PDF、渐变映射。下面通过木质画框实例介绍这些预设动作。

第1步 选择【文件】→【打开】命令。

第2步 打开随书光盘中的"素材 \ch17\17-1.jpg"文件，如下图所示。

第3步 打开【动作】面板，在【默认动作】组中选择【木质画框 -50 像素】选项，如下图所示。

第4步 单击【动作】面板中的【播放选定的动作】按钮，弹出【信息】对话框，提示用户要想应用【木质画框】动作，图像的高度和宽度均不能小于 100 像素，如下图所示。

第5步 单击【继续】按钮，即可应用【木质画框】动作，效果如下图所示。

17.1.3 创建动作

虽然 Photoshop CS6 附带了许多预定义功能，但用户还可以根据自己的需要来定义动作或创建动作。

创建动作的具体操作步骤如下。

1. 新建文件

第1步 选择【文件】→【新建】命令。

第2步 在弹出的【新建】对话框中设置【宽度】为"600"像素，【高度】为"600"像素，【分辨率】为"72"像素／英寸，【颜色模式】为"RGB 颜色"，如下图所示。

第3步 单击【确定】按钮，新建一个空白文档。

第4步 选择【文字工具】，在【字符】面板中设置各项参数，颜色设置为"蓝色"，在文档中单击，在鼠标光标处输入标题文字，如下图所示。

2. 新建动作

第1步 打开【动作】面板，如下图所示。

第2步 单击【动作】面板中的【新建组】按钮 ，打开【新建组】对话框，在【名称】文本框中输入新建组的名称，如"闪烁字"，如下图所示。

第3步 单击【确定】按钮，创建一个新的动作组，如下图所示。

第4步 选中新建的动作组，单击【创建新动作】按钮 ，即可打开【新建动作】对话框，在【名称】文本框中输入创建的新动作名称，如"闪烁字"，如下图所示。

第5步 单击【记录】按钮，即可开始记录动作，如下图所示。

3. 记录动作

第1步 单击【添加图层样式】按钮 fx，为字体添加【描边】效果，设置其参数，其中描边颜色值设置为"RGB (0, 153, 234)"，如下图所示。

第2步 单击【确定】按钮，效果如下图所示。

第3步 单击【添加图层样式】按钮 fx，为字体添加【投影】效果，在弹出的【图层样式】对话框中，单击【等高线】右侧的向下按钮，在弹出的菜单中选择第2行第3个预设选项，效果如下图所示。

第4步 单击【添加图层样式】按钮 fx，为字体添加【斜面和浮雕】效果。在弹出的【图层样式】对话框中设置参数如下图所示，然后单击【等高线】右侧的向下按钮，在弹出的菜单中选择第2行第6个预设选项，如下图所示。

第 17 章
自动处理图像

第5步 单击【确定】按钮，效果如下图所示。

第7步 单击【停止播放／记录】按钮，即可停止录制。这样，一个新的动作就创建完成了，如下图所示。

第6步 创建一个水晶字，这样制作水晶字的全部过程都记录在【动作】面板中的【闪烁字】动作中，如下图所示。

17.1.4 编辑与自定义动作

在 Photoshop CS6 中可以轻松编辑与自定义动作，即可以调整动作中任何特定命令的设置，向现有动作添加命令或遍历整个动作并更改任何或全部设置。

具体的操作步骤如下。

1. 覆盖单个命令

第1步 打开随书光盘中的"结果\ch17\闪烁字.psd"文件，如下图所示。

第2步 在【动作】面板中双击需要覆盖的命令，如这里选中新创建的【闪烁字】动作，如下

图所示。

第3步 打开【图层样式】对话框，在其中根据需要设置新的参数，如下图所示。

第4步 输入新的参数，然后单击【确定】按钮即可覆盖当前选定的动作。

2. 向动作中添加命令

第1步 打开【动作】面板，在其中选择动作的名称或动作中的命令，如下图所示。

第2步 单击【动作】面板中的【开始记录】按钮，或从【动作】面板菜单中选择【开始记录】命令，如下图所示。

第3步 这样就可以把操作记录为其他命令，如这里删除图层，快速选择这一操作就记录在动作中了，如下图所示。

第4步 完成后，单击【动作】面板中的【停止播放／记录】按钮或从【动作】面板菜单中选择【停止记录】命令，即可停止录制，如下图所示。

3. 重新排列动作中的命令

在【动作】面板中，将命令拖动到同一动作中或另一动作中的新位置，当突出显示行出现在所需的位置时，松开鼠标即可重新排列动作中的命令，如下图所示。

4. 再次录制

对于已经录制完成的动作，想要对其进行再次录制，可以按照以下操作步骤进行。

第1步 打开【动作】面板，在其中选中需要再次录制的动作，然后单击【动作】面板右上角的下拉按钮，在弹出的下拉菜单中选择【再次录制】命令，即可进行再次录制，如下图所示。

第2步 如果出现对话框，在打开的对话框中更改设置，然后单击【确定】按钮来记录值，或单击【取消】按钮保留相同值。例如，这里重新对【投影（文字）】动作进行再次录制，即可打开【新建快照】对话框，如下图所示。

17.1.5 运行动作

在创建好一个动作并对动作进行编辑完成后，下面就参照应用预设动作的方法运行创建的新动作，右图所示的就是应用新创建动作的图像效果。

17.1.6 存储与载入动作

在创建好一个新的动作之后，还可以将新创建的动作存储起来，另外对于已经存储好的动作，还可以将其载入到【动作】面板中。

具体的操作步骤如下。

1. 存储动作

第1步 打开【动作】面板，在其中选择需要存储的动作组，单击【动作】面板右上角的下拉按钮，在弹出的下拉菜单中选择【存储动作】命令，如下图所示。

第2步 打开【存储】对话框，在【保存在】下拉列表中选择保存的位置，在【文件名】文本框中输入动作的名称，然后在【格式】下拉列表中选择存储的格式，如下图所示。

第3步 单击【保存】按钮，即可将选中的动作组存储起来。

2. 载入动作

第1步 打开【动作】面板，在其中选择需要存储的动作组，单击【动作】面板右上角的下拉按钮，在弹出的下拉菜单中选择【载入动作】命令，如下图所示。

第2步 打开【载入】对话框，在其中选择需要载入的动作，如下图所示。

第3步 单击【载入】按钮，即可将选中的动作组载入到【动作】面板中，如下图所示。

17.2 使用自动化命令处理图像

使用 Photoshop CS6 的自动化命令可以对图像进行批处理、快速修剪并修齐照片、镜头校正等。

17.2.1 批处理

【批处理】命令可以对一个文件夹中的文件运行动作，对该文件夹中所有图像文件进行编辑处理，从而实现操作自动化，显然，执行【批处理】命令将依赖于某个具体的动作。

在 Photoshop CS6 窗口中选择【文件】→【自动】→【批处理】命令，即可打开【批处理】对话框，其中有 4 个选项区域，用来定义批处理时的具体方案，如下图所示。

1.【播放】选项区域

组：单击【组】下拉按钮，在弹出的下

拉列表中显示当前【动作】面板中所载入的全部动作序列，用户可以自行选择。

动作：单击【动作】下拉按钮，在弹出的下拉列表中显示当前选定的动作序列中的全部动作，用户可以自行选择。

2.【源】选项区域

【源】选项区域如下图所示。

文件夹：用户对已存储在计算机中的文件播放动作，单击【选择】按钮可以查找并选择文件夹。

导入：用于对来自数码相机或扫描仪的图像导入和播放动作。

打开的文件：用于对所有已打开的文件播放动作。

Bridge：用于对在 Photoshop CS6 文件浏览器中选定的文件播放动作。

覆盖动作中的"打开"命令：如果想让动作中的【打开】命令引用批处理文件，而不是动作中指定的文件名，则选中【覆盖动作中的"打开"命令】复选框。如果选中此复选框，则动作必须包含一个【打开】命令，因为【批处理】命令不会自动打开源文件，如果记录的动作是在打开的文件上操作的，或者动作包含所需要的特定文件的【打开】命令，则取消选中【覆盖动作中的"打开"命令】复选框。

包含所有子文件夹：选中【包含所有子文件夹】复选框，则处理文件夹中的所有文件，否则仅处理指定文件夹中的文件。

禁止颜色配置文件警告：选中该复选框，则关闭颜色方案信息的显示。

3.【目标】选项区域

【目标】选项区域如下图所示。

无：文件将保持打开而不存储更改（除非动作包括"存储"命令）。

存储并关闭：文件将存储在它们的当前位置，并覆盖原来的文件。

文件夹：处理过的文件将存储到另一指定位置，源文件不变，单击【选择】按钮，可以指定目标文件夹。

覆盖动作中的"存储为"命令：如果想让动作中的【存储为】命令引用批处理的文件，而不是动作中指定的文件名和位置，选中【覆盖动作中的"存储为"命令】复选框，如果选中此复选框，则动作必须包含一个【存储为】命令，因为【批处理】命令不会自动存储源文件，如果动作包含它所需要的特定文件的【存储为】命令，则取消选中【覆盖动作中的"存储为"】复选框。

【文件命名】选区：如果选择【文件夹】作为目标，则指定文件命名规范并选择处理文件的文件兼容性选项。

对于【文件命名】，从下拉列表中选择元素，或在要组合为所有文件的默认名称的栏中输入文件，这些栏中可以更改文件名各部分的顺序和格式，因为子文件夹中的文件有可能重名，所以每个文件必须至少有一个唯一的栏以防文件相互覆盖。

对于【兼容性】，则选中【Windows】复选框，如下图所示。

4.【错误】下拉列表

【错误】下拉列表如下图所示。

由于错误而停止：出错将停止处理，直到确认错误信息为止。

将错误记录到文件：将所有错误记录在一个指定的文本文件中而不停止处理，如果有错误记录到文件中，则在处理完毕后将出现一条信息，若要使用错误文件，需要单击【存储为】按钮，并重命名错误文件名。

下面以给多张图片添加木质相框为例，具体介绍如何使用【批处理】命令对图像进行批处理。

具体的操作步骤如下。

第1步　打开【批处理】对话框，在其中单击【动作】右侧的下拉按钮，在弹出的下拉列表中选择【木质画框】选项，如下图所示。

第2步　单击【源】选项区域中的【选择】按钮，在弹出的【浏览文件夹】对话框中选择需要批处理图片的文件夹，如下图所示。

第3步　单击【确定】按钮，打开【批处理】对话框，如下图所示。

第4步　单击【目标】右侧的下拉按钮，在弹出的下拉列表中选择【文件夹】选项，如下图所示。

第5步　单击【目标】选项区域中的【选择】按钮，在弹出的【浏览文件夹】对话框中选择批处理后的图像所保存的位置，如下图所示。

第6步　单击【确定】按钮，返回【批处理】对话框，如下图所示。

`第7步` 单击【确定】按钮,在对图像应用【木质画框】动作的过程中会弹出【信息】提示框,如下图所示。

`第8步` 单击【继续】按钮,在对第一张图像添加好木质画框后,即可弹出【存储为】对话框,在其中输入文件名并设置文件的存储格式,如下图所示。

`第9步` 单击【保存】按钮,即可弹出【Photoshop 格式选项】对话框,单击【确定】按钮即可,如下图所示。

`第10步` 在对所有的图像批处理完毕后,打开存储批处理后图像保存的文件夹,即可在该文件夹中查看处理后的图像,如下图所示。

为了提高批处理性能,应减少所存储的历史记录状态的数量,并在【历史记录选项】对话框中取消选中【自动创建第一幅快照】复选框。

另外,要想使用多个动作进行批处理,需要先创建一个播放所有其他动作的新动作,然后使用新动作进行批处理。要想批处理多个文件夹,需要在一个文件夹中创建要处理的其他文件夹的别名,然后选中【包含所有子文件夹】复选框,如下图所示。

17.2.2 创建快捷批处理

在 Photoshop CS6 中,动作是快捷批处理的基础,而快捷批处理是一些小的应用程序,可以自动处理拖动到其图标上的所有文件。创建快捷批处理的具体操作步骤如下。

`第1步` 在 Photoshop CS6 窗口中选择【文件】→【自动】→【创建快捷批处理】命令。

`第2步` 打开【创建快捷批处理】对话框,其中有 4 个参数区,用来定义批处理时的具体方案,如下图所示。

批处理】对话框，在其中可以看到文件的保存路径，如下图所示。

第5步 单击【确定】按钮，完成创建快捷批处理的操作。打开文件保存的文件夹，即可在该文件夹中看到创建的快捷批处理文件。

第3步 单击【选择】按钮，打开【存储】对话框，在【保存在】下拉列表中选择创建的快捷批处理保存的位置，在【文件名】文本框中输入文件保存的名称，单击【格式】右侧的下拉按钮，在弹出的下拉列表中选择保存文件的格式，如下图所示。

第4步 单击【保存】按钮，返回【创建快捷

在创建好快捷批处理之后，要想使用快捷批处理，只需在资源管理器中将图像文件或包含图像的文件夹拖曳到快捷处理程序图标上即可。

17.2.3 裁剪并修齐照片

使用【裁剪并修齐照片】命令可以轻松地将图像从背景中提取为单独的图像文件，并自动将图像修剪整齐。

使用【裁剪并修齐照片】命令修剪并修齐倾斜照片的具体操作步骤如下。

第1步 选择【文件】→【打开】命令。

第2步 打开随书光盘中的"素材\ch17\17-2.jpg"文件，如下图所示。

第3步 选择【文件】→【自动】→【裁剪并修齐照片】命令，如下图所示。

第 17 章
自动处理图像

第4步 将倾斜的照片修正，效果如下图所示。

17.2.4 条件模式更改

使用 Photoshop CS6 的【条件模式更改】功能，可以批量自动将符合条件的源模式改为目标模式。例如，将所有打开文件中源模式为 RGB 的图像转换为目标模式 CMYK。

具体操作步骤如下。

第1步 选择【文件】→【打开】命令。

第2步 打开随书光盘中的"素材\ch17\索引.psd""素材\ch17\图06.jpg"文件。

第3步 选择【文件】→【自动】→【条件模式更改】命令。

第4步 弹出【条件模式更改】对话框，在【源模式】选区中选中【RGB 颜色】复选框，在【目标模式】下拉列表中选择【灰度】选项，单击【确定】按钮，如下图所示。

第5步 弹出【信息】提示框，提示用户"是否扔掉颜色信息"，单击【扔掉】按钮，如下图所示。

第6步 返回到主界面，即可看到 RGB 模式的图像已经转换为灰度模式的图像，而索引模式的图像没有变化，如下图所示。

17.2.5 限制图像

使用【限制图像】功能可以将当前图像限制为设定的高度和宽度。但是为了兼顾不更改图像长宽比的原则，在执行【限制图像】命令时，并不会完全按照用户设置的图像宽度和高度来改变图像尺寸，执行此命令会改变图像的尺寸大小和像素数目，但不会改变图像的分辨率。

限制图像的具体操作步骤如下。

第1步 打开需要限制的图像，选择【文件】→【自动】→【限制图像】命令，如下图所示。

第2步 在弹出的【限制图像】对话框中输入图像的宽度和高度，单击【确定】按钮，如下图所示。

> **提示**
>
> 在【限制尺寸】选区中可以设置图像的宽度和高度值，范围为 1～30000。

第3步 返回到 Photoshop CS6 主界面，即可看到图像的大小已经改变了，效果如下图所示。

批处理文件

本实例介绍如何把一个文件夹中的所有文件颜色模式和大小各不相同的文件转换成颜色一致和大小相同的文件。具体操作步骤如下。

第1步 打开【动作】面板，单击【动作】面板中的【新建组】按钮，打开【新建组】对话框，在【名称】文本框中输入新建组的名称，如"大小和颜色"，如下图所示。

第2步 单击【确定】按钮，创建一个新的动作组，如下图所示。

第3步 选择新创建的动作组，单击【新建动作】按钮，在弹出的【新建动作】对话框中

第 17 章
自动处理图像

输入名称"调整图像",单击【记录】按钮,如下图所示。

第4步 选择【文件】→【自动】→【条件模式更改】命令,弹出【条件模式更改】对话框,单击【全部】按钮,将【目标模式】设置为"CMYK 颜色",单击【确定】按钮,如下图所示。

第5步 弹出【Adobe Photoshop CS6 Extended】提示框,单击【确定】按钮,如下图所示。

第6步 选择【图像】→【图像大小】命令,在弹出的【图像大小】对话框中取消选中【约束比例】复选框,在【宽度】和【高度】文本框中分别输入"800"像素和"600"像素,单击【确定】按钮,如下图所示。

第7步 单击【动作】面板中的【停止录制】按钮,完成"动作"的录制,如下图所示。

第8步 选择【文件】→【自动】→【批处理】命令,弹出【批处理】对话框,在【组】下拉列表中选择【大小和颜色】,在【动作】下拉列表中选择【调整图像】,然后选择需要批量转换的文件夹,单击【确定】按钮,即可开始批量转换图像的颜色和大小了,如下图所示。

◇ **拍摄用于 Photomerge 图片的规则**

当需要用 Photomerge 命令整合全景图时,用户所拍摄的源照片在全景图合成图像中起着重要的作用。为了避免出现问题,需要按照下列规则拍摄要用于 Photomerge 的照片。

· 417 ·

（1）充分重叠图像。图像之间的重叠区域应约为40%。如果重叠区域较小，则Photomerge可能无法自动汇集全景图。但是，图像不应重叠得过多，如果图像的重合度达到70%或更高，则Photomerge可能无法混合这些图像。

（2）使用同一焦距。如果使用的是缩放镜头，则在拍摄照片时不要改变焦距（放大或缩小）。

（3）使相机保持水平。尽管Photomerge可以处理图片之间的轻微旋转，但如果有好几度的倾斜，在汇集全景图时可能会导致错误，使用带有旋转头的三脚架有助于保持相机的准直和视点。

（4）保持相同的位置。在拍摄系列照片时，尽量不要改变自己的位置，这样可使照片来自同一个视点。将相机举到靠近眼睛的位置，使用光学取景器，这样有助于保持一致的视点，或者尝试使用三脚架以使相机保持在同一位置上。

（5）避免使用扭曲镜头。扭曲镜头可能会影响Photomerge。使用【自动】选项可对使用鱼眼镜头拍摄的照片进行调整。

（6）保持同样的曝光度。避免在一些照片中使用闪光灯，而在其他照片中不使用。Photomerge中的混合功能有助于消除不同的曝光度，但很难使差别极大的曝光度达到一致，一些数码相机会在用户拍照时自动改变曝光设置，因此用户需要检查相机设置以确保所有的图像都具有相同的曝光度。

◇ **动作不能保存怎么办**

用户在保存动作时，经常遇到的问题是不能保存动作，此时【存储动作】命令为隐灰状态，不能选择。出现此问题的原因是用户选择错误所致，因为用户选择的是动作而不是动作组，所以不能保存。选择动作所在的动作组后，故障即可消失。

第 18 章
打造强大的 Photoshop

本章导读

除了使用 Photoshop CS6 自带的滤镜、笔刷、纹理外,还可以使用其他的外挂滤镜来实现更多、更精彩的效果。本章主要讲述外挂滤镜、笔刷和纹理的使用方法。

思维导图

18.1 外挂滤镜

Photoshop CS6 中的滤镜主要是用来实现图像的各种特殊效果，它在 Photoshop 中具有非常重要的作用，是一个用于产生图像特殊效果的工具。滤镜的操作虽然非常简单，但是真正用起来却很难恰到好处。现在大家使用的 Photoshop CS6 外挂滤镜，是由第三方软件销售公司创建的程序，工作在 Photoshop 内部环境中的外挂主要有 5 个方面的作用：优化印刷图像、优化 Web 图像、提高工作效率、提供创意滤镜和创建三维效果。有了外挂滤镜，用户通过简单操作即可实现惊人的效果。

外挂滤镜的安装方法很简单，用户只需将下载的滤镜压缩文件解压，然后放在 Photoshop CS6 安装程序的"Plug-ins"文件夹下即可，如下图所示。

18.1.1 Eye Candy 滤镜

Eye Candy（眼睛糖果）是 Photoshop 外挂滤镜中使用最广泛的其中一组，包括 30 多种 Photoshop 滤镜集，由于眼睛糖果滤镜内容丰富，而拥有的特效也是影像工作者常用的，因此，在外挂滤镜中的评价相当高。

Eye Candy 主要应用对象包含各种设计任务、字体、标志、网页设计等，通过对自然现象的模拟提供各种现实的精致效果。眼睛糖果的界面简单直观，可以帮助用户轻松提高使用 Photoshop 的效率，并可直接应用于当前的图层，同时可以快速浏览超过 1500 个精心设计的预设效果文件。眼睛糖果可方便应用于严格的生产环境与 CMYK 模式等，支持多核心 CPU 加速，支持 64 位 Photoshop，以及更高版本的 Photoshop 自定义面板。通过 PS 智能滤镜或引进一个新的图层效果并不会造成破坏性编辑。

Eye Candy 是 Alien Skin 公司创建的一组极为强大的经典 Photoshop 外挂滤镜，Eye Candy 功能千变万化，拥有极为丰富的特效，如反相、铬合金、闪耀、发光、阴影、HSB 噪点、水滴、水迹、挖剪、玻璃、斜面、烟幕、漩涡、毛发、木纹、编织、星星、斜视、大理石、摇动、运动痕迹、溶化、火焰等。

将 Eye Candy 滤镜的文件夹解压到 Photoshop CS6 安装程序的"Plug-ins"文件夹下，然后启动软件，选择【滤镜】→【Alien Skin】→【Eye Candy 7】命令即可打开外挂滤镜，如

第18章
打造强大的 Photoshop

下图所示。

下面以添加 Eye Candy 滤镜为例进行讲解，具体操作步骤如下。

1. 添加编织效果

第1步 打开随书光盘中的"素材\ch18\18-1.jpg"文件，如下图所示。

第2步 选择【滤镜】→【Alien Skin】→【Eye Candy 7】命令，如下图所示。

第3步 在弹出的【Alien Skin Eye Candy 7 | Weave | Factory Default (modified)】（编织效果）对话框中进行设置，如下图所示。

第4步 单击【OK】按钮即可为图像添加编织效果，如下图所示。

2. 水珠效果

第1步 打开随书光盘中的"素材\ch18\18-2.jpg"文件，如下图所示。

第2步 选择【滤镜】→【Eye Candy】→【水珠效果】命令，在弹出的【水珠效果】对话框中进行设置，如下图所示。

第 3 步 单击【OK】按钮即可为图像添加水珠效果，如下图所示。

18.1.2 KPT 滤镜

KPT Channel Surfing 是一个处理色频（Channel）的滤镜，允许对所有色频进行微调，也可以对单个色频进行调整。同时可以给予色频套用 Blur（模糊）、Contrast（调整对比度）、Sharpen（锐化）和 Value Shift（调整明暗）4 种效果。随时可以调整这些效果的强度与透明度，并且控制效果与原图像的混合模式。

KPT 滤镜是由 MetaCreations 公司创建的最精彩的滤镜系列，它每一个新版本的推出都会给用户带来新的惊喜。最新版本的 KPT 7.0 包含 9 种滤镜，它们分别是 KPT Channel Surfing、KPT Fluid、KPT Frax Flame II、KPT Gradient Lab、KPT Hyper Tilling、KPT Ink Dropper、KPT Lightning、KPT Pyramid Paint、KPT Scatter。除了对以前版本滤镜的加强外，这个版本更侧重于模拟液体的运动效果，另外这一版本也加强了对其他图像处理软件的支持。

18.2 使用笔刷

笔刷是 Photoshop 软件中画笔的笔头形状，通过 Photoshop 笔刷的载入功能，就能刷出各种不同的效果，如眼睫毛、天使翅膀、墨迹等。笔刷是 Photoshop 中的工具之一，它是一些预设的图案，可以以画笔的形式直接使用。

18.2.1 安装笔刷

笔刷是一种很好用的工具，它精美的图案、快速的绘制，帮助用户在设计的过程中节省时间。除了系统自带的笔刷类型外，用户还可以下载一些喜欢的笔刷，然后安装。

在 Photoshop 中，笔刷后缀名统一为"*.abr"。安装笔刷的方法很简单，用户只需将下载的笔刷压缩文件解压，然后将其放到 Photoshop 安装程序的相应文件夹下即可，一般路径为"…\Presets(预设)\Brushes(画笔)"，如下图所示。

第 18 章
打造强大的 Photoshop

18.2.2 使用笔刷绘制复杂的图案

笔刷安装完成后，用户即可使用笔刷绘制复杂的图案，具体操作步骤如下。

第1步　启动 Photoshop CS6 软件，选择【文件】→【新建】命令。弹出【新建】对话框，在【名称】文本框中输入"特殊图案"，将宽度和高度分别设置为"800"像素，单击【确定】按钮，如下图所示。

第2步　在工具栏中单击【画笔工具】按钮，然后在属性栏中单击【画笔预设】按钮，在弹出的面板中设置合适的笔触大小，在笔触样式中单击新添加的笔刷，如下图所示。

第3步　在绘图区拖动鼠标即可绘制图案，如下图所示。

第4步　在绘图区右击，在弹出的面板中重新设置笔触的大小为"155 像素"，如下图所示。

第5步　在绘图区单击，即可利用笔刷绘制复杂的图案效果，可以多次调整笔触大小进行绘制，如下图所示。

18.3 使用纹理

在 Photoshop CS6 中使用【纹理】功能可以赋予图像一种深度或物质的外观，或添加一种有机外观。

18.3.1 安装纹理

在 Photoshop 中，纹理后缀名统一为 "*.pat"。安装纹理的方法和安装笔刷的方法类似，用户只需要将下载的纹理压缩文件解压，然后将其放到 Photoshop 安装程序的相应文件夹下即可，一般路径为 "…\Presets（预设）\Patterns（纹理）"，如下图所示。

18.3.2 使用纹理实现拼贴效果

纹理安装完成后，用户即可使用纹理实现拼贴效果，具体操作步骤如下。

第1步 打开随书光盘中的"素材 \ch18\18-3.jpg"文件，如下图所示。

第2步 在【图层】面板中双击背景图层，弹出【新建图层】对话框，单击【确定】按钮，如下图所示。

第3步 选择"图层0"图层，添加【混合选项】，如下图所示。

第4步 在弹出的【图层样式】对话框中选中【图案叠加】复选框，然后单击【图案】右侧的下拉按钮，在弹出的下拉列表中选择新安装的纹理，如下图所示。

第 18 章
打造强大的 Photoshop

第5步 单击【确定】按钮，图像被添加拼贴的纹理效果，如下图所示。

举一反三

为材质添加特效

本实例讲述如何利用【Eye Candy 7】外挂滤镜为材质添加特效，具体操作步骤如下。

第1步 打开随书光盘中的"素材\ch18\18-4.jpg"文件，如下图所示。

第2步 使用【磁性套索工具】建立铁管的选区，如下图所示。

第3步 选择【滤镜】→【Alien Skin】→【Eye Candy 7】命令，打开设置对话框，如下图所示。

第4步 在弹出的对话框中选择具体的类型，这里选择【Rust】选项，单击【OK】按钮，如下图所示。

第5步 效果如下图所示。

第6步 根据实际情况使用【磁性套索工具】选择应该有锈迹的地方，然后删除，并使用【变暗】的图层混合模式，最终效果如下图所示。

◇ **安装笔刷后不能使用怎么办**

如果用户将下载的笔刷解压到安装程序相应的文件夹中后，预置预设器中并没有显示，此时用户可以通过手动载入的方法安装笔刷。具体操作步骤如下。

第1步　启动 Photoshop CS6 软件，选择【编辑】→【预设】→【预设管理器】命令。

第2步　弹出【预设管理器】对话框，单击【载入】按钮，如下图所示。

第3步　在弹出的【载入】对话框中选择下载的笔刷文件，单击【载入】按钮，如下图所示。

第4步　返回到【预设管理器】对话框，即可看到新安装的笔刷类型，单击【完成】按钮即可解决问题，如下图所示。

◇ **外挂滤镜安装技巧**

Photoshop 外挂滤镜基本都安装在 Plug-Ins 目录下，安装时有以下几种不同的情况。

（1）有些外挂滤镜本身带有搜索 Photoshop 目录的功能，会把滤镜部分安装在 Photoshop 目录下，把启动部分安装在 Program Files 下。这种软件如果用户没有注册过，每次启动计算机后都会跳出一个提示注册的对话框。

（2）有些外挂滤镜不具备自动搜索功能，所以必须手工选择安装路径，而且必须是在 Photoshop 的 Plug-Ins 目录下，这样才能成功安装，否则会跳出一个安装错误的提示框。

（3）还有些滤镜不需要安装，只要直接将其复制到 Plug-Ins 目录下就可以使用了。

所有的外挂滤镜安装完成后，不需要重启计算机，只要启动 Photoshop 就能使用了。打开 Photoshop 以后，会发现它们整齐地排列在滤镜菜单中。但也有例外，按上述情况

（1）安装的滤镜会在 Photoshop 的菜单中自动生成一个菜单，而它的名称通常是这些滤镜的出品公司名称。